Yves Dechamps

Immeubles de Grande Hauteur: Risques Majeurs et Environnement

Yves Dechamps

Immeubles de Grande Hauteur: Risques Majeurs et Environnement

Méthode d'analyse des risques majeurs liés aux immeubles de grande hauteur sur leur environnement immédiat

Presses Académiques Francophones

Impressum / Mentions légales
Bibliografische Information der Deutschen Nationalbibliothek: Die Deutsche Nationalbibliothek verzeichnet diese Publikation in der Deutschen Nationalbibliografie; detaillierte bibliografische Daten sind im Internet über http://dnb.d-nb.de abrufbar.
Alle in diesem Buch genannten Marken und Produktnamen unterliegen warenzeichen-, marken- oder patentrechtlichem Schutz bzw. sind Warenzeichen oder eingetragene Warenzeichen der jeweiligen Inhaber. Die Wiedergabe von Marken, Produktnamen, Gebrauchsnamen, Handelsnamen, Warenbezeichnungen u.s.w. in diesem Werk berechtigt auch ohne besondere Kennzeichnung nicht zu der Annahme, dass solche Namen im Sinne der Warenzeichen- und Markenschutzgesetzgebung als frei zu betrachten wären und daher von jedermann benutzt werden dürften.

Information bibliographique publiée par la Deutsche Nationalbibliothek: La Deutsche Nationalbibliothek inscrit cette publication à la Deutsche Nationalbibliografie; des données bibliographiques détaillées sont disponibles sur internet à l'adresse http://dnb.d-nb.de.
Toutes marques et noms de produits mentionnés dans ce livre demeurent sous la protection des marques, des marques déposées et des brevets, et sont des marques ou des marques déposées de leurs détenteurs respectifs. L'utilisation des marques, noms de produits, noms communs, noms commerciaux, descriptions de produits, etc, même sans qu'ils soient mentionnés de façon particulière dans ce livre ne signifie en aucune façon que ces noms peuvent être utilisés sans restriction à l'égard de la législation pour la protection des marques et des marques déposées et pourraient donc être utilisés par quiconque.

Coverbild / Photo de couverture: www.ingimage.com

Verlag / Editeur:
Presses Académiques Francophones
ist ein Imprint der / est une marque déposée de
OmniScriptum GmbH & Co. KG
Heinrich-Böcking-Str. 6-8, 66121 Saarbrücken, Deutschland / Allemagne
Email: info@presses-academiques.com

Herstellung: siehe letzte Seite /
Impression: voir la dernière page
ISBN: 978-3-8381-4670-6

Zugl. / Agréé par: Bruxelles, Université Libre de Bruxelles, Diss., 2013

Copyright / Droit d'auteur © 2014 OmniScriptum GmbH & Co. KG
Alle Rechte vorbehalten. / Tous droits réservés. Saarbrücken 2014

Table des matières

Table des matières..i
Index des illustrations..v
Index des Tables..vii
0 Introduction..**1**
    0.1 Contexte mondial des Immeubles de Grande Hauteur..1
    0.2 Définitions et termes usités..6
    0.3 Objectif et originalité..7
    0.4 Structure de la dissertation..8
1 Immeubles de Grande Hauteur..**11**
    1.1 Introduction..11
    1.2 Historique des IGH..11
        1.2.1 Les Immeubles de Grande Hauteur aux USA..12
        1.2.2 Les Immeubles de Grande Hauteur en Europe...13
        1.2.3 Les Immeubles de Grande Hauteur belges..14
        1.2.4 Les Immeubles de Grande Hauteur bruxellois...15
    1.3 Études de cas d'accidents liés aux IGH..18
        1.3.1 Les incendies..19
        1.3.2 Risques naturels...21
        1.3.3 Incidents impliquant des substances dangereuses......................................24
        1.3.4 Les attentats à l'explosif..25
        1.3.5 Collisions d'avions...26
        1.3.6 Accidents ferroviaires..27
    1.4 Caractéristiques et classification d'un IGH..28
        1.4.1 Définition par les normes..29
            1.4.1.1 France...30
            1.4.1.2 Royaume-Uni..31
            1.4.1.3 Allemagne...31
            1.4.1.4 États-Unis...32
            1.4.1.5 Belgique..32
        1.4.2 Types de structures pour les IGH...33
        1.4.3 Types d'activités présents dans un IGH...34
        1.4.4 Actions sur la structure d'un IGH..35
        1.4.5 Prise en compte de la sécurité...36
    1.5 Définition d'un Immeuble de Grande Hauteur..37
    1.6 Conclusion...40
2 Directive Seveso..**43**
    2.1 Introduction..43
    2.2 Accidents majeurs et plans d'urgence...45
        2.2.1 Rapport de sécurité..47
        2.2.2 Plans d'urgence interne et externe...48
        2.2.3 Effets « domino »..49
        2.2.4 Maîtrise de l'urbanisation..49

2.3 Conclusion..........50
3 Revue des méthodes d'analyse de risques..........53
3.1 Introduction..........53
3.2 Définition du danger et du risque..........56
    3.2.1 Définition du risque..........57
    3.2.2 Risque sociétal et individuel..........59
    3.2.3 Risque environnemental..........59
    3.2.4 Classification des dangers considérés..........61
3.3 Procédure générale d'une analyse de risques..........62
3.4 Méthodes d'analyse de risques..........64
    3.4.1 Méthode qualitative..........65
        3.4.1.1 Méthodes non structurées..........65
        3.4.1.2 Méthodes structurées..........66
    3.4.2 Les méthodes semi-quantitatives..........71
        3.4.2.1 Méthode par points..........72
        3.4.2.2 Méthode par matrices..........77
    3.4.3 Les méthodes quantitatives..........80
        3.4.3.1 Analyse probabiliste des risques..........80
        3.4.3.2 Analyse complètement quantitative du risque..........84
3.5 Évaluation du risque..........87
3.6 Critiques des méthodes d'analyse de risques..........90
3.7 Conclusion..........93

4 Méthode proposée d'analyse de risques environnementaux pour les IGH..........95
4.1 Introduction..........95
4.2 Champ d'application et limites d'usage..........97
4.3 La méthode proposée d'analyse des risques environnementaux..........98
    4.3.1 Phase préliminaire..........102
    4.3.2 Synthèse des paramètres nécessaires..........105
    4.3.3 Phases d'analyse des risques environnementaux..........107
    4.3.4 Phases d'évaluation des risques environnementaux..........112
    4.3.5 Phase d'exploitation..........113
4.4 Détermination du Risque Potentiel P_e..........114
4.5 Détermination du Risque Acceptable A_e..........128
        4.5.1.1 Facteur d'activités..........130
        4.5.1.2 Facteur des biens..........132
        4.5.1.3 Facteur des occupants..........133
4.6 Niveau de protection D_e..........134
4.7 Les limites du système..........138
4.8 Conclusion..........139

5 Outil implémenté d'analyse des risques environnementaux des IGH..........143
5.1 Introduction..........143
5.2 Cahier de charges..........144
5.3 Les données requises..........145
5.4 Structure du programme..........146
    5.4.1 Étude des scénarios..........147
    5.4.2 Introduction des paramètres..........148
    5.4.3 Procédure de calcul du risque potentiel P_e..........152
    5.4.4 Procédure de calcul du risque acceptable A_e..........155
    5.4.5 Procédure de calcul du niveau de protection D_e..........158

- 5.4.6 Résultats ... 160
- 5.5 Discussion ... 162
- 5.6 Conclusion ... 163

6 Études de cas ... 165
- 6.1 Introduction ... 165
- 6.2 Cas théoriques ... 166
  - 6.2.1 Étude de sensibilité des paramètres ... 167
  - 6.2.2 Cas 1 : un IGH isolé sans environnement bâti ... 173
  - 6.2.3 Cas 2 : un IGH isolé avec un seul objet présent ... 173
  - 6.2.4 Cas 3 : un IGH isolé avec plusieurs objets présents ... 177
- 6.3 Torre Windsor ... 180
  - 6.3.1 Informations de base ... 182
  - 6.3.2 Caractéristiques de l'immeuble ... 182
  - 6.3.3 Description de l'IGH et de l'incendie ... 182
  - 6.3.4 Analyse du risque environnemental ... 188
  - 6.3.5 Conclusion ... 197
- 6.4 WTC 7 ... 199
  - 6.4.1 Informations de base ... 200
  - 6.4.2 Caractéristiques de l'immeuble ... 200
  - 6.4.3 Description de l'IGH et de l'incendie ... 200
  - 6.4.4 Analyse du risque environnemental ... 206
  - 6.4.5 Conclusion ... 214
- 6.5 Conclusion ... 216

7 Conclusions ... 219

8 Glossaire ... 225

9 Bibliographie ... 229

10 Annexes ... 239
- 10.1 Annexe 1 – Listes de risques ... 239
  - 10.1.1 Risques N ... 239
  - 10.1.2 Risques H ... 239
- 10.2 Annexe 2 – Référencement des IGH ... 241
  - 10.2.1 Référencement des IGH de bureau bruxellois (Heynderickx, 2009) ... 241
  - 10.2.2 Référencement des IGH de logement bruxellois (Heynderickx, 2009) ... 242
- 10.3 Annexe 3 – Rapport de sécurité ... 243
  - 10.3.1 Renseignements généraux ... 243
  - 10.3.2 Politique de prévention des accidents majeurs ... 243
  - 10.3.3 Présentation de l'environnement de l'établissement ... 243
  - 10.3.4 Description de l'établissement ... 244
  - 10.3.5 Identification et évaluation des dangers d'accidents majeurs ... 244
  - 10.3.6 Sécurité externe ... 246
    - 10.3.6.1 Entreprises situées en Région flamande ... 246
    - 10.3.6.2 Entreprises situées en Région wallonne ... 247
    - 10.3.6.3 Entreprises situées dans la Région de Bruxelles-Capitale ... 247
  - 10.3.7 Plan d'urgence interne ... 248
- 10.4 Annexe 4 – Captures d'images du programme ... 249
- 10.5 Annexe 5 – Liste des immeubles pour les études de cas réels ... 258
  - 10.5.1 IGH Windsor à Madrid ... 258
  - 10.5.2 WTC 7 à New York ... 260
- 10.6 Annexe 6 – Analyse de cas d'études ... 262

10.6.1 IGH Windsor – Phase préliminaire..262
10.6.2 IGH Windsor – Poids accordés aux objets..263
10.6.3 IGH WTC7 – Phase préliminaire..265
10.6.4 IGH WTC7 – Poids accordés aux objets...266

Index des illustrations

Illustration 0.1: Évolution des populations urbaine et rurale (Raisson, 2010) 2
Illustration 0.2: Index des dangers pour les grandes villes par Munich Re (2005) 4
Illustration 1.1: Répartition des fonctions présentes dans les IGH en Belgique (Heynderickx, 2009) 15
Illustration 1.2: Construction d'IGH en Région de Bruxelles-Capitale (Heynderickx, 2009) 17
Illustration 1.3: Localisation des IGH en RBC (Heynderickx, 2009) 18
Illustration 1.4: Hong Kong and Shanghai Bank (Janberg, 2012) 34
Illustration 1.5: Brusilia (Bing Maps, 2012) 34
Illustration 1.6: Tour du Midi (Weghuber, 2012) 34
Illustration 1.7: Contexte (CTBUH, 2010) 38
Illustration 1.8: Proportion (CTBUH, 2010) 38
Illustration 1.9: Schéma de synthèse pour un IGH 39
Illustration 3.1: Les quatre parties d'une étude de sécurité (DGSC, 2001) 63
Illustration 3.2: Méthodes d'analyse de risques (Ramachandran et Charters, 2011) 65
Illustration 3.3: Diagramme Hazop (Vinçotte, 2009) 68
Illustration 3.4: Schéma d'étude pour la méthode FRAME 76
Illustration 3.5: Scénario d'un départ de feu (N.E.M., 2010) 82
Illustration 3.6: Forme générale d'un arbre d'événements 83
Illustration 3.7: Schéma d'un processus d'analyse de risque complètement quantitative 84
Illustration 3.8: Méthode QRA adaptée pour un IGH 85
Illustration 3.9: Organigramme FSA (Kontovas, 2005) 87
Illustration 3.10: Matrice des risques (DRC, 2001) 88
Illustration 4.1: Méthodologie d'analyse des risques environnementaux 99
Illustration 4.2: Schéma proposé d'une analyse globale de risques pour un IGH 101
Illustration 4.3: Caractérisation du risque environnemental selon l'orientation 110
Illustration 4.4: Niveaux d'étude et orientations cardinales 111
Illustration 4.5: Caractérisation des paramètres d et H 122
Illustration 4.6: Études des poids de distance selon la formulation exponentielle choisie 124
Illustration 4.7: Différence d'altitude entre l'objet et l'IGH 127
Illustration 5.1: Étapes dans le processus d'analyse du risque à l'aide du programme 147
Illustration 5.2: Insertion d'une nouvelle ligne. A gauche, la feuille Introduction et à droite, la feuille Risk Pe 1 150
Illustration 5.3: Schématisation du fonctionnement du programme 150
Illustration 5.4: Détermination du niveau de risque Re 151
Illustration 5.5: Schéma simplifié de la feuille de calcul du niveau de risque potentiel Pe 152
Illustration 5.6: Identification du secteur 154
Illustration 5.7: Schéma simplifié de la feuille de calcul du niveau de risque acceptable Ae 155
Illustration 5.8: Schéma simplifié de la feuille de calcul du niveau de protection De 159
Illustration 5.9: Schéma type du risque environnemental Re 161
Illustration 6.1: Étude d'un objet seul dans son secteur 174
Illustration 6.2: Étude de plusieurs objets dans leur secteur 178
Illustration 6.3: IGH Windsor (Janberg, 2012) 181
Illustration 6.4: IGH Windsor (González Olaechea, 2012) 181
Illustration 6.5: Plans de deux étages types ainsi que d'une coupe transversale 184
Illustration 6.6: Vue aérienne du quartier étudié autour de l'ancien site de l'IGH (Google Maps, 2012) 185
Illustration 6.7: Vue « Bird's Eye » de Bing Maps avec une représentation de l'IGH (Bing Maps, 2012) 186
Illustration 6.8: Représentation graphique de la situation existante 187
Illustration 6.9: Représentations des niveaux et les différents secteurs étudiés 187
Illustration 6.10: Représentation graphique Re 191
Illustration 6.11: Représentation graphique de l'environnement et des courbes de risques pour l'IGH Windsor 198
Illustration 6.12: WTC7, immeuble de gauche (Smith, 2012) 199

Illustration 6.13: Dimensions géométriques du WTC 7 et de la sous-station Con Edison (NIST, 2008) 201
Illustration 6.14: Plan d'un étage type, le 11e étage (NIST, 2008)..201
Illustration 6.15: Vue aérienne du quartier étudié autour de l'IGH (Google Maps, 2012).......................203
Illustration 6.16: Vue « Bird's Eye » de Bing Maps avec une représentation de l'IGH (Bing Maps, 2012) 204
Illustration 6.17: Représentation graphique de la situation existante....................................205
Illustration 6.18: Représentations des niveaux et les différents secteurs étudiés..................205
Illustration 6.19: Représentation graphique Re...209
Illustration 6.20: Représentation graphique de l'environnement et des courbes de risques pour le WTC 7 215
Illustration 10.1: Nœud papillon (Borgonjon, 2001)...245
Illustration 10.2: Introduction des données sur l'IGH...249
Illustration 10.3: Introduction des données sur l'Environnement pour Pe et Ae.....................250
Illustration 10.4: Introduction des données sur l'Environnement pour Ae et De.....................251
Illustration 10.5: Données reprises de la feuille Introduction sur la feuille Risk Pe................252
Illustration 10.6: Détermination de Renv pour chaque objet...253
Illustration 10.7: Ensemble des données reprises de la feuille Introduction sur la feuille Risk Ae........254
Illustration 10.8: Détermination de Ae pour chaque objet..255
Illustration 10.9: Ensemble des données reprises de la feuille Date sur la feuille Level De.................256
Illustration 10.10: Détermination de De pour chaque objet..257

Index des Tables

Tableau 1.1: Comparaison des incendies dans le secteur résidentiel et IGH – US 2003 (FA, 2008).....20
Tableau 1.2: Historique des cas d'incendies (Jeanroy, 2001 ; Craighead, 2009)....................21
Tableau 1.3: Séismes au travers le monde (Craighead, 2009 ; GSb, 2012).............................23
Tableau 1.4: Tsunamis au travers le monde (Craighead, 2009)..23
Tableau 1.5: Volcans au travers le monde (Craighead, 2009 ; GSa, 2012)............................24
Tableau 1.6: Glissements de terrain (Craighead, 2009)...24
Tableau 1.7: Historique des attentats (MacLeod, 2005 ; Craighead, 2009 ; Bouillard et Rammer, 2001) 26
Tableau 1.8: Historique de collisions d'avions (Craighead, 2009)..27
Tableau 1.9: Historique d'accidents avec des trains..28
Tableau 1.10: Classification des immeubles de grande hauteur (Jeanroy, 2001).................30
Tableau 2.1: Quelques Accidents Majeurs par le passé (Vaughen et Kletz, 2012)...............43
Tableau 3.1: Sources de danger...62
Tableau 3.2: Fiche type d'une méthode non structurée..66
Tableau 3.3: Fiche type d'une méthode structurée..67
Tableau 3.4: Fiche type d'une méthode par matrice (Ramachandran et Charters, 2011)....77
Tableau 3.5: Fiche type d'une catégorie de fréquence d'accidents (Ramachandran et Charters, 2011) 77
Tableau 3.6: Synthèse des méthodes qualitatives d'analyse de risques 91
Tableau 3.7: Synthèse des méthodes semi-quantitatives d'analyse de risques.................91
Tableau 3.8: Synthèse des méthodes quantitatives d'analyse de risques.........................92
Tableau 4.1: Matrice d'évaluation des facteurs à risque en phase préliminaire................103
Tableau 4.2: Sources de danger (FEMA, 2003)...103
Tableau 4.3: Éléments étudiés dans la phase préliminaire (FEMA, 2003).......................104
Tableau 4.4: Définition des poids (FEMA, 2003)...104
Tableau 4.5: Catégories de risque (FEMA, 2003)...104
Tableau 4.6: Synthèse des paramètres fournis par l'utilisateur..106
Tableau 4.7: Synthèse des paramètres requis pour la détermination du risque environnemental Re, ,107
Tableau 4.8: Niveaux d'étude autour de l'IGH,,,,,,,,..112
Tableau 4.9: Échelle d'acceptabilité du risque..113
Tableau 4.10: Catégories de risques...114
Tableau 4.11: Matrice d'évaluation des faiblesses V (FEMA, 2003).................................117
Tableau 4.12: Matrice d'évaluation de la géométrie et de la structure G (EPFL, 2000)....118
Tableau 4.13: Listes d'infrastructures critiques et non critiques (FEMA, 2003)................121
Tableau 4.14: Étude de différentes fonctions Pdist..122
Tableau 4.15: Calcul des aires des secteurs..126
Tableau 4.16: Classement des probabilités Fi (Skjong, 2007)..127
Tableau 4.17: Pondération du niveau d'acceptabilité Ae...130
Tableau 4.18: Estimation du niveau de mobilité des occupants.......................................131
Tableau 4.19: Estimation du niveau économique de l'activité...131
Tableau 4.20: Estimation des Biens..132
Tableau 4.21: Estimation du type d'activité et de mobilité des occupants.......................134
Tableau 4.22: Estimation du temps d'intervention et du niveau de préparation des occupants...136
Tableau 4.23: Estimation du niveau de robustesse, des systèmes de protection et de sauvegarde....137
Tableau 4.24: Estimation du niveau d'exposition au danger...138
Tableau 5.1: Codes couleur pour chaque risque étudié..148
Tableau 5.2: Étude de la distance pour chaque objet de la liste......................................153
Tableau 5.3: Matrice du risque potentiel Pe..155
Tableau 5.4: Calcul des aires des secteurs..157
Tableau 5.5: Valeurs de densités (De Smet, 2008)..158
Tableau 5.6: Matrice du risque acceptable Ae..158
Tableau 5.7: Test de logique pour la valeur de fcorr...159
Tableau 5.8: Matrice du niveau de protection De..159
Tableau 5.9: Matrice des résultats du niveau de risques environnemental Re................160

Tableau 6.1: Dimensions de l'IGH et des objets considérés 166
Tableau 6.2: Paramètres de l'IGH considéré 167
Tableau 6.3: Poids accordés à l'IGH et aux objets considérés 167
Tableau 6.4: Distance pour chacun des objets considérés 168
Tableau 6.5: Modifications des valeurs de Re avec Pcible 169
Tableau 6.6: Modifications des valeurs de Re avec Pgrav, Pcible et Fi 170
Tableau 6.7: Modifications des valeurs de Re avec chacun des paramètres du risque acceptable Ae 171
Tableau 6.8: Modifications des valeurs de Re avec les paramètres du risque acceptable Ae 171
Tableau 6.9: Modifications des valeurs de Re avec les paramètres du niveau de protection De 172
Tableau 6.10: Résultats du risque environnemental pour le cas 1 173
Tableau 6.11: Définition des quatre niveaux 174
Tableau 6.12: Variations des paramètres pour un objet présent dans le voisinage 174
Tableau 6.13: Influence des aires de secteurs dans le niveau de risque acceptable 175
Tableau 6.14: Influence du type de fonction Pdist dans le niveau de risque environnemental Re .. 176
Tableau 6.15: Comparaison des résultats de Re selon l'altitude entre les deux objets 177
Tableau 6.16: Variations des paramètres pour un objet présent dans le voisinage, 3e secteur 178
Tableau 6.17: Variations des paramètres pour un objet présent dans le voisinage, 1er secteur ... 179
Tableau 6.18: Dénomination des objets 188
Tableau 6.19: Dimensions de l'IGH Windsor 189
Tableau 6.20: Paramètres de l'IGH 189
Tableau 6.21: Poids accordés à l'IGH 190
Tableau 6.22: Valeurs de Risque Environnemental – Situation initiale 191
Tableau 6.23: Valeurs du risque environnemental – Cas 1 192
Tableau 6.24: Poids modifié du niveau de protection de l'IGH 193
Tableau 6.25: Poids modifié du niveau de l'exposition de l'IGH 193
Tableau 6.26: Valeurs du risque environnemental – Cas 2 194
Tableau 6.27: Poids modifiés des niveaux d'exposition et de protection de l'IGH 194
Tableau 6.28: Valeurs du risque environnemental – Cas 3 194
Tableau 6.29: Poids modifié du niveau de la formation des immeubles voisins 195
Tableau 6.30: Valeurs du risque environnemental – Cas 4 196
Tableau 6.31: Valeurs du risque environnemental – Cas 5 196
Tableau 6.32: Comparaison des valeurs du risque environnemental pour les différentes situations 197
Tableau 6.33: Dimensions du WTC 7 207
Tableau 6.34: Paramètres de l'IGH 207
Tableau 6.35: Poids accordés à l'IGH 208
Tableau 6.36: Valeurs de Risque Environnemental – Situation initiale 208
Tableau 6.37: Valeurs du risque environnemental – Cas 1 210
Tableau 6.38: Poids modifié du niveau de protection de l'IGH 210
Tableau 6.39: Poids modifié du niveau de protection de l'IGH 211
Tableau 6.40: Valeurs du risque environnemental – Cas 2 211
Tableau 6.41: Poids modifiés des niveaux de protection et d'exposition de l'IGH 212
Tableau 6.42: Valeurs du risque environnemental – Cas 3 212
Tableau 6.43: Valeurs du risque environnemental – Cas 4 213
Tableau 6.44: Valeurs du risque environnemental – Cas 5 213
Tableau 6.45: Comparaison des valeurs du risque environnemental pour les différentes situations 214
Tableau 10.1: Dénomination des objets 258
Tableau 10.2: Liste des objets pour l'environnement de l'IGH Windsor 259
Tableau 10.3: Liste des objets pour l'environnement du WTC7 261
Tableau 10.4: Assignation des différents paramètres pour l'étude du Windsor 264
Tableau 10.5: Assignation des différents paramètres pour l'étude du WTC 7 267

0 Introduction

0.1 Contexte mondial des Immeubles de Grande Hauteur

La démographie à l'échelle mondiale en ce début de XXIe siècle est en constante augmentation. En effet, la population urbaine mondiale ne cesse de croître depuis les années 1950 où 737 millions d'humains vivaient en ville, alors que le nombre actuel de personnes vivant en milieu urbain s'élève à 3,5 milliards et qu'ils seront probablement 5 milliards dans le cas en 2030 (McClean, 2010) comme le montre l'Illustration 0.1. La principale conséquence est que plus de la moitié de la population vit dans un milieu urbain[1]. Les deux facteurs responsables de cette croissance rapide sont l'augmentation du nombre de grandes villes et la taille de celles-ci. Deux siècles auparavant, il ne se trouvait que deux villes atteignant chacune le million d'habitants : Londres et Pékin. En 1950, nous comptions 75 villes dépassant le million d'habitants ; en 2008, plus de 431 villes que l'on retrouvera majoritairement en Afrique, Asie et Amérique du Sud. Les cités ou métropoles de plusieurs millions d'habitants sont un phénomène récent : en 2000, 17 méga-cités comptaient plus de 10 millions d'habitants.

---

[1] Nous entendons par milieu urbain ou aire urbaine (INSEE, 2012), tout milieu se caractérisant par une densité importante d'habitat et par un nombre élevé de fonctions s'organisant en son sein telles que les activités secondaires, tertiaires, sociales et culturelles (SPW, 2012). Une aire urbaine est composée de communes urbaines c'est-à-dire un ensemble d'un seul tenant et sans enclave comprenant au minimum plus de 10.000 emplois dont au moins 40% de la population résidente a un emploi dans le pôle urbain en question (INSEE, 2012). L'Organisation de Coopération et de Développement Économiques (OCDE, 2012) présente la notion de typologie régionale qui se fonde sur deux critères : la densité de la population et le pourcentage de cette population vivant dans des collectivités rurales. Une région est considérée essentiellement rurale si plus de 50% de ses habitants vivent dans des collectivités rurales. Elle sera essentiellement urbaine si moins de 15% de ses habitants vivent dans des collectivités rurales et intermédiaire si 15 à 30% de ses habitants vivent dans des collectivités rurales et intermédiaires.

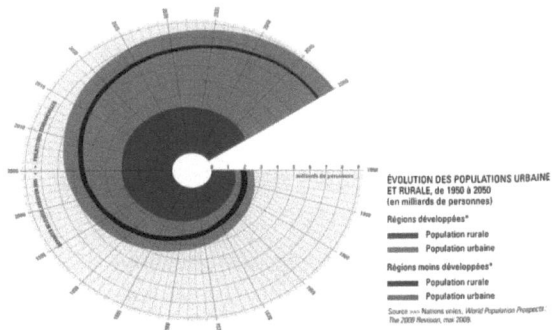

Illustration 0.1: Évolution des populations urbaine et rurale (Raisson, 2010)

Cet accroissement brutal implique, pour des raisons de viabilité, d'habiter dans des espaces bâtis plus denses. Or une densification a pour conséquence une concentration plus grande de sources de dangers qui, en cas de catastrophe, provoqueront des dommages bien plus importants qu'en milieu rural.

Le Centre for Research on the Epidomiology of Disasters (Guha-Sapir et al., 2011) a mis, cependant, en évidence que les régions du monde, les plus urbanisées, ont le moins de décès issus de désastres naturels. L'exception à ce constat est au Japon lorsque le 11 Mars 2011 un tremblement de terre suivi d'un tsunami causa la mort de 19.850 personnes. Toutefois, ces désastres naturels représentent une plus grande perte économique (McClean, 2010) car ce sont généralement les régions urbaines qui concentrent les plus hautes valeurs ajoutées. Les inondations, tornades ou séismes se déclenchant en Europe et au Japon, font peu de victimes mais d'importants dégâts économiques. Plus de 72% de la population européenne et plus de 66% au Japon vivent en milieu urbain. En 2007, 65 désastres étaient recensés en Europe représentant 1% du taux mortalité mondial, ces désastres exprimaient plus de 27% des dommages économiques mondiaux (McClean, 2010).

Les villes avec leur concentration de population, de bâtiments, d'infrastructures et d'activités économiques sont les lieux propices aux désastres à petite et grande échelle. Certains événements sont dénommés désastres urbains lorsqu'ils surviennent dans les grandes villes en provoquant d'importants dommages tels que le séisme en 2010 à Port-au-Prince (Haïti) ou l'ouragan Katrina en 2005 à la Nouvelle Orléans (USA).

Introduction

Deux catégories de désastres urbains peuvent être identifiées : celles de type naturel tels que les séismes, les sécheresses, les tempêtes ou les inondations ; d'autres, dits dangers technologiques, tels que les chutes d'avions, les incendies, les explosions, les décharges illégales de substances toxiques, les accidents routiers, etc. Les bilans humain et économique des désastres naturels et technologiques ont augmenté à l'échelle mondiale durant ces dernières décennies. Ceux-ci auront fait, en 2010, près de 304.000 victimes et engendré des pertes économiques de l'ordre de 218 milliards de dollars US (Grislain-Letrémy, 2012). Cette augmentation s'explique par la pression démographique et les choix d'installation dans des zones exposées aux risques naturels. Les catastrophes naturelles et industrielles peuvent en outre se combiner mutuellement et aggraver le risque total. Prenons l'exemple récent de Fukushima au Japon en 2011 où un tsunami causa plusieurs accidents nucléaires.

Comment évaluer ces événements catastrophiques ? Actuellement la comparaison des risques de désastres parmi l'ensemble des villes et pays est difficile car chaque situation est particulière et propre au type d'événement. Il est toutefois envisageable de regarder certaines expositions particulières à des risques, comme le propose McClean (2010). Les villes densément peuplées peuvent être exposées à de multiples dangers tels que les risques naturels ou malveillants, ces derniers étant des actes dus à l'être humain.

Une autre approche a été proposée par le groupe d'assurance Munich Re (2005) qui a développé une base de données classifiant les 50 plus grandes villes du monde[2] selon une perspective du risque urbain, voir l'Illustration 0.2. Le risque urbain inclut les séismes, les tempêtes, les inondations, les éruptions volcaniques et les dommages hivernaux. Nous pouvons constater que les villes européennes ne sont pas présentes dans le haut du classement en raison de leur situation géographique favorable. Les villes à risque sont celles présentes dans des zones sismiques élevées telles que les villes japonaises ou américaines de la côte Ouest.

---

[2] Ces villes sont classées selon les deux critères suivants : présence de plus de 2 millions d'habitants et le plus haut pourcentage de PIB du pays ramené à la ville.

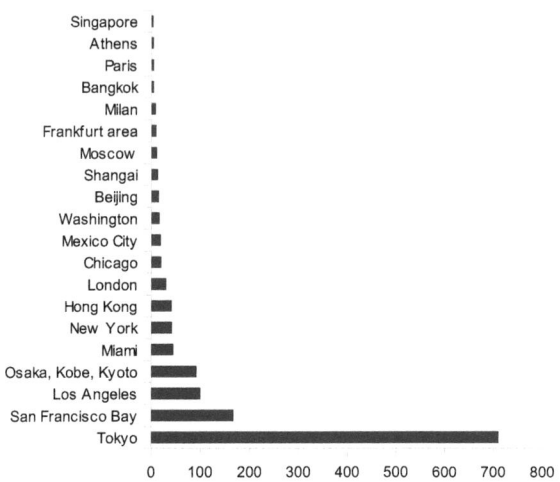

Illustration 0.2: Index des dangers pour les grandes villes par Munich Re (2005)

Un autre outil de classification des villes portuaires a été proposé par l'OCDE. Cet index (Nicholls et al., 2007) classifie 136 villes portuaires de plus d'un million d'habitants très fortement exposées aux phénomènes d'inondations sur une période de retour de 100 ans. La croissance des populations et le développement urbain sont les facteurs critiques à une forte exposition aux risques d'inondations, en constante augmentation, avec l'évolution de ces villes.

Il en ressort que les dix villes les plus exposées, en terme de population, sont Mumbai, Canton, Shanghai, Miami, Ho Chi Minh Ville, Calcutta, l'agglomération new-yorkaise, Osaka-Kobe, Alexandrie et la Nouvelle Orléans. Ces villes sont également réparties entre pays développés et pays en développement. Lorsque l'analyse des risques se porte sur le patrimoine exposé, les pays développés sont largement représentés du fait que le facteur de niveau de vie y est bien plus élevé. Ainsi, sont présentes les villes suivantes : Miami, l'agglomération new-yorkaise, la Nouvelle Orléans, Osaka-Kobe, Tokyo, Amsterdam, Rotterdam, Nagoya, Tampa-Saint-Petersbourg et Virginia Beach. Nous pouvons constater que ces villes sont principalement situées dans trois pays : les USA, le Japon et les Pays-Bas. Ils représentent 60% de l'exposition totale.

Suivant la base de données Emporis (2010) qui recense le nombre de gratte-ciel[3], la ville de New York compte ainsi pas moins de 569 gratte-ciel, Tokyo 344 et Rotterdam 17. Une autre évaluation est menée par continent, où on peut dénombrer en Asie plus de 4.217 gratte-ciel, en Amérique du Nord 2.653 et en Europe 554. Nous pouvons constater que les régions les plus densément construites en gratte-ciel, sont celles présentant les plus grands risques naturels suivant les classements précédents.

Comme nous avons pu le voir, de plus en plus de personnes résident dans des centres urbains qui, par conséquent, deviennent de plus en plus denses. Le choix d'immeubles de grande hauteur est une des réponses à la demande de construire rapidement un grand nombre de logements, ainsi qu'à la pénurie de terrains constructibles en milieu urbain. Or ces immeubles, situés dans des espaces denses, concentrent un grand nombre d'occupants dans un environnement qui se révèle difficilement évacuable en cas d'incident. Les événements du World Trade Center en 2001 ont marqué les esprits et révélé les faiblesses de ces immeubles de très grande hauteur : difficulté d'évacuation, difficulté pour les services d'urgence d'intervenir, impact environnemental au moment de leur chute par la libération de nombreux contaminants toxiques, principalement des poussières. Et cette liste n'est pas exhaustive.

Il a été montré par l'Environmental Protection Agency (EPA, 2003) que différents contaminants tels que des matières particulaires, des métaux, de l'amiante, des composés volatils organiques, etc. ont été relâchés en grande quantité dans l'atmosphère aux alentours du site Ground Zero (Lorber et al., 2007). Outre l'impact humain et économique que représente cet événement, certaines conséquences de ces libérations toxiques commencent à apparaître tels que des problèmes de fertilité et de grossesses ou troubles respiratoires auprès des travailleurs présents sur le site principal et des populations avoisinantes. Cela se caractérise, par exemple, par de l'asthme ou une toux surnommée *WTC cough* suite à l'inhalation induite à l'exposition à ces contaminants dans les jours qui ont suivi le désastre (Lorber et al., 2007).

Cependant, cet événement catastrophique, soit une attaque terroriste par détournement d'avions, ne représente pas l'ensemble des risques auxquels un immeuble de grande hauteur doit faire face. En effet, les principales menaces pour un immeuble de grande hauteur sont le feu, les explosions internes et la pollution des équipements de vie d'un bâtiment tels que l'adduction d'eau et de ventilation. Ces menaces peuvent

---
3 La définition d'un gratte-ciel fournie par le site Emporis est tout immeuble dépassant les 100 m de hauteur.

survenir accidentellement ou intentionnellement et se concrétiser en événement catastrophique. Les conséquences peuvent ponctuellement, mais rarement, causer des effondrements d'immeubles. Ainsi il a été recensé neuf effondrements d'immeubles de grande hauteur sur une période de deux ans (2006 à 2008) qui ont provoqué le décès d'un peu plus de 100 personnes (McClean, 2010).

Mais quelles sont donc ces menaces liées aux immeubles de grande hauteur qui, lorsqu'elles ne sont pas maîtrisées peuvent, selon les moyens de protection de l'immeuble et de son environnement immédiat, se transformer en événements indésirables amenant à une situation d'urgence voire catastrophique[4] ? L'impact d'un événement tel que les effondrements des tours jumelles du WTC et la libération de contaminants toxiques pose question : comment est-il possible de l'estimer, de le quantifier mais surtout de l'appréhender ?

0.2 Définitions et termes usités

Nous utiliserons régulièrement, dans ce manuscrit, différents termes et expressions liés aux domaine de l'analyse de risque et au domaine de la construction. Ces termes sont définis et expliqués dans les différents chapitres ultérieurement. Cependant un glossaire a été rédigé au chapitre 8 permettant au lecteur de s'y référer en cas de questionnement. Nous allons poser ici les bases de ce que nous entendons par environnement, terme fréquemment usité dans la recherche et pour d'autres contextes. En effet, de nombreuses définitions variées existent selon le domaine d'étude ou les standards utilisés. Ainsi pour la Directive européenne 2011/92/UE concernant l'évaluation des incidences de certains projets publics et privés sur l'environnement, l'environnement reprend un ensemble d'éléments tels que :

- l'homme, la faune et la flore,
- le sol, l'eau, l'air, le climat et le paysage,
- les biens matériels et le patrimoine culturel,
- l'interaction entre les facteurs visés aux points précédents.

---

4 Une situation d'urgence (Craighead, 2009) est définie comme tout événement actuel ou imminent qui menace ou met en danger la vie, les biens ou l'environnement et qui nécessite une réponse adéquate et coordonnée. Une situation catastrophique est une interruption sévère d'un bon fonctionnement d'une société ou d'une communauté engendrant de larges pertes humaines, matérielles, économiques ou environnementales qui excèdent les capacités de cette société ou communauté touchée à gérer cette situation par ses propres moyens.

Introduction

Cette définition ne reprend pas par exemple le type d'activités et ne s'applique uniquement que dans le cadre d'une étude d'incidence, ce dernier point sera l'objet de compléments d'information au chapitre 3. Suite à cette définition, nous ne comptons toutefois pas énumérer toutes les autres définitions existantes mais proposons celle-ci pour notre recherche : l'environnement est tout milieu existant matériel autour de l'objet de l'étude qui reprend l'ensemble des personnes, des biens et des activités ainsi que l'ensemble des sources potentielles de danger. Cet environnement reprendra l'ensemble des éléments où l'être humain peut s'y retrouver ou y avoir une influence.

0.3 Objectif et originalité

L'objectif de cette thèse est de fournir un outil d'analyse de risques environnementaux liés aux Immeubles de Grande Hauteur (IGH) et à leurs environnements immédiats. La méthode développée permet de quantifier le risque dû à la présence d'un IGH pour un quartier. L'usage de l'outil développé ne se limite cependant pas aux seuls IGH car des immeubles conventionnels peuvent être étudiés par le biais de cet outil.

L'originalité de cette thèse est de proposer une nouvelle méthode déterminant le risque environnemental sur base de critères définis et développés suivants des cas d'études d'IGH récemment détruits. Le développement de cette méthode a nécessité la caractérisation d'un IGH et donc une proposition de définition amenant, par la suite, au développement d'une méthodologie d'analyse de risques liée à ce type de construction.

Il sera donc proposé, en tout premier lieu, une définition de ce que nous entendons par immeuble de grande hauteur. Les IGH sont étudiés pour des aspects architecturaux, urbanistiques et écologiques mais rarement sur le risque qu'ils représentent pour les quartiers avoisinants. La définition intègre donc cette notion ainsi que les autres plus couramment utilisées.

Un large panel de méthodes d'analyse de risques existent : elles peuvent être liées à la gestion de projet, aux risques environnementaux pour les industries de type Seveso, à la gestion de chantier, aux aspects économiques mais à notre connaissance il n'existe pas d'outil propre aux IGH qui permette d'étudier leur impact sur leur environnement en terme de risques. Il a donc fallu développer une nouvelle méthode d'analyse de risques qui prend en compte l'immeuble étudié et son environnement. Dès lors, l'étude de l'impact d'un IGH sur son environnement suivra un cheminement similaire à une étude environnementale pour un établissement Seveso c'est-à-dire par la prise en compte du bâti existant et des différentes sources internes et externes de risque.

Par le biais de certains aspects de la directive Seveso, certaines notions de cette directive seront assimilées pour le cas d'un IGH. En effet, celui-ci ne peut être considéré à proprement parlé comme un site classé Seveso mais l'impact en cas d'événement indésirable sur son environnement immédiat peut être rapproché à celui d'un site Seveso. La méthodologie développée pour cette étude a été développée pour prendre en compte des IGH dans leur contexte suivant une approche de précaution et de contrôle.

0.4 Structure de la dissertation

Nous verrons dans le chapitre 1 « Immeubles de Grande Hauteur » quelle est la définition proposée pour un Immeuble de Grande Hauteur suite à l'étude des événements historiques survenant à des IGH.

La méthodologie et l'outil d'analyse de risques environnementaux font suite au constat qu'il n'existe pas de telles méthodes actuellement propres aux IGH. Les aspects développés dans ce travail qui sont la prise en compte de l'environnement et des sources potentielles de risque, se rapprochent de ceux développés dans le domaine industriel de la chimie. Ce secteur spécifique a, par le passé, dû subir une série de catastrophes qui resteront mémorables de part leur caractère désastreux. Citons la catastrophe de Seveso (Italie) en 1976, qui libéra un nuage de dioxine dans l'atmosphère ce qui eut pour conséquence la contamination de l'environnement proche du site, le désastre à Bhopal (Inde) en 1985 qui fit lui plus de 2500 victimes.

Suite à l'accident de Seveso, la Commission Européenne mit en place une Directive, en 1982, dite Seveso I qui porte sur les dangers d'accidents majeurs pour certains types d'activités industrielles. Une méthodologie de précaution et de sécurité, propre aux IGH, est proposée ici pour l'analyse environnementale des risques induits par la présence de ces IGH sur leur environnement. Nous pouvons illustrer notre propos par l'exemple suivant : l'étude d'une explosion et son impact environnemental dans un site Seveso qui libérerait des substances toxiques dans l'air contaminant l'environnement voisin. Or un Immeuble de Grande Hauteur, dans le cas d'un scénario incendie, peut libérer des substances toxiques durant cet événement. L'impact des conséquences d'un incendie ou d'un effondrement lié à cet incendie peut être assimilé au même type d'impact

Introduction

qu'une explosion dans un établissement Seveso : l'environnement peut être fortement atteint et le nombre de personnes concernées est plus important que pour une habitation uni-familiale. Nous retrouverons dans le chapitre 2 « Directive Seveso » les différents éléments qui ont permis le développement partiel de la méthodologie d'analyse de risques environnementaux appliquée à un IGH.

Nous verrons que, suite à cette étude environnementale, il ne se trouve pas d'outils réellement approprié à notre étude de l'impact d'un IGH sur son environnement et inversement. Le chapitre 3 intitulé « Revue des méthodes d'analyse de risques », recense diverses méthodes qualitatives et quantitatives qui permettent d'identifier, d'analyser et d'estimer certains types de risques. Chacune des méthodes qui sont présentées, ont leurs avantages mais aussi leurs inconvénients. Il sera procédé à leur analyse pour en retirer les points forts qui seront utilisés au développement de l'outil d'analyse de risques environnementaux.

La méthodologie d'analyse de risques environnementaux, développée au chapitre 4 « Méthode proposée d'analyse de risques environnementaux pour les IGH », est issue de certains points du chapitre précédent mais fait suite à une réflexion sur les aspects propres à un IGH et son environnement. Une discussion sera présentée sur les choix des différents paramètres utilisés au développement de la méthode. Cette méthode se base sur l'estimation et la pondération de divers facteurs par le jugement d'un expert ou d'un groupe d'experts. Un aspect essentiel devra être pris en compte qui est l'incertitude dans le jugement de l'expert en charge de l'analyse de risques. Il a été mis en évidence, par Patrick Hester (2012), que l'incertitude est fonction de l'expérience et du parcours de cet expert. Pour réduire l'incertitude, la méthode intègre des limitations dans les champs introduits par l'expert tout en n'étant pas trop restrictive dans le nombre de paramètres utilisés. En outre la connaissance d'un expert se limite à son domaine d'expertise, cet expert ne peut donc prétendre fournir un jugement sur l'ensemble des possibilités et scénarios envisageables. Céline Kermisch (2010) a ainsi pu montrer que le comportement diffère suivant la perception du risque ainsi que son évaluation. Nous devrons donc tenir compte de ce type de perception et favoriserons toute analyse de risques environnementaux par un groupe d'experts de compétences variées.

L'outil, application de la méthode définie au précédent chapitre, sera traduit à l'aide d'un programme développé sur un fichier de format *.xls*, utilisé pour les tableurs Excel de Microsoft : ce type de format peut être lu et écrit par d'autres outils tels qu'OpenOffice Writer d'Oracle. Le chapitre

5 « Outil implémenté d'analyse des risques environnementaux des IGH » développera les aspects techniques et l'arborescence des fonctions développées pour permettre à un utilisateur lambda d'employer ce tableur.

Ensuite, dans le chapitre 6 « Études de cas », nous verrons tout d'abord une étude de sensibilité des différents paramètres introduits par l'utilisateur afin de constater quels sont les paramètres influençant les résultats finaux. Ensuite différents cas simples seront étudiés qui permettront de valider le modèle proposé. Deux études de cas réels d'IGH seront ensuite testés : la tour Windsor de Madrid et le WTC 7 de New York. Ce sont deux immeubles de grande hauteur détruits par un incendie mais pour des causes différentes. Divers scénarios seront étudiés dans le but de valider le modèle d'analyse de risques environnementaux. Il y sera développé les hypothèses prises ainsi que les incertitudes qu'elles engendreront.

Nous terminerons par les conclusions et perspectives apportées par cette dissertation car ce travail constitue une première approche à la thématique d'analyse de risques environnementaux pour un IGH. Une nouvelle méthodologie d'analyse de risques, propre aux IGH reprenant l'environnement présent autour de ces constructions, a été développée. Des hypothèses ont dû être prises suite à la complexité d'une étude d'un environnement à chaque fois différent. Différents scénarios et cas test ont été considérés avec l'outil qui permettront la validation de l'outil. Toutefois certaines limites sont ressorties suite au développement de la méthodologie qui nécessiteront des développements complémentaires car ce travail n'est qu'un premier jalon dans la problématique de l'analyse de risque environnemental d'IGH.

1 Immeubles de Grande Hauteur

1.1 Introduction

Les immeubles se caractérisant par une grande hauteur ont toujours attiré l'être humain au cours des siècles de construction et de développement. Et pourtant, il n'existe pas de définition claire ou unanime du mot tour qui, par principe, est l'opposé du bâtiment bas (Firley, 2011). Dans le vocabulaire francophone, de nombreuses expressions sont couramment utilisées à propos de ces grands bâtiments tels que tours, IGH, géants urbains, gratte-ciel, etc. Tandis que dans la terminologie anglo-saxonne il est fait référence aux « High-Rise Buildings », « Tall Buildings », « Skyscrapers », « Towers », etc. Nous utiliserons par la suite le terme d'Immeuble de Grande Hauteur ou IGH, issu des normes françaises.

Toutefois, la définition d'un IGH ne peut se limiter aux seuls facteurs de la hauteur et de la fonction car d'autres caractéristiques entrent en jeu. Nous verrons, tout d'abord, l'évolution des IGH dans certains continents puis plus spécifiquement au cas de la Région de Bruxelles-Capitale. Les catastrophes survenant aux IGH mais aussi à leur environnement seront ensuite détaillées ce qui nous amènera à une proposition de définition d'un Immeuble de Grande Hauteur. Elle reprendra différentes caractéristiques énoncées comme des aspects architecturaux mais aussi des notions de sécurité. Nous délimiterons la définition d'un IGH aux aspects de sécurité tant pour les occupants, les biens et les activités présents mais également à son environnement.

1.2 Historique des IGH

La volonté d'atteindre les cieux par la construction d'aussi grands bâtiments remonte à l'origine de l'humanité. Il y a toujours eu dans notre histoire la recherche de la hauteur comme en témoignent les pyramides égyptiennes, les ziggourats de Mésopotamie ou les pagodes de Chine. Le mythe de la tour de Babel est un exemple représentatif qui dénonce la propension humaine à vouloir être l'égal de Dieu par l'élévation d'une tour capable d'atteindre les cieux sans son intercession (Demey, 2008).

À travers l'histoire architecturale, l'élément principal de cette volonté d'élévation reste lié à la symbolique de la croyance et de la proximité de Dieu. À présent, pratiquement rien n'a changé dans cette vision, excepté que les symboles du pouvoir spirituel ont été, principalement, transférés à celui du symbole économique.

1.2.1 Les Immeubles de Grande Hauteur aux USA

Le 10 octobre 1871, la ville de Chicago subit un incendie provoquant la destruction d'un peu plus de 1000 hectares et la mort de milliers de personnes. Malgré le fait que l'incendie fut l'un des plus grands désastres américains au 19e siècle, la reconstruction permit l'expansion de la ville de manière plus structurée. Les premiers grands immeubles sortirent de terre assez rapidement et furent une réponse à la pression immobilière suite à l'augmentation rapide de la population (passant de 300.000 habitants en 1850 à un million en 1890) (Eisele et Kloft, 2002 ; Höweler, 2005). La construction de ces immeubles-tours répondait à une nécessité de reconstruction, au contraire de New York, qui vit s'élever des gratte-ciel représentatifs du pouvoir économique et du succès de leurs propriétaires.

C'est ainsi que le premier immeuble que l'on qualifiera comme Immeuble de Grande Hauteur fut le Home Insurance Building (55 mètres), construit en 1885 à Chicago par l'ingénieur William LeBaron Jenney. Cet immeuble se distinguait des autres par le choix d'une structure métallique indépendante des façades, ce qui permit de monter plus haut à moindre coût, et par une trame structurale plus espacée, offrant la possibilité d'ouvrir des baies vitrées plus importantes (Jencks, 1980). À partir de ce moment-là, de telles structures légères permirent l'émancipation de l'architecture des formes classiques de construction. De nouveaux gratte-ciel surgirent tels que le Masonic Temple (92 mètres) de Burnham et Root en 1892 à Chicago, le Singer Tower (186 mètres) de Ernest Flagg en 1908 à New York, le Chrysler Building (319 mètres) de William van Alen en 1930 à New York ou l'Empire State Building (381 mètres) de Schreve, Lamb et Harmon en 1931 à New York. Seule la combinaison de trois éléments essentiels permit un tel développement : la nécessité d'agrandir les espaces de travail, les progrès techniques (matériaux et solutions structurales) et le développement de l'ascenseur sécurisé.

La symbolique de modernité associée au modèle du gratte-ciel américain entraînera son essaimage dans le monde et tout au long du 20e siècle. L'Europe, ayant déjà eu ses premiers édifices de grande hauteur, verra dès les années cinquante une importante augmentation du nombre d'Immeubles de Grande Hauteur. L'Asie suivra dès les années quatre-vingts et maintenant le Moyen-Orient propose de nouveaux immeubles de très grande hauteur.

1.2.2 Les Immeubles de Grande Hauteur en Europe

Ils n'apparurent réellement qu'après la Première Guerre Mondiale. Les immeubles de grande hauteur étaient initialement élevés, non suite à de réels besoins mais plutôt comme signe de progrès technologique et de représentativité des villes. Toutefois, l'euphorie initiale provoquée par ces colosses fut rapidement suivie d'un scepticisme grandissant en raison du développement historique des villes européennes convenant moins à ces grandes structures.

Le modèle américain d'ensemble concentré de gratte-ciel dans le centre ville, comme il se retrouve lors de la conception d'une nouvelle ville américaine par des grilles d'aménagement urbain, ne pouvait être appliqué en Europe. Le développement historique des villes européennes ne permettait pas l'implantation de ce modèle et appelait à de nouvelles approches dans l'aménagement urbain.

En Allemagne, avant 1945, il était envisagé la présence d'IGH isolés aux intersections majeures d'axes de communication et qui soient supérieurs à l'ensemble du bâti existant tout en servant de centre civique (Eisele et Kloft, 2002). Après 1945, reconstruction oblige, certaines villes allemandes telles que Francfort ont modifié leur politique d'urbanisme en suivant le modèle américain d'une forte concentration d'IGH dans le centre urbain. La présence de banques et institutions financières ont favorisé le développement immobilier dans le centre. Des projets d'immeubles de très grande hauteur de plus de 200 mètres apparaissent dans les années 90 tels que le Kronenhochhaus (208 mètres) ou le Trianon (186 mètres) en 1993. D'autres projets tels que le Commerzbank (258 mètres) en 1997 participent à l'évolution et au développement de la ville.

La France vit aussi apparaître de nombreux IGH sur son territoire, plus particulièrement Paris avec son ensemble d'IGH à « La Défense ». Ce quartier d'affaires a subi de nombreuses évolutions après la Seconde Guerre Mondiale. Un élément intéressant est la volonté de séparer les flots de communication et de transport : le transport ferroviaire au niveau inférieur, le trafic routier au-dessus et les axes piétonniers au niveau supérieur. Les premiers IGH apparurent dans les années 60 et ne dépassaient pas les 100 mètres de hauteur. Les immeubles prirent de la hauteur mais n'ont pas dépassé les 200 m de hauteur. Par après surgirent des projets tels que la Tour Sans Fins (427 mètres) en 1989 mais qui furent rejetés par le public car ressentis comme démesurés. Le centre historique restera libre de tout IGH. Un seul IGH fait exception à la limite de 200 mètres, c'est la Tour Maine-Montparnasse (209 mètres) en 1973.

L'évolution se fit différemment à Londres puisque, jusque 1950, la ville n'avait aucun IGH digne de ce nom. Ce n'est qu'à partir des années 60, que des immeubles de plus de 100 mètres apparurent. Des plans urbanistiques furent développés afin de contrôler mais non d'empêcher la construction. Ainsi tous les immeubles dépassant 150 pieds soit 46 mètres doivent être présentés devant le Greater London Council afin de vérifier leur conformité suivant le Greater London Development Plan. Nous pouvons trouver le One Canada Square (254 mètres) en 1991, l'immeuble Lloyd (95 mètres) en 1986 et plus récemment le Shard (309 mètres) en 2012.

1.2.3 Les Immeubles de Grande Hauteur belges

Les données graphiques, présentées ici, proviennent du travail de recherches de Christelle Heynderickx (2009) dans le cadre de son mémoire de fin d'études. Un recensement, présenté au point 10.2, des IGH bruxellois a été effectué avec comme critère de sélection les immeubles de plus de 50 mètres, ce qui a permis d'obtenir un échantillon suffisamment représentatif.

Il a pu être montré qu'en Belgique, la plupart des IGH se répartissaient essentiellement entre six villes qui sont Bruxelles (49%), Anvers (30%), Gand (9%), Liège (5%), Louvain (4%) et Charleroi (3%). Ce recensement s'est fait principalement à partir de deux sites Internet qui reprennent l'ensemble des gratte-ciel dans le monde : Skyscraper Source Media (2010) et Emporis Corporation (2010).

Les IGH belges, conçus majoritairement pour une seule fonction, sont des immeubles pouvant se distinguer selon trois types de fonctions principales : la fonction « résidentielle », la fonction de « bureaux » et celle « mixte ». Une dernière catégorie « autre » reprend l'ensemble des fonctions variées telles qu'un musée, une bibliothèque ou un hôpital. La catégorie « mixte » combine deux ou plusieurs fonctions issues des trois autres catégories. Ainsi, en Belgique, la fonction résidentielle représente 64% des IGH, celle des bureaux vaut 30% et celle de la mixité est égale à 6 % (3% pour la mixité des fonctions bureaux/résidentielles, et 3% pour la mixité d'autres fonctions).

L'Illustration 1.1, concernant la répartition des fonctions présentes dans les IGH en Belgique, montre que près de la moitié des IGH bruxellois sont destinés à la fonction de bureaux. Cela est essentiellement dû à la présence des institutions européennes et des services administratifs belges.

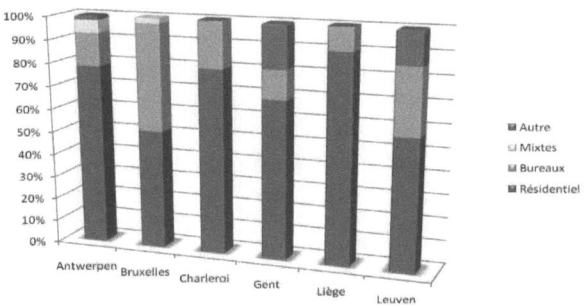

Illustration 1.1: Répartition des fonctions présentes dans les IGH en Belgique (Heynderickx, 2009)

En terme de proportionnalité du nombre d'habitants et du nombre d'IGH construits sur son territoire, la Région de Bruxelles-Capitale (RBC) fait partie des villes européennes ayant le plus grand nombre d'IGH et se classe même au 70ᵉ rang des villes du monde ayant le plus grand nombre d'immeubles hauts de plus de 35 mètres selon Skyscraper (2012).

Cette présence d'un si grand nombre d'IGH sur le territoire de la région bruxelloise peut amener à diverses questions tant leur intégration mais aussi bien leur impact sur un territoire densément peuplé. Nous verrons au point suivant l'évolution de ces IGH et les futurs projets envisagés.

1.2.4 Les Immeubles de Grande Hauteur bruxellois

Depuis les années vingt, Bruxelles a connu une croissance rapide dans la construction d'immeubles-tours de logement après la découverte des gratte-ciel américains lors de l'Exposition Internationale des Arts Décoratifs et Industriels Modernes, qui se tint à Paris en 1925 et d'une Exposition Internationale d'Architecture organisée en 1922 au palais d'Egmont par la Société Centrale d'Architecture de Belgique (Demey, 2008). Ce succès croissant fit surgir chez les habitants la crainte de voir leur ville défigurée par ces géants. Ces peurs apparurent clairement lors de l'élévation de la tour (dix étages) de la cité-jardin Floréal à Watermael-Boitsfort en 1930.

Nous pouvons toutefois énumérer un certain nombre d'autres projets tels que le Résidence Palace, les Pavillons Français ou la Résidence La Cambre qui furent construits sans déclencher de critiques démesurées. En effet, en raison de leur impact architectural sur leur environnement, d'autres projets durent être abandonnés suite aux nombreuses critiques qu'ils reçurent. Ces premiers immeubles-tours, dans le paysage urbain bruxellois, étaient la plupart du temps des bâtiments destinés au logement qui n'excédaient pas huit étages. À cette période, le fait de partager le même toit entre plusieurs familles n'était pas considéré positivement par la société, mais la crise immobilière apparaissant peu après la Première Guerre Mondiale fit changer les mentalités. Ces nouvelles tours de logement jouiront avantageusement de toutes les commodités modernes et luxueuses de l'époque ce qui aidera à l'acceptation de tels projets. C'est ainsi qu'en 1938 s'édifia à Ixelles près de l'Université Libre de Bruxelles, le premier véritable immeuble de grande hauteur bruxellois destiné au logement : la résidence La Cambre de Marcel Peeters. Il se caractérise par un profil à gradins directement inspiré de la typologie Art Déco New Yorkaise et atteint les 55 mètres pour 18 étages.

Durant la Seconde Guerre Mondiale, la production d'IGH fut limitée aux projets qui respectèrent les formes urbaines traditionnelles par le choix des matériaux et dimensions. Après la guerre, de nouveaux projets de bureaux commencèrent à intégrer la notion de monumentalité et de représentativité de leurs propriétaires. À la même période, Bruxelles désira exposer une image moderne et ouverte sur le monde. À cette fin, elle prit soin de s'afficher comme une ville riche et dynamique, toujours au premier plan du progrès. Comme l'Exposition Universelle eut lieu en 1958 à Bruxelles, celle-ci mit un point d'honneur à symboliser la modernité, via les moyens de communication qu'une ville moderne se doit de posséder. Un premier plan d'aménagement urbain, le plan Voisin, fut imaginé en 1927 pour une superficie de 200 ha entre le Pentagone et le Heysel mais il ne sera finalement pas exécuté. Ce plan contribua cependant à la mise en place du plan Manhattan qui modifia considérablement le Quartier Nord en 1967 et qui consistait en l'érection d'un grand nombre d'IGH destinés aux bureaux et aux logements.

Immeubles de Grande Hauteur

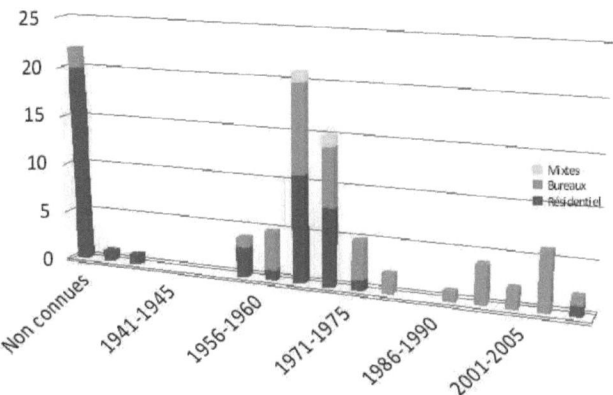

Illustration 1.2: Construction d'IGH en Région de Bruxelles-Capitale (Heynderickx, 2009)

Dans les années septante, un rejet apparut envers ces IGH qui furent assimilés aux grands ensembles français construits peu après la Seconde Guerre Mondiale. Cette décroissance se remarque fortement sur l'Illustration 1.2. Toutefois, depuis peu, de nouveaux projets voient le jour tels que la tour Premium implantée le long du canal de Bruxelles ou le projet de rénovation de la rue de la Loi, qui consisterait en partie en la construction de nouvelles tours pour les institutions européennes (EurActiv.com, 2010). Comme cela se constate sur l'Illustration 1.3, où les IGH de bureaux sont représentées en vert et les IGH résidentiels en rouge, la plus grande partie des IGH de bureaux sont concentrés au Quartier Nord. Diverses lignes directrices telles que la jonction souterraine entre les gares du Nord et du Midi, l'avenue Louise, la petite ceinture regroupent le reste des IGH de bureaux qui se sont implantés le long des voies de communication et des lieux de prestige. La construction des IGH résidentiels n'a pas suivi la même logique foncière que celle des IGH de bureaux ; elle s'est plutôt faite selon les besoins des communes, des CPAS, etc.

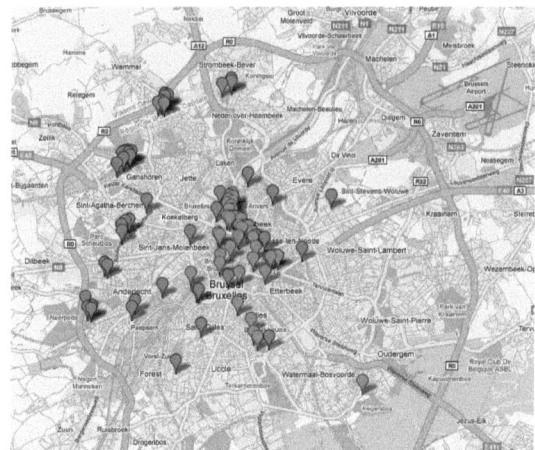
Illustration 1.3: Localisation des IGH en RBC (Heynderickx, 2009)

Les IGH ont toujours marqué l'histoire de la construction et de l'architecture de leur présence au point que personne n'y reste insensible. La Région de Bruxelles-Capitale n'a pas échappé à ce phénomène de construction d'IGH, ce qui a marqué son paysage urbain et les mentalités de ses habitants. Encore aujourd'hui, ces constructions défraient la chronique suite à l'annonce d'une proposition de nouveaux projets d'IGH le long de la rue de la Loi, par exemple. Toutefois, ces projets permettent d'ouvrir le dialogue sur l'avenir de l'aménagement urbain bruxellois.

1.3 Études de cas d'accidents liés aux IGH

Nous verrons dans cette partie des événements indésirables qui ont touché les Immeubles de Grande Hauteur dans le monde. En effet, les IGH sont des constructions spécifiques par leur hauteur qui peut induire un accroissement de risque pour les occupants. Les notions d'événements indésirables et de risques seront davantage expliqués au chapitre 3.2 « Définition du danger et du risque ». Les événements reprennent décrits ici sont des catastrophes survenant avec des IGH mais aussi avec l'environnement présent autour de ces constructions. Nous pouvons donc trouver en premier lieu les incendies, les catastrophes naturelles, les incidents impliquant des substances dangereuses, les attentats à l'explosif et les collisions d'avions. Les listes proposées ci-dessous ne sont pas exhaustives en raison du nombre important d'occurrences pour certains événements tels que les incendies.

Nous avons listé certains types d'accidents marquants mais de nombreux autres événements n'impliquent toutefois pas la destruction totale ou partielle de l'IGH tels que la pollution de l'air ou de l'eau, les incidents liés au système de climatisation et de régulation du climat intérieur, les presque-accidents ou événements indésirables qui n'impliquent pas de préjudices humains, matériels ou environnementaux. Ces derniers incidents ne sont, la plupart du temps, pas connus ou détectés ce qui rend leurs études plus difficile. Notre recherche se limite volontairement, dans un premier abord, aux types de risques listés dans ce chapitre afin de mettre en place une méthode fonctionnelle. En second abord, il serait intéressant d'intégrer ces événements indésirables non préjudiciables au programme décrit au chapitre 6.

1.3.1 Les incendies

Par rapport aux autres sources de dangers, les incendies représentent la plus grande source de désastre pour les Immeubles de Grande Hauteur. De par leur nature accidentelle ou intentionnelle, ces incendies peuvent très rapidement se développer à des niveaux catastrophiques comme l'ont identifié Craighead (2009), Purkiss (2007), Lataille (2003) et CTBUH (1992).

Pour qu'un feu survienne, trois facteurs doivent être réunis : un comburant (de l'air le plus souvent), un combustible (du papier par exemple) et un élément déclencheur de la réaction (de la chaleur). Lorsqu'on retire un de ces trois éléments, il en résulte l'extinction du feu. Dans un immeuble de grande hauteur, une abondance de combustibles potentiels peut s'y retrouver comme des équipements et fournitures composés de matériaux synthétiques inflammables. Les centrales de chaleur, de ventilation et de conditionnement d'air assurent la fourniture régulière d'oxygène dans les espaces intérieurs. Avec la présence de deux facteurs sur trois, un déclenchement accidentel ou délibéré d'une source de chaleur peut avoir des conséquences sérieuses pour la sécurité des occupants de l'immeuble.

Ainsi, en 2003 aux États Unis, voir le tableau 1.1, 3.005 décès et 13.425 blessés causés par plus de 381.300 incendies ont été dénombrés dans des structures résidentielles (logement individuel à collectif), engendrant plus de 6 milliards US $ de dommages (FA, 2008). En 2005, plus de 2.895 décès et 13.375 blessés furent recensés, dans des structures résidentielles, suite à plus de 376.500 incendies causant 6,5 milliards US $ de dommages. Le constat est que le nombre de victimes reste similaire entre 2003 et 2005 mais que les coûts des dommages ont augmenté de plus d'un demi-milliard US $. Une explication envisageable est que les IGH, avec l'évolution des techniques et technologies, représentent des coûts de plus en plus élevés pour la société en cas de préjudices ou pour les sociétés d'assurance.

Dans ces statistiques américaines d'incendie, une autre étude spécifique aux Immeubles de Grande Hauteur résidentiels a été effectuée et a mis en évidence que plus de 15.500 incendies se déclarent chaque année. Ces incendies provoquent annuellement le décès de 60 personnes et affectent plus de 930 personnes, le tout pour plus de 252 million US $ de dommages (FA, 2002). Comparativement avec le nombre total d'incendies survenant en 2003 aux États-Unis (FA, 2009), plus de 1.584.500 incendies qui ont provoqué la mort de 3.925 personnes et blessé 18.125 personnes, furent répertoriés. Ces incendies ont provoqué des dégâts pour près de 13,9 milliards US $.

	Total Incendies	Incendie dans le résidentiel	Incendie dans les IGH	Comparaison Résidentiel - Total	Comparaison IGH - Total	Comparaison IGH - Résidentiel
Nombre	1.584.500	381.300	15.500	24,06%	0,98%	4,06%
Décès	3.925	3.005	60	76,56%	1,53%	1,99%
Blessés	18.125	13.425	930	74,07%	5,13%	6,91%
Dommages	13 10^9 $	6 10^9 $	0.25 10^9 $	46,15%	1,92%	4,16%

Tableau 1.1: Comparaison des incendies dans le secteur résidentiel et IGH – US 2003 (FA, 2008)

Comme nous pouvons le voir dans ces statistiques, les Immeubles de Grande Hauteur résidentiels ne représentent pas la plus grande part des préjudices en raison des réglementations plus strictes imposées à de tels bâtiments. Toutefois les dommages et les difficultés d'évacuation dans les IGH sont des éléments à ne pas négliger. Nous verrons dans les exemples ci-dessous, tableau 1.2, qu'un incendie peut assez rapidement tourner en catastrophe.

Cette liste n'est pas exhaustive et ne reprend qu'un panel d'incendies meurtriers sur une durée de soixante ans. Il est cependant difficile de comparer les incendies entre eux en raison de la différence des années et lieux de construction, des normes nationales appliquées et des actions imprévisibles entraînant l'incendie. La principale remarque que nous pouvons émettre est que les incendies surviennent le plus souvent en raison de lacunes dans les systèmes de prévention et de protection dans l'immeuble. Selon la rapidité d'évacuation et le temps d'intervention des services d'urgence, les incendies peuvent se révéler meurtriers.

Année	Lieu	Commentaires
1946	Chicago	L'hôtel « LaSalle »prend feu : 61 victimes
1946	Atlanta	L'hôtel « Winecoff » prend feu : 119 victimes et 90 blessés
1969	Ontario	L'hôtel « Victoria » prend feu : 13 victimes
1970	New York	Le « One New York Plaza » (50 étages) prend feu. Deux victimes sont à déplorer.
1971	Séoul	L'hôtel « Tea Yon Kek » prend feu : 163 victimes
1972	Sao Paulo	La tour « Andros » prend feu en partie. 50 personnes perdent la vie
1973	Copenhague	Un hôtel prend feu : 35 victimes
1973	Bogota	La tour « Avacia » de 36 étages prend feu. 4 décès sont à déplorer.
1974	Séoul	L'hôtel « New Nassam » prend feu : 19 décès
1974	Sao Paulo	Le « Joelma Building » prend feu : 292 décès
1979	Zaragoza, Espagne	Un hôtel prend feu : 76 victimes
1980	Las Vegas	L'hôtel M.G.M. prend feu : 85 décès et 600 blessés
1980	Kawaji, Japon	L'hôtel « Prince » prend feu : 44 victimes
1981	Las Vegas	L'hôtel « Las Vegas Hilton » prend feu : 8 victimes et 350 blessés
1982	Porto Rico	L'hôtel « Westchase Hilton » prend feu : 12 victimes
1986	New York	Le « Dupont Plaza » prend feu : 97 personnes décédées et 140 blessés
1988	Los Angeles	Un immeuble mixte prend feu : 4 victimes et 25 blessés
1988	Los Angele	Le « First Interstate Bank Building » prend feu : 1 victime et 40 blessés
1989	Johnson City, Tennessee	Un IGH résidentiel, « John Sevier Center »prend fou : 10 victimes et 50 blessés
1995	Ontario	Un IGH résidentiel prend feu : 6 victimes
1996	Hong Kong	Le « Garley Office Building » prend feu : 40 victimes et 81 blessés
1997	Pattaya, Thaïlande	L'hôtel « Royal Jomtien Resort » prend feu : 91 victimes et 51 blessés
2001	New York	Le « New York World Trade Center » fit 2.749 victimes et des milliers de blessés
2003	Johannesburg	L'hôtel « Rand Inn International » prend feu : 6 victimes et 67 blessés
2003	Chicago	Un immeuble de bureaux gouvernemental prend feu : 6 victimes et plusieurs blessés
2005	Madrid	La tour « Windsor » prend feu : pas de victimes

Tableau 1.2: Historique des cas d'incendies (Jeanroy, 2001 ; Craighead, 2009)

1.3.2 Risques naturels

Les risques naturels peuvent être des séismes, tsunamis, éruptions volcaniques, canicules, tempêtes, inondations et glissements de terrain. Ces phénomènes destructeurs ne concernent pas uniquement les IGH mais aussi l'ensemble des constructions et des environnements présents autour de ces IGH. Nous verrons donc un ensemble de catastrophes naturelles qui ont affecté différentes régions du monde et donc les IGH présents dans ces villes.

Un tremblement de terre ou séisme est un phénomène de libération soudaine d'énergie qui se produit sous les couches terrestres par le fait d'une fracture des roches en profondeur, au niveau d'une faille, et provoquant la libération d'ondes sismiques. Cette libération se propage dans toutes les directions produisant une secousse du terrain. Les tremblements de terre peuvent être pratiquement indiscernables jusqu'à aller à de violentes secousses de type majeur. Les secousses, souvent latérales, peuvent être également verticales et durer de quelques secondes à plusieurs minutes. Quand un séisme survient, l'intensité et la durée des secousses déterminent les dommages potentiels. L'échelle de Richter, développée en 1935 par Charles E. Richter, mesure les mouvements de sol causés par un séisme. Chaque augmentation d'un nombre en magnitude sur cette échelle signifie une libération d'énergie 32 fois supérieure à la précédente.

Quelques uns des séismes les plus meurtriers seront repris dans le tableau 1.3. Il est estimé par le National Earthquake Information Center (NEIC, 2012) qu'en moyenne 25.600 séismes sont détectés par an sur la planète[5]. Comme nous avons pu le voir en introduction, les centres urbains de type mégalopole se développent à grande vitesse, y compris dans les zones sismiques, ce qui accentue le risque que de plus en plus de population soient touchées par de telles catastrophes naturelles.

Dans la plupart des pays, les Immeubles de Grande Hauteur récents répondent aux normes nationales et donc prennent en compte le risque sismique. Or il ne peut être jamais certain de l'intensité d'un séisme et des conséquences que ce séisme peut générer sur l'environnement. Quels sont les risques qu'un IGH soit touché par un immeuble voisin endommagé ? Les immeubles plus anciens nécessitent une plus grande attention et devront peut être faire l'objet de mesures de protection sur la structure. En effet, les conséquences d'un séisme sur les IGH dépendent de nombreux facteurs tels que la localisation de l'immeuble par rapport à l'épicentre du séisme, le type de sol ou roche présent sous la structure, le mode de conception et la structure même. Il est possible de concevoir des immeubles à même de faire face au séisme en utilisant des « vérins » placés à sa base pour amortir les effets des secousses. Une seconde solution est l'installation de masses au sommet des IGH

---
5 Nombre de séismes de magnitude supérieure à 4,5 détectés en moyenne entre 2000 et 2012

réduisant leur mise en résonance. Le tableau 1.3 reprend quelques exemples de séismes destructeurs pour les villes et les IGH.

Année	Lieu	Commentaires
1976	Tangshan, Chine	Estimation officielle : 255.000 victimes, magnitude 7.5
2004	Sumatra	Plus de 227.898 victimes, disparus et présumés décédés, magnitude 9.1 ; plus de 1,7 million de personnes durent être déplacées. Le séisme était suivi d'un tsunami qui toucha 14 pays d'Asie du Sud et de l'Afrique de l'Est
2005	Pakistan	Au moins 86.000 personnes perdirent la vie, plus de 69.000 personnes furent blessées et de nombreux dégâts furent à déplorer pour ce séisme de magnitude 7.6
2008	Sichuan, Chine	Au moins 82.000 victimes suite à ce séisme d'une magnitude de 7.9
2012	Nord Italie	Deux séismes à neuf jours d'intervalle frappa le Nord de l'Italie avec pour magnitude 5.8 et 6. Ils firent respectivement 17 et 7 victimes.

Tableau 1.3: Séismes au travers le monde (Craighead, 2009 ; GSb, 2012)

Les tsunamis sont des vagues géantes créées par des séismes, des glissements de sol sous-marins ou par des éruptions d'îles volcaniques. Lors d'un séisme majeur, une énorme quantité d'eau peut être mise en mouvement et provoquer d'importants dommages en atteignant les rivages côtiers. Outre la hauteur de la vague, la capacité de destruction de ces vagues dépend de leur « liberté de mouvement » dans les terres et du type de structures (bâtiments, infrastructures, etc.) rencontrées.

Los dommages résultant d'un tsunami ne sont pas uniquement dus à une inondation ou à l'impact de la vague, voir le tableau 1.4, mais aussi par les nombreux débris transportés par les flots qui ajouteront à l'impact de cette vague. Des épidémies surviennent parfois après un tsunami quand l'environnement a été entièrement ravagé.

Année	Lieu	Commentaires
1960	Chili	Suite à un séisme de magnitude 9.5, un tsunami dévasta le Chili et Hawaï. 1.500 victimes ont été dénombrées, dont 61 à Hawaï
1976	Mer de Célèbes	Le sud-ouest des Philippines fut atteint par une vague causée par un séisme ; 8.000 victimes
2004	Sumatra	Plus de 227.898 victimes, disparus et présumés décédés lors d'un séisme de magnitude 9.1 ; plus de 1,7 million de personnes durent être déplacées. Le séisme était suivi d'un tsunami qui toucha 14 pays d'Asie du Sud et de l'Afrique de l'Est

Tableau 1.4: Tsunamis au travers le monde (Craighead, 2009)

Les risques volcaniques ont, par le passé, détruit de nombreuses villes telles que Vésuve ; les principales conséquences, outre les projectiles incendiaires, sont les coulées de boues ou de laves qui peuvent provoquer d'importants dommages. Les effets et conséquences d'un volcan sont particulèrement destructeurs comme l'illustre le tableau 1.5.

Année	Lieu	Commentaires
1815	Tambora, Indonésie	Suite à une éruption volcanique, 92.000 personnes moururent de famine
1902	Mont Pelée, Martinique	Des nuages de cendres et des projectiles de roches magmatiques provoquèrent la mort de 29.025 personnes
1985	Ruiz, Colombie	Des coulées de boue provoquèrent la mort de 25.000 personnes

Tableau 1.5: Volcans au travers le monde (Craighead, 2009 ; GSa, 2012)

D'autres risques naturels existent et peuvent provoquer d'importants dommages aux IGH tels que les tempêtes (tornades et cyclones tropicaux), les inondations ou les glissements de terrain. Des glissements de terrain ont déjà provoqué la destruction complète de deux IGH comme représenté au tableau 1.6.

Année	Lieu	Commentaires
1972	Hong Kong	Un glissement de terrain, suite à d'importantes pluies, provoqua la destruction d'un immeuble d'appartements de 12 étages et causa la mort de 67 personnes
1993	Selangor, Malaisie	Après 10 jours de pluie continues, un immeuble d'appartements de 12 étages s'effondra suite à un glissement de terrain et provoqua la mort de 48 personnes

Tableau 1.6: Glissements de terrain (Craighead, 2009)

1.3.3 Incidents impliquant des substances dangereuses

Les substances dangereuses sont toutes substances (solides, liquides ou gaz) capables d'engendrer des dommages aux personnes, aux biens et à l'environnement. Ces substances peuvent avoir un effet corrosif, explosif, inflammable, irritant, oxydant ou radioactif. Les matières dangereuses peuvent être de nature chimique, biologique ou nucléaire.

Nous pouvons retrouver certaines substances dangereuses dans les IGH telles que des réservoirs de mazout, des produits d'entretien utilisés par le personnel de nettoyage, des matériaux de construction toxiques comme de l'amiante[6], etc. Divers autres produits dangereux peuvent se

---
6 L'amiante ou asbeste (SPF, 2012) a été fortement utilisé comme matériau de construction. Il pouvait se retrouver dans les plaques ondulées, conduits de cheminée, gouttières, revêtement mural, etc. Les propriétés avantageuses de l'amiante étaient sa solidité, son isolation thermique et sa résistance au feu. Or l'amiante en se dégradant libère des fibrilles dangereuse pour la santé lors de leur inhalation. Les principales maladies diagnostiquées sont le cancer du poumon ou l'asbestose. La production et l'utilisation de l'amiante sont interdites depuis 2005 aussi bien en Belgique que dans l'Union européenne.

retrouver dans le matériel d'impression, de reproduction et d'art tels que les encres, les solvants, l'ammoniaque et les peintures. Au niveau des fournitures de maintenance, nous pouvons trouver les huiles, les fluides de machines, les batteries, les peintures, les solvants ou les tubes lumineux fluorescents. Les matériaux de construction peuvent contenir du vernis, des peintures, des revêtements, de la colle, du mastic, de l'amiante, etc. La présence de ces substances dangereuses peuvent présenter de sérieux problèmes lorsqu'une explosion survient dans l'immeuble.

Le 25 Avril 2002 à New York dans le quartier de Manhattan, une explosion causée par des substances chimiques volatiles, survenant dans un immeuble commercial de 10 étages, a endommagé de nombreux bâtiments voisins : façades endommagées et vitres brisées. La déflagration eut pour origine la présence d'un stock d'acétone. On dénombra plus de 42 blessés suite à cette explosion.

Les substances dangereuses peuvent être libérées accidentellement ou volontairement et pour ce second aspect, nous parlerons d'attaques effectuées à l'aide d'armes NBC pour toute arme Nucléaire, Biologique ou Chimique. Toutefois, peu d'attaques de ce genre ont pu être constatées de par le monde.

1.3.4 Les attentats à l'explosif

Les attentats à l'explosif et les menaces de bombes sont, à l'heure actuelle, une réelle menace et représentent pour certains pays de grande probabilité d'occurrence. Ces actes de terrorisme peuvent être le fait d'une personne ou d'un groupe de personnes afin de contrôler les autres par une intimidation coercitive ou afin de promouvoir leurs opinions en dirigeant leurs attaques sur des populations ou bâtiments visés. Ce type d'attaque peut être orchestrée à l'aide de bombes (matériel incendiaire ou explosif), de bombes humaines, de véhicules piégés, etc. Ces différents moyens sont difficilement détectables par les services de sécurité et provoquent de nombreux dommages humains et matériels.

Les principales conséquences d'une explosion devant un IGH ou à l'intérieur peuvent aller d'un endommagement partiel (vitres brisées) à des endommagements structuraux qui amènent à des effondrements ou *progressive collapse*. L'environnement voisin à l'IGH visé est, la plupart du temps, touché par l'explosion même. Ainsi l'attaque au Baltic Exchange par l'IRA provoqua plus de 800 millions de livres de dommages tant au niveau de l'immeuble que l'environnement voisin à cet IGH, voir le tableau 1.7.

Immeubles de Grande Hauteur

Année	Lieu	Commentaires
1983	Beyrouth	L'ambassade US est attaquée par un camion chargé d'explosifs : 63 victimes
1983	Beyrouth	L'immeuble de l'ONU est attaqué par un camion-suicide : 299 victimes
1992	Londres	L'IRA fait exploser plusieurs camions à différents intervalles dans le centre financier de Londres, cinq victimes sont à dénombrer et des dommages importants aux immeubles. L'immeuble Baltic Exchange a été fortement touché ainsi que les immeubles voisins.
1993	New York	Le « World Trade Center » est attaqué par une camionnette piégée stationnée en sous-sol : 6 victimes et 1042 blessés
1995	Oklahoma City	Le « Murrah Federal Building » est attaqué par un camion chargé de 2 tonnes de TNT et garé à quelques mètres de la façade
1996	Dhahran, Arabie Saoudite	Les tours résidentielles « Khobar » sont attaquées par un camion piégé : 19 victimes et 372 blessés
1998	Nairobi	L'ambassade US du Kenya et de la Tanzanie est attaquée par un camion piégé : 224 victimes et 5000 blessés
2002	Karachi, Pakistan	L'hôtel « Sheraton » est attaqué par une voiture piégée : 14 victimes
2002	Mombassa, Kenya	Un hôtel est attaqué par une voiture piégée : 13 victimes et 80 blessés
2003	Jakarta, Indonésie	L'hôtel « JW Marriott » est attaqué par une voiture piégée : 11 victimes et 144 blessés
2008	Islamabad, Pakistan	L'hôtel « Marriott » est attaqué par un camion piégé : 53 victimes et plus de 250 blessés

Tableau 1.7: Historique des attentats (MacLeod, 2005 ; Craighead, 2009 ; Bouillard et Rammer, 2001)

Les IGH vus ci-dessus ont subi de telles attaques en raison d'un contexte politique local (cas du Royaume Uni avec les attentats de l'IRA) ou visant l'image d'une société, d'une institution telle que l'immeuble du FBI à Oklahoma City. Il est difficile d'estimer le risque de survenance de ce genre d'attaque mais suivant la localisation, le contexte régional et le type d'activité, certaines mesures de protection doivent être envisagées.

1.3.5 Collisions d'avions

Un Immeuble de Grande Hauteur, comme tout autre bâtiment, est vulnérable à la possibilité qu'un avion entre en collision. Le facteur hauteur, propre aux IGH, implique un accroissement des risques de survenance d'un tel événement en raison de cette hauteur supplémentaire par rapport aux autres immeubles traditionnels. Toutefois ce genre d'événement reste rare et exceptionnel.

Les collisions recensées au tableau 1.8 sont, exceptées celles du 11 septembre 2001, des accidents faisant peu de victimes en raison de la taille modeste des engins. Peu de dégâts structuraux furent constatés et ceux-ci resteront localisés au point d'impact de l'avion.

Année	Lieu	Commentaires
1945	New York	Un bombardier B-25 de l'US Army Air Corps s'est accidentellement écrasé dans la façade nord de l'Empire State Building (102 étages) au 78e et 79e étages. Quatorze personnes y ont perdu la vie dont trois membres d'équipage.
1946	New York	Encastrement d'un Beechcraft au 58e étage d'une tour à New York.
2000	Gonesse, France	Un concorde s'écrase sur un hôtel causant le décès de plus de 110 victimes dont 4 personnes dans l'hôtel.
2001	New York	Deux avions commerciaux furent détournés et volontairement dirigés pour toucher les WTC 1 et 2 (110 étages). Les avions venaient de décoller avec leurs réservoirs pleins de kérosène. 2749 personnes furent tuées lors de cet attentat.
2002	Tampa, Floride	Un Cessna 172 volé et piloté par un adolescent s'est écrasé au 28e étage d'une banque *Bank of America* (42 étages). Le pilote est décédé lors de l'accident.
2002	Milan	Un petit avion piloté par un homme âgé s'est écrasé au 25e étage de la tour Pirelli (30 étages) tuant deux autres personnes.
2006	New York	Un avion monomoteur s'est écrasé accidentellement dans un immeuble d'appartements de 40 étages. Seuls les deux pilotes sont décédés.

Tableau 1.8: *Historique de collisions d'avions (Craighead, 2009)*

1.3.6 Accidents ferroviaires

Ce type d'accident survient rarement mais les dommages qu'ils peuvent engendrer sont assez importants voir spectaculaires. En Belgique, de nombreux infrastructures et immeubles se trouvent à proximité immédiate de voiries de chemin de fer or les potentiels dommages suite à un accident ferroviaires ne sont pas négligeables. Nous ne reprennons que quelques accidents qui ont marqué leur époque et engendré de nombreux dommages.

Année	Lieu	Commentaires
1895	Paris	Un train n'a pu s'arrêter à temps en cause d'une vitesse beaucoup trop élevée. Il passa au travers de la gare de Paris-Montparnasse et termina sa course dans la rue. Un mort et cinq blessés graves furent à déplorer (Vannier, 2013).
1989	Oufa (USSR)	Une fuite survenant sur une canalisation de gaz liquéfié, à proximité de voies ferroviaires, eut pour conséquence une explosion lors du passage de deux trains. Bilan officiel de 575 décès et 800 blessés (Akoeff, 2013).
2001	Pécrot	Collision frontale en gare de Pécrot (Brabant wallon) entre deux trains dont un de voyageurs suite à une série de dysfonctionnements, fait 8 morts et 12 blessés (De Neef, 2013).
2010	Buizingen	Deux trains sont entrés en collision frontale, les causes doivent être encore déterminées. Bilan de 18 morts et 171 blessés. D'importants dommages matériels sur le réseau et de nombreuses perturbations ont été recensés (Le Soir, 2013).
2013	Stockholm	Vol d'un train qui a terminé sa course dans la façade d'une maison située à proximité des voies ferroviaires. Pas de victimes mais une maison détruite suite à l'impact (Bustamante, 2013).

Tableau 1.9: Historique d'accidents avec des trains

1.4 Caractéristiques et classification d'un IGH

Suite aux précédents points où nous avons vu l'évolution des IGH dans le monde et les risques qu'ils peuvent encourir. Nous proposerons une définition de ce que nous entendons par Immeuble de Grande Hauteur. En effet, actuellement, il n'existe pas de définition unique et généralisée. Ainsi une première définition que nous pouvons rencontrer pour un immeuble est que c'est une structure fermée possédant des murs, des planchers, un toit et généralement des fenêtres. Un immeuble de grande hauteur sera, suite à cette définition, une structure à nombreux étages qui, selon le type d'activité, comporte des ascenseurs pour permettre aux occupants d'accéder rapidement aux étages supérieurs (Jencks, 1980).

Une deuxième définition que nous pouvons retrouver communément, est celle proposée par l'Encyclopaedia Britannica (2012) :

« The high-rise building is generally defined as one that is taller than the maximum height which people are willing to walk up; it thus requires mechanical vertical transportation. This includes a rather limited range of building uses, primarily residential apartments, hotels, and office buildings, though occasionally including retail and educational facilities. A type that has appeared recently is the mixed-use building, which contains varying amounts of residential, office, hotel, or commercial space. High-rise buildings are among the largest buildings built, and their unit costs are relatively high; their commercial and office functions require a high

degree of flexibility.

The foundations of high-rise buildings support very heavy loads, but the systems developed for low-rise buildings are used, though enlarged in scale. These include concrete caisson columns bearing on rock or building on exposed rock itself. Bearing piles and floating foundations are also used.

The structural systems of tall buildings must carry vertical gravity loads, but lateral loads, such as those due to wind and earthquakes, are also a major consideration. »

Cette définition fort générale prend en compte des aspects architecturaux et de fonctionnalité mais il ne s'y trouve pas des éléments de sécurité tels que l'évacuation des occupants. Nous verrons par la suite une définition plus appropriée développée pour l'étude des risques propres aux IGH.

Toutefois un IGH ne peut se limiter à ces seules considérations car cette définition reste trop globale. Elle ne définit pas des notions comme la prise en compte du contexte ou des notions de sécurité. D'autres notions doivent donc être intégrées dans la définition générale d'un IGH. Celui-ci peut être caractérisé par sa structure, le type d'activité présent en son sein, le type d'action appliqué sur sa structure, des aspects de sécurité et les normes nationales en cours. Nous verrons ici différents critères utilisés pour l'instant de manière indépendante.

1.4.1 Définition par les normes

Une synthèse de quelques normes nationales en application en Europe sera produite, mais aussi à travers le monde. Il sera vu les principaux éléments caractéristiques et déterminants pour la définition d'un Immeuble de Grande Hauteur. Les pays faisant partis de l'Union Européenne suivent les normes généralisées Eurocodes dont ils peuvent, toutefois, adapter certaines parties via les Annexes.

Ces normes sont ce que nous pourrions appeler le minimum requis pour un IGH selon le pays où l'immeuble se situe. Elles se basent sur un contexte national et des connaissances passées d'événements catastrophiques qui auront fait évoluer les textes législatifs. Toutefois, elles se révèlent parfois un peu limitées et ne prennent pas toujours en compte l'ensemble des nouvelles évolutions que l'on retrouve dans les IGH.

1.4.1.1 France

Le choix de l'utilisation du terme Immeuble de Grande Hauteur ou IGH, fait référence aux normes françaises du « Code de la construction et de l'habitation » (Jeanroy, 2001). Dans cette norme, un IGH « constitue un immeuble de grande hauteur, pour l'application du présent chapitre [Article R122-2, Livre 1er, Titre II, Chapitre II], tout corps de bâtiment dont le plancher bas du dernier niveau est situé au niveau du sol le plus haut utilisable pour les engins des services publics de secours et de lutte contre l'incendie:

- à 50 mètres pour les immeubles à usage d'habitation, tels qu'ils sont définis par l'article R.111-1(1) ;
- à plus de 28 mètres pour tous les autres immeubles. » (JORF, 2010)

Au-delà des 200 mètres, la législation française parle d'immeuble de très grande hauteur ou ITGH.

La différence entre la hauteur des immeubles à usage d'habitation et les autres réside dans une réglementation déjà existante pour les immeubles d'habitation atteignant la limite de hauteur de 50 mètres. Il est en outre prévu une classification entre les différents types d'IGH et donc des réglementations différentes selon le type d'occupation et d'activité, voir le tableau 1.10.

Codes	Affectations article 122.5
G.H.A.	Immeubles à usage d'habitation
G.H.O.	Immeubles à usage d'hôtel
G.H.R.	Immeubles à usage d'enseignement
G.H.S.	Immeubles à usage de dépôts d'archives
G.H.U	Immeubles à usage sanitaire
G.H.W.1	Immeubles à usage de bureaux H< ou = 50 m
G.H.W.2	Immeubles à usage de bureaux H>50 m
G.H.Z.	Immeubles à usage mixte

Tableau 1.10: Classification des immeubles de grande hauteur (Jeanroy, 2001)

Cette réglementation, avec la limite des 30 mètres, est issue des années cinquante où aucun immeuble n'avait jusqu'alors excédé cette hauteur fatidique qui correspond à la limite de fiabilité des échelles, tant par leur hauteur que par leur rayon de braquage, ainsi que leur poids.

En outre, la construction d'un IGH n'est permise qu'à des emplacements situés à un maximum de trois kilomètres d'un centre principal des services publics de secours et de lutte contre l'incendie.

1.4.1.2 Royaume-Uni

Il est prévu à Londres que tout projet de tour prenne en considération le microclimat au sein duquel il sera implanté et donc les incidences du vent, de la lumière, de l'ombre et des phénomènes de réflexion. Ces points ont été développés dans le London Plan qui oblige, en outre, de prendre en compte les lignes de navigation aérienne et les réseaux de télécommunications tout en respectant les normes de sécurité détaillées dans le texte Building Regulations (Firley et Gimbal, 2011). Un rapport *Tall Buildings – Performance of Passive Fire Protection in Extreme Loadings Events – An initial Scoping Study* (DCLG, 2009) complète les standards britanniques sur la sécurité incendie et les actions extrêmes qu'un IGH peut rencontrer suite aux événements du 11 Septembre 2001 à New York. Les principaux points abordés sont la réduction du risque de progressive collapse, le maintien des circulations verticales en cas d'événements (ascenseurs et escaliers), le maintien des compartiments et des communications et enfin le maintien global des performances structurales durant un laps de temps suffisant pour permettre l'évacuation du bâtiment.

Le Royaume-Uni, tout comme les autres pays européens, a adopté les normes européennes ou Eurocodes. Les Eurocodes 2 et 3, Partie 1-2, reprennent les éléments essentiels pour le dimensionnement des structures aux incendies. L'annexe nationale des *British Standards* complète ces documents avec la norme BS 476 pour la résistance au feu des matériaux et éléments de construction.

1.4.1.3 Allemagne

Les promoteurs immobiliers ont l'obligation à Francfort de réserver le rez-de-chaussée et les cinq premiers étages de l'IGH à des activités commerciales, des services publics ou des espaces communs. Cette exigence part du principe que l'intégration de l'immeuble dans le contexte urbain est une nécessité. En outre, il est requis une accessibilité du sommet de la construction à la foule par l'installation d'un observatoire ou d'un restaurant (Firley et Gimbal, 2011).

Un immeuble est officiellement classé dans la catégorie des IGH lorsqu'il atteint le seuil des 22 mètres. Des conditions, énoncées dans le *Richtlinien über Bau und Eirichtung von Hochhäusern, Hochhaus-Richtlinien, HHR*, imposent l'élévation d'un bâtiment là où l'impact sur l'environnement sera limité. Il est considéré comme environnement les lieux suivants : l'environnement local, le paysage alentour et la prise au sol du bâtiment.

Les normes allemandes répartissent les IGH en quatre groupes :
1) Les immeubles ayant une hauteur entre 22 et 30 m entrent dans le groupe I des IGH. Ils doivent satisfaire à des conditions plus strictes au niveau de l'évacuation par rapport à des immeubles bas. Ainsi la distance maximale d'accès à une évacuation verticale est de 20 m au lieu de 35 m. Les éléments structuraux ont, comme pour les immeubles bas, une résistance au feu de 90 minutes (Rf 90).
2) Les immeubles ayant une hauteur entre 30 et 60 m entrent dans le groupe II des IGH. Il est requis l'existence d'au moins un ascenseur dédié aux services incendies.
3) Le groupe III concerne les immeubles dépassant les 60 m. La présence d'au moins deux ascenseurs dédiés aux services incendies est requise. Les éléments structuraux doivent être dimensionnés à un Rf 120.
4) Le groupe IV est réservé aux immeubles dépassant les 200 m de hauteur. Les autorités publiques allemandes peuvent stipuler des exigences supplémentaires pour chaque cas particulier.

1.4.1.4 États-Unis

Un Immeuble de Grande Hauteur ou *High-Rise Building* est, par exemple, défini dans le *New York Building Code* (2008) comme tout immeuble ayant son dernier étage occupé situé à plus de 75 pieds (22,86 m) au dessus du plus bas niveau d'accessibilité des services d'urgence. La présence d'un système de sprinklage automatique pour l'ensemble de l'immeuble est requise. En outre, il est exigé la présence d'une deuxième citerne d'eau dans tout IGH dépassant les 300 pieds (91,44 m). Pour l'ensemble des bâtiments new-yorkais, il est requis une sortie d'évacuation extérieure (à l'aide le plus souvent d'escaliers externes). Cette exigence n'est pas d'application pour les immeubles de grande hauteur new-yorkais.

Comme dans le *New York Building Code*, le National Fire Protection Association (NFPA, 2009) définit tout immeuble de grande hauteur ayant une hauteur minimale de 75 pieds soit 22,86 m.

1.4.1.5 Belgique

En Belgique, la seule définition existante pour les grands immeubles se retrouve dans les arrêtés royaux fixant les normes de base en matière de prévention contre l'incendie et l'explosion. Ainsi, selon les annexes à l'Arrêté Royal du 19 décembre 1997 (MI, 1997) modifiant l'Arrêté Royal du 7 juillet 1994 (DGSC, 2003), tout bâtiment, excepté les installations industrielles, dont la hauteur h est supérieure à 25 m, est considéré comme bâtiment élevé (BE). « La hauteur h d'un bâtiment est conventionnellement la distance entre le niveau fini du plancher du niveau le plus élevé et le niveau le plus bas des voies entourant le bâtiment et utilisables par les véhicules des services d'incendie. » (MI, 1997)

Dans la suite du texte, nous utiliserons toutefois le terme IGH des normes françaises et non bâtiment élevé. En effet les normes françaises définissent différentes catégories d'IGH selon leur occupation et donc une classification plus nuancée des risques liés au type d'activité pour un IGH étudié.

1.4.2 Types de structures pour les IGH

Nous pouvons distinguer trois catégories de structures d'Immeuble de Grande Hauteur fréquemment rencontrées dans le monde (Craighead, 2009).

La première catégorie concerne l'ensemble des structures métalliques que l'on retrouvera principalement pour les immeubles de bureaux. Ce sont soit des structures métalliques légères avec des façades dites mur-rideau[7], soit des structures externes tubes, voir l'Illustration 1.4. Ces dernières structures, au contraire des structures avec mur-rideau, sont capables d'effectuer une reprise de charges par l'enveloppe extérieure. Au centre de ces bâtiments se trouve un noyau interne, rarement excentré, capable de reprendre les charges du bâtiment, et construit le plus souvent en structure métallique ou en béton armé. Le noyau reprendra l'ensemble des circulations verticales (ascenseurs et escaliers), les systèmes de communication, l'eau, l'électricité, les évacuations sanitaires, etc.

La deuxième catégorie reprend l'ensemble des bâtiments construits avec des structures du type en voile béton armé, voir l'Illustration 1.5. Ce choix de système peut être appliqué comme système de contreventement, pour des poutres-colonnes ou des plancher-dalles, etc.

La troisième catégorie se retrouve dans les bâtiments faisant un mixte des structures en béton armé et structures métalliques, voir l'Illustration 1.6. Un tel bâtiment sera, le plus souvent, composé d'une structure métallique, d'un noyau central en béton armé et de planchers en coffrages métalliques.

---

[7] Le mur-rideau est un mur de façade légère qui contribue à la fermeture du bâtiment mais ne participe pas à la stabilité générale du bâtiment.

Immeubles de Grande Hauteur

Illustration 1.4: Hong Kong and Shanghai Bank (Janberg, 2012)	Illustration 1.5: Brusilia (Bing Maps, 2012)	Illustration 1.6: Tour du Midi (Weghuber, 2012)
Construction métallique	Construction en béton armé	Construction Mixte

1.4.3 Types d'activités présents dans un IGH

Le type d'activité d'un bâtiment influence énormément les moyens mis en place pour assurer la sécurité et la protection des occupants présents dans l'immeuble. Ainsi le nombre de sorties de secours, de chemins d'évacuation, de cages d'escalier, de systèmes actifs et/ou passifs d'extinction incendie sont dépendants de l'activité de l'immeuble. Il existe différents types d'IGH classés selon leur utilisation primaire.

Ce descriptif se retrouve ainsi dans les normes françaises :

- Les « IGH destinés à la fonction de bureau » sont des bâtiments destinés à la conduite d'affaires, les espaces sont généralement divisés en des bureaux individuels ou espaces paysagers promis à la location.
- Les « IGH destinés à la fonction hôtelière » est une désignation pour tout service de fourniture de logement et autres services (restauration, bar, loisirs).
- Les « IGH destinés à la fonction résidentielle » sont des immeubles contenant des logements distincts où une personne peut y vivre ou séjourner régulièrement. Un immeuble d'appartements est un bâtiment comprenant plus d'une unité de logement.
- Les « IGH à fonctions mixtes » peuvent contenir diverses fonctions telles que du bureau, des fonctions résidentielles et/ou hôtelières

dans des espaces séparés au sein du même bâtiment.

1.4.4 Actions sur la structure d'un IGH

En raison de leur plus grande hauteur par rapport aux immeubles traditionnels, les éléments porteurs d'un IGH sont soumis au même type d'action que les immeubles traditionnels mais les charges sont bien plus importantes en raison de la plus grande taille de ces constructions. Les actions que l'on peut retrouver sont les actions verticales et horizontales (Eisele et Kloft, 2002) ; ces dernières actions reprennent celles dues au vent et aux séismes.

En théorie, les actions verticales pour les IGH se réfèrent aux Eurocodes EN 1991-1-1.

Pour les actions horizontales, plusieurs aspects doivent être considérés. Premièrement, il importe de vérifier l'impact du vent sur la structure en terme d'oscillation du bâtiment (prise en compte du phénomène de fatigue en cas d'oscillations répétées). La structure d'un IGH européen (inférieur à 200 mètres) est dimensionnée aux effets extrêmes du vent selon l'Eurocode EN 1991-1-4. Mais du fait du déplacement de la tête de l'IGH sous les rafales de vent, une attention toute particulière devra être portée au confort des occupants des étages supérieurs.

Le deuxième aspect est celui des actions dues aux séismes. Cependant, ce paramètre dépend fortement de l'emplacement de l'IGH lorsque son dimensionnement structural est effectué. À cette fin, l'Eurocode EN 1998-1 énonce les différents éléments à prendre en compte lors de la conception et se focalise sur la sécurité des personnes tandis que des dommages aux éléments non porteurs sont tolérés.

Enfin, notons que les principes et les exigences de l'Eurocode EN 1991-1, en matière de sécurité et d'aptitude au service des structures, sont décrits pour le dimensionnement et la vérification de la fiabilité structurale. Pourtant, le domaine d'application du texte (paragraphe 1.1.1. de l'EN 1991-1) ne concerne pas l'évaluation de la qualité structurale des ouvrages existants (paragraphe 1.1.1.8 de l'EN 1991-1) ni les actions produites par des explosions extérieures, des actes de guerre ou des sabotages (Bouillard et Rammer, 2001).

Le dimensionnement aux risques d'incendie, aux actions du vent et aux séismes font l'objet, respectivement, de l'EN 1991-2-2, EN 1991-2-4 et EN 1998.

La notion de *progressive collapse*[8], pour les aspects d'effondrement partiel ou global d'une structure suite à une action accidentelle ou intentionnelle, se définit comme « The spread of local damage, from an initiating event, from element to element resulting, eventually, in the collapse of an entire structure or a disproportionately large part of it; also known as dispropotionate collapse. » (NIST, 2007). Cette définition exprime que, lorsque survient un événement initiateur, des dommages locaux peuvent entraîner un effondrement en cascade de la structure globale. Les Eurocodes ne prennent pas en compte explicitement cet aspect de *progressive collapse* mais il est inclus dans les normes pour les actions accidentelles dans l'Eurocode 1 – Actions sur les structures – Partie 1-7 : Actions générales – Actions accidentelles (Menchel, 2009).

1.4.5 Prise en compte de la sécurité

Avant tout, les IGH se démarquent des autres types de constructions par leur hauteur, ce qui accroît les difficultés d'évacuation en cas d'événement indésirable. Il sera pratiquement impossible d'intervenir par l'extérieur. Lors d'un incendie, la conception même de l'IGH qui peut être considérée comme une immense cheminée (Jeanroy, 2001), augmente considérablement la vitesse de propagation du feu.

Dans ce genre de construction, les ouvertures vers l'extérieur sont proscrites pour cause de contrôle du climat intérieur et des effets du vent sur l'immeuble, ce qui engendre dès lors une plus grande difficulté dans l'évacuation des fumées ou des éventuels gaz nocifs.

Enfin, la présence dans le bâtiment d'un grand nombre de personnes (habitants, travailleurs ou public selon le type d'usage du bâtiment), rend impossible une évacuation immédiate de la totalité de l'immeuble par crainte de panique, sauf en cas d'extrême urgence. Pour les très grands IGH, des solutions comme des compartiments intermédiaires de refuge sont envisagés comme cela se trouve dans la Burj Khalifa par exemple.

---

8 Nous utiliserons indifféremment le terme progressive collapse ou effondrement en cascade pour nommer une défaillance d'un élément structural d'un immeuble qui entraîne sa destruction partielle ou complète.

1.5 Définition d'un Immeuble de Grande Hauteur

Après avoir vu différents critères fournis par les normes nationales ou selon le type de structure, nous pouvons proposer une définition de l'Immeuble de Grande Hauteur. Actuellement, il ne se trouve pas une définition acceptée par tous pour définir un bâtiment de très grande hauteur.

En 1896, Louis H. Sullivan donna sa propre définition des principales caractéristiques des IGH : « It must be tall – every inch of it must be tall. The force and power of height must reside in it – the glamour and pride of enthusiasm » (Eisele et Kloft, 2002). La première des caractéristiques d'un IGH n'est donc pas uniquement sa seule hauteur mais le fait qu'il doit être bien plus grand que les autres immeubles avoisinants, au moins pour un temps.

Un bâtiment, sensiblement plus haut que son voisinage, peut se présenter sous forme d'une barre et dans ce cas il est difficile de parler d'un IGH sans considérer l'élancement. L'élancement est le rapport entre la hauteur et la largeur de l'édifice. Certains auteurs et sites de référencement de tours, comme le site Internet canadien *SkyscraperPage* (2010) parlent d'un IGH lorsqu'il atteint minimum 12 étages ou 35 mètres de hauteur sur base des premiers bâtiments construits à la fin du 19ᵉ siècle aux États-Unis. Diverses sources font mention de gratte-ciel, immeuble dépassant les 500 pieds ou 152 m (Emporis, 2012), mais nous n'utiliserons pas cette définition car elle n'est pas adaptée à notre domaine d'études. En effet, il ne se trouve en Belgique aucun immeuble dépassant cette limite : seule la Tour du Midi avec ses 150 mètres pourrait se targuer d'être un gratte-ciel.

Le Council on Tall Building and Urban Habitat (CTBUH, 2010) propose un ensemble de caractéristiques qui définissent de manière plus générale un Immeuble de Grande Hauteur, en se basant sur les critères suivants :

- La hauteur relative au contexte,
- La proportion,
- L'usage de technologies spécifiques,

Le rapport de la hauteur par rapport au contexte est un des premiers indicateurs cités par le CTBUH puisqu'un immeuble de 14 étages comme le Central Plaza à Bruxelles (d'une hauteur de 53,50 m) ne pourrait être considéré comme un Immeuble de Grande Hauteur dans une ville comme New York ou Hong-Kong, alors qu'il l'est dans le contexte urbain d'une ville européenne. L'Illustration 1.7 représente bien ce propos entre deux configurations différentes de villes où le même immeuble ressort ou non du paysage urbain.

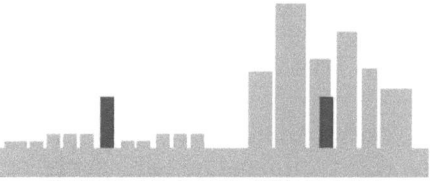

Illustration 1.7: Contexte (CTBUH, 2010)

Le second indicateur est celui de la proportion en lien, toutefois, avec le contexte urbain et avoisinant du bâtiment. Un IGH n'est pas seulement caractérisé par la hauteur, vu l'exemple cité ci-dessus, mais aussi par la proportion. Cette caractéristique peut se retrouver auprès de nombreux bâtiments qui ne sont pas forcément élevés mais suffisamment minces pour donner l'apparence d'un bâtiment de grande taille tel que cela peut se voir sur l'Illustration 1.8. Nous ne considérerons pas la barre d'immeuble, qui occupe très littéralement le sol (Firley et Gimbal, 2011), comme un IGH.

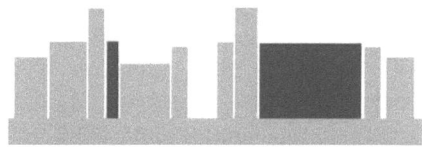

Illustration 1.8: Proportion (CTBUH, 2010)

Le troisième indicateur est celui de la thématique « technologies ». Les IGH se démarquent, en premier lieu, des autres immeubles par l'usage prédominant des circulations verticales. Des ascenseurs performants sont un élément vital pour la bonne vie d'un IGH sans quoi cette typologie de construction n'existerait tout simplement pas. Les bâtiments n'excéderaient guère une hauteur de six à sept étages, à l'instar des immeubles haussmanniens[9]. Ce ne fut qu'à partir de 1853 quand l'américain Elisha G. Otis inventa le premier ascenseur sécurisé, que les gens purent se déplacer en toute sécurité verticalement à de grandes hauteurs (Craighead, 2009). Le choix de structures métalliques et mixtes ont remplacé les structures fragiles composées de bois et de fonte depuis

---

9 Dès la fin du 19e siècle, Georges Haussmann, préfet de Paris, donna son nom à un style d'immeuble bourgeois parisien : des immeubles pouvant atteindre les sept à huit étages qui sont caractérisés par une uniformité dans le choix des matériaux et façades pour l'ensemble du quartier (Berthier, 2007).

1870.

Ensuite la sécurité est un élément prépondérant pendant la phase de conception d'un IGH. L'évacuation des personnes par l'extérieur des façades est impossible en raison des contraintes propres aux services d'urgence (par ex. limitation de la hauteur des échelles de pompier) et de la volonté de contrôler le climat intérieur. Des normes plus sévères ont donc été prévues en terme de résistance au feu, compartimentage et accessibilité des services incendies (MI, 1997). Un IGH peut être défini comme toute structure où la hauteur a un réel impact sur l'évacuation (Craighead, 2009). La hauteur influence énormément l'évacuation des occupants en cas d'accident. L'aspect évacuation est donc considéré comme une caractéristique propre à un IGH.

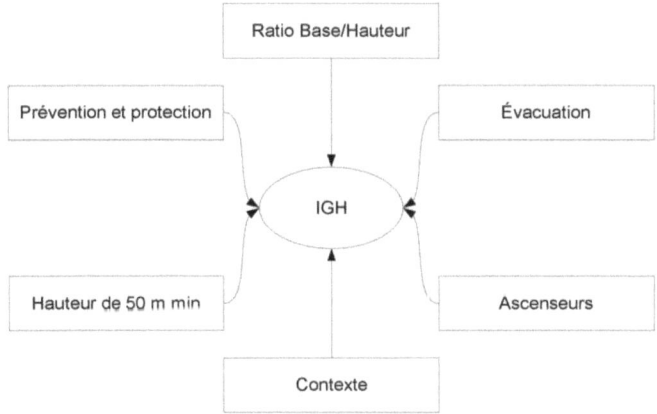

Illustration 1.9: Schéma de synthèse pour un IGH

Partant de toutes ces considérations, dans cette thèse, nous proposons comme définition d'un IGH toute structure d'une hauteur de plus de 50 m, ayant par conséquent un impact sérieux sur l'évacuation. L'Illustration 1.9 synthétise ces différentes notions nécessaires à la définition de l'IGH. Plus précisément, l'IGH est tout bâtiment dont la hauteur ne permet pas aux équipements des services d'urgence d'accéder aux étages supérieurs à partir de l'extérieur via une échelle pivotante aérienne (les échelles aériennes varient dans leur longueur entre 25m, 30m et 37m). La présence d'ascenseurs est un deuxième élément caractéristique des Immeubles de Grande Hauteur. Il sera en outre requis que la hauteur soit largement supérieure à la plus grande des dimensions numériques de la base de l'immeuble. En raison des difficultés d'évacuation, l'immeuble ne pourra satisfaire seulement aux seuils minimaux exigés par les normes nationales, mais devra intégrer des systèmes spécifiques de protection et de prévention tels que vus dans les normes américaines. Ainsi la présence de système de sprinklage sera nécessaire, voire la présence d'un réservoir (supplémentaire) d'eau.

1.6 Conclusion

Comme nous avons pu le voir, il n'existe pas de réel consensus sur la définition d'une tour ou d'un gratte-ciel mais certaines caractéristiques propres à ces bâtiments élevés ont pu être mises en évidence. Dans la suite du travail, la notion d'Immeuble de Grande Hauteur (IGH), issue des normes françaises à propos de la sécurité incendie, concerne les constructions de plus de 50 m de hauteur. Cette notion est complétée par des caractéristiques comme le contexte, l'usage de technologies spécifiques ou l'évacuation.

Ainsi, un Immeuble de Grande Hauteur se définit comme un édifice se distinguant par une hauteur significativement supérieure à celle des bâtiments avoisinants. À la hauteur minimale de 50 mètres, il faut ajouter la notion de verticalité : un bâtiment haut sous forme de barre ne peut être considéré comme un IGH. Ensuite, un IGH est un édifice qui nécessite des mesures spécifiques de protection en cas d'événement indésirable engendré par le facteur hauteur, puisque les risques qui en découlent deviennent plus importants : évacuation des personnes plus difficiles, bâtiment de grande taille aisément assimilable à une cheminée, etc.

Les Immeubles de Grande Hauteur sont donc des constructions atypiques ne pouvant être considérées comme des bâtiments conventionnels. En effet, ils nécessitent une attention toute particulière lors de leur conception car leur taille et leur présence dans l'environnement immédiat impliquent des contraintes spéciales au niveau de l'évacuation des occupants par exemple. Nous avons pu voir, avec les cas d'accidents historiques, que les IGH peuvent représenter une réelle menace tant pour les occupants que pour les personnes présentes dans le voisinage. Or, actuellement, en Belgique, les normes de protection incendie[10] ne distinguent pas les IGH des autres constructions ce qui peut poser question en terme de protection et d'évacuation des personnes en

---

10 La loi du 30 juillet 1979 relative à la prévention contre les incendies et les explosions a donné lieu à une norme de base commune à une ou plusieurs constructions indépendamment de leur destination : l'Arrêté Royal du 7 juillet 1994 fixant les Normes de base en prévention incendie a été modifié à plusieurs reprises par l'Arrêté Royal du 19 décembre 1997, du 4 avril 2003 ; du 13 juin 2007 et du 1 mars 2009. Il s'agit du règlement de base qui fixe les conditions minimales auxquelles doivent répondre la conception, la construction et l'aménagement des bâtiments.

cas d'accident. En comparaison avec les normes françaises où les IGH sont distingués au minimum selon leur fonction, des mesures de protection et des normes spécifiques sont, à cet effet, requis. Une réflexion, outre le sujet de cette recherche portant sur l'impact lié à la présence d'un IGH sur son environnement, devrait être porté sur cet aspect car nous avons pu montrer le nombre importants de ce type d'immeubles présents en Belgique.

Certaines catastrophes telles que les raz-de-marée ou les séismes, ne peuvent être empêchées. Cependant les incidents comme les incendies ou les glissements de terrain peuvent être réduits ou leurs conséquences fortement atténuées par des choix de conception ou de mise en place de systèmes de protection et de prévention. Nous verrons au chapitre 6 quels types de mesures peuvent être appliqués afin de réduire ou de prévenir ce type de risque.

Si les normes nationales de construction sont respectées, les Immeubles de Grande Hauteur sont protégés contre les risques naturels, a contrario des risques malveillants dus à l'être humain tels que les attentats et autres événements imprévisibles. Selon les pays ou les fonctions présentes dans les IGH, certains d'entre eux peuvent craindre davantage de telles attaques. Nous pouvons citer les tours du WTC en 2001 ou l'immeuble du FBI à Oklahoma City en 1995. À cet effet, des mesures complémentaires doivent être prises afin de réduire le risque dû à la présence, dans un environnement dense, de tels immeubles symboles d'une société ou d'une institution.

L'étude du risque induit par la présence d'un IGH dans un environnement dense devra se faire en prenant en compte différents critères tels que la caractérisation des sources de danger interne et externe, la présence de sites ou immeubles particuliers, l'environnement immédiat au bâtiment étudié, etc. Des études environnementales sont requises au sein de l'Union européenne pour l'ensemble des industries classées comme dangereuses dans le secteur chimique. Nous verrons donc quels sont les points similaires assimilables à notre étude.

2 Directive Seveso

2.1 Introduction

Le présent chapitre aborde certains aspects de la Directive Seveso qui énonce des notions d'étude environnementale et les effets « domino ». Ceux-ci seront utilisés dans la méthodologie d'analyse de risques environnementaux liés aux IGH. L'objectif du travail, par le biais de cette réglementation, est de pouvoir appliquer ces notions pour le cas d'un IGH. En effet, bien qu'un IGH ne puisse pas être considéré comme un établissement classé Seveso, l'impact sur son environnement en cas d'événement indésirable peut être similaire à celui d'un tel site. Un exemple d'une telle situation est la chute des WTC à New York en 2001 qui ont libéré d'importantes quantités de substances dangereuses.

Par le passé, de nombreux autres événements catastrophiques, dits Accidents Majeurs[11], se sont produits de par le monde. Nous ne pouvons tous les dénombrer mais le tableau 2.1 reprend ici quelques uns des accidents les plus marquants.

Année	Lieu	Danger	Conséquences
1974	Flixborough	Explosion d'un nuage de vapeur de cyclohexane (C_6H_{12})	28 décès
1976	Seveso	Libération toxique	Dommages environnementaux importants
1984	Bhopal	Libération toxique	Plus de 2000 décès
2005	Texas City	Explosion d'un nuage de vapeur d'hydrocarbure	15 décès, 180 blessés
2010	Deepwater Horizon	Feu et explosion	11 décès, dommages environnementaux importants
2010	Hongrie	Libération de boues toxiques	4 décès, dommages environnementaux importants

Tableau 2.1: Quelques Accidents Majeurs par le passé (Vaughen et Kletz, 2012)

---

11 Un « accident majeur » est « un événement tel qu'une émission, un incendie ou une explosion d'importance majeure résultant de développements incontrôlés (...) entraînant pour la santé humaine, à l'intérieur ou à l'extérieur de l'établissement, et/ou pour l'environnement, un danger grave, immédiat ou différé, et faisant intervenir une ou plusieurs substances dangereuses » (CUE, 1997).

Le domaine industriel de la chimie a subi, par le passé, une série de catastrophes qui resteront mémorables en raison de leur caractère désastreux. Citons la catastrophe de Seveso (Italie) en 1976, qui libéra un nuage de dioxine dans l'atmosphère ce qui eut pour conséquence la contamination de l'environnement proche du site (Vinçotte, 2009), le désastre à Bhopal (Inde) en 1985 qui fit plus de 2500 victimes, mais également l'incendie dans une usine Sandoz près de Bâle en 1986 qui provoqua le déversement de produits toxiques dans le Rhin et affecta l'écosystème du fleuve, et pour terminer cette liste non exhaustive, nous pouvons évoquer l'explosion de l'usine chimique AZF à Toulouse en 2001 qui fit 30 victimes et plus de 2.500 blessés.

Suite à l'accident de Seveso, en 1982, la Commission Européenne mit en place une Directive dite Seveso I qui porte sur les dangers d'accidents majeurs pour certains types d'activités industrielles. Cette Directive énonce plusieurs points tels que l'analyse de risques environnementaux, la mise en place d'un rapport de sécurité, l'aménagement du territoire, etc. Tous ces points peuvent être repris pour l'analyse environnementale des risques induits par un Immeuble de Grande Hauteur sur son environnement.

Cette directive[12] a été revue et impose ainsi des obligations tant à l'exploitant d'une activité industrielle comportant un risque d'accident majeur qu'aux services publics compétents. L'objectif final est de prévenir ce type d'accident et d'en limiter leurs conséquences, si cela devait malgré tout survenir tant pour l'être humain (personnes présentes sur le site que celles aux alentours) que pour l'environnement.

La Belgique a dû transposer dans son droit belge ces différentes Directives (SPF Intérieur, 2009). Cette transposition s'est faite par l'Accord de Coopération (MI, 2001) entre l'État fédéral et les trois Régions et « a pour objet la prévention des accidents majeurs impliquant des substances dangereuses et la limitation de leurs conséquences pour l'être humain et l'environnement, afin d'assurer de façon cohérente et efficace dans tout le pays des niveaux de protection élevés. » (MI, 2001). Le principal critère permettant de déterminer si un site est concerné par cette directive, est la présence de substances dangereuses dans des quantités

---

12 La directive européenne 96/82/CE du Conseil de l'Union Européenne en date du 9 Décembre 1996 sur le contrôle des dangers d'accidents majeurs impliquant des substances dangereuses, est aussi appelée directive Seveso II. Cette directive est la révision de la directive nommée Seveso I (82/501/CE) du Conseil de l'U.E. en date du 24 Juin 1982 sur les dangers d'accidents majeurs liés à certaines activités industrielles. Celle-ci sera par la suite révisée pour donner la Directive 2003/105/CE du 16 décembre 2003 (CUE, 2003 ; CUE, 1997).

précisées par la directive. Deux seuils sont prévus pour ces quantités de substances dangereuses, ce qui conduit à ranger les établissements Seveso en deux catégories (grands Seveso et petits Seveso).

Une nouvelle version de la Directive est en cours de développement. Cette Directive Seveso III entrera en vigueur le 1er juin 2015. Des révisions ont été effectuées au niveau de la liste des substances considérées comme dangereuses, ainsi que via l'introduction de nouvelles catégories de dangers. Une importante modification concerne l'information et la participation du public. À cet effet, le projet de la Directive prévoit la création d'un site internet qui fournirait un ensemble d'informations sur les différentes entreprises définies comme Seveso. La participation des populations avoisinantes de nouveaux sites Seveso sera bien plus importante grâce à cette nouvelle Directive : elles auront un droit de regard sur l'implantation de nouveaux sites, les modifications substantielles d'une installation existante mais aussi l'élaboration ou l'ajustement des plans d'urgence.

Les établissements Seveso sont tenus de prévoir une politique de prévention des Accidents Majeurs qui, par exemple, peut se concrétiser par un système de gestion de la sécurité dont les autorités évalueront les performances. Dans la version actuelle de la Directive Seveso II, en matière d'aménagement du territoire, il est prévu que les objectifs de prévention des accidents majeurs et de limitation de leurs conséquences soient pris en compte dans les politiques d'affectation et d'usage des sols.

Un Immeuble de Grande Hauteur ne peut reprendre exactement l'ensemble des points cités précédemment. Cependant la prise en compte de l'environnement et la limitation des situations pouvant amener à un événement indésirable, peuvent être considérés dans notre étude. La mise en place d'un plan coordonné entre les autorités publiques et le propriétaire de l'IGH en cours de conception, est aussi envisageable afin de coordonner les mesures de prévention si nécessaires suite à l'étude du risque environnemental. Nous verrons, plus précisément, certains points intéressants de cette directive et qui sont applicables, après adaptation, pour un IGH.

2.2 Accidents majeurs et plans d'urgence

Les types d'accidents majeurs à prévoir autour d'un établissement classé Seveso sont fonction de la nature des produits présents et de leurs caractéristiques de dangerosité. Pour les sites industriels, trois catégories d'accidents majeurs sont envisagées, étant entendu qu'un accident

envisagé peut appartenir à plusieurs catégories simultanément :
- Les accidents se matérialisant sous forme d'une libération d'énergie du type explosion et incendie,
- Les accidents entraînant l'émission de substances qui ont un effet néfaste sur l'être humain comme par exemple une fuite de gaz toxique,
- Les accidents libérant des substances susceptibles d'entraîner une pollution des eaux et/ou du sol.

Afin de limiter les conséquences de tels accidents, une politique de prévention doit être mise en place par l'établissement soumis à la directive. Cette politique de prévention doit naturellement être plus qu'une simple déclaration d'intentions et l'établissement doit prouver qu'un haut niveau de protection a été assuré par l'implémentation de toutes les mesures nécessaires. Ces mesures peuvent concerner tant des mesures techniques (telles que les systèmes de contrôle et de sécurité) que des mesures liées à la gestion de l'entreprise et à la structure organisationnelle telle que la création d'un service destiné à la prévention et la sécurité.

Cette politique de prévention, pour les établissements de deuxième seuil (le plus élevé), sera complétée par la rédaction d'un document à l'attention des autorités publiques compétentes qu'est le rapport de sécurité (article 9 de la directive 96/82/CE).

Lorsqu'un IGH subit un événement indésirable, cet événement peut évoluer en une situation catastrophique comme nous avons pu le voir avec les cas d'accidents d'IGH. Certains incendies ou attentats peuvent entraîner la libération de fumées toxiques dans l'atmosphère ou endommagent les immeubles voisins par des projectiles en feu. Lorsque des services d'urgence interviennent pour éteindre un incendie au moyen de systèmes d'extinction, que deviennent les eaux polluées suite à cet incendie ? Une situation catastrophique concernant un IGH se rapproche donc d'une situation d'accident majeur décrite par la Directive Seveso.

Ainsi lors de la conception ou d'une rénovation d'un IGH, il devra être envisagé la rédaction d'un document permettant aux autorités publiques d'estimer les risques environnementaux et la validité des mesures prises par le concepteur. Nous pourrons reprendre les points ci-dessous du rapport de sécurité rédigé par les exploitants d'entreprises Seveso.

2.2.1 Rapport de sécurité

L'exploitant devra démontrer à l'aide du rapport de sécurité qu'il gère ses installations de manière sûre pour l'être humain et l'environnement. À cet effet il prouvera :

- qu'une politique de prévention des accidents majeurs et un système de gestion de la sécurité ont été mis en œuvre (par ex : formation des employés à la prévention et la sécurité),
- que les dangers d'accidents majeurs ont été identifiés et que toutes les mesures nécessaires ont été prises pour prévenir ces accidents ainsi que leur limitation en terme de conséquence pour l'être humain et l'environnement (par ex : des systèmes de détection et d'alarme),
- que la conception, la construction, l'exploitation et l'entretien des installations présentent une sécurité et une fiabilité suffisante,
- qu'un plan interne d'urgence a été établi et fournit les informations nécessaires aux autorités compétentes pour qu'un plan externe d'urgence puisse être établi par les services d'urgence,
- qu'une information suffisante a été fournie aux autorités compétentes de sorte qu'elles puissent prendre des décisions à propos de ses politiques d'aménagement du territoire autour des établissements existants.

La raison pour laquelle certaines obligations sont imposées, comme le rapport de sécurité et le plan d'urgence, est qu'un accident industriel (majeur ou non) est soit la conséquence de l'existence d'une situation non conforme ou d'un traitement industriel non conforme, soit l'acceptation consciente d'un risque. Dès lors, le rapport de sécurité, pour son évaluation d'une manière rapide et efficace, suivra la structure suivante :

- Renseignements généraux (par ex : le nom et l'adresse de l'établissement),
- Une description du système de gestion et l'organisation de l'entreprise sur le plan de la prévention des accidents majeurs,
- Une présentation de l'environnement de l'établissement (par ex : les sources externes de dangers sur des cartes géographiques),
- Une description de l'établissement (par ex : l'emplacement des différentes installations de production et de stockage),
- Une identification et une analyse des risques d'accidents majeurs ainsi que des moyens de prévention mis en application,
- Un plan d'urgence interne.

Le lecteur pourra, s'il le désire, se référer au « Guide pour rédiger un rapport de sécurité » du Service public fédéral Emploi, Travail et Concertation sociale (Borgonjon, 2001). À l'Annexe 3 – Rapport de sécurité, il sera proposé une synthèse de chacun des points précédents nécessaires à la rédaction du rapport de sécurité.

Le rapport de sécurité, comme nous venons de le voir, implique une étude des conséquences et des effets en cas d'accident majeur sur l'environnement décrit. Notre étude des risques d'un IGH sur son environnement se rapproche de ce principe. L'environnement est pris dans sa globalité et les différentes sources de risque potentiel seront évaluées. Un descriptif de cet environnement ainsi que des divers scénarios critiques (pouvant amener à une situation catastrophique) seront effectués.

2.2.2 Plans d'urgence interne et externe

La directive européenne impose en outre l'établissement d'un plan d'urgence interne et externe pour les entreprises Seveso. Les objectifs de ces plans d'urgence sont de contenir et maîtriser les incidents pour limiter les conséquences et les dégâts, de mettre en place des mesures pour protéger l'être humain et l'environnement contre les conséquences d'accidents majeurs, de fournir des informations pertinentes à la population et aux autorités concernées, et enfin d'assurer une remise en état de l'environnement après un accident majeur.

Le plan d'urgence interne reprendra diverses informations telles qu'une description des mesures pour maîtriser et limiter les conséquences d'accidents prévisibles, des dispositions pour l'avertissement de l'autorité chargée de l'initiation du plan d'urgence externe et la formation du personnel.

Le plan d'urgence externe, pour sa part, reprendra diverses informations telles qu'une description des procédures d'avertissement et des procédures d'appel, des dispositions pour la coordination de tous les moyens nécessaires pour l'exécution du plan d'urgence externe, des dispositions pour l'intervention sur le terrain et en dehors.

Les IGH disposent actuellement de plan d'évacuation en cas de survenance d'un événement indésirable. Lorsque l'événement se transforme en catastrophe impliquant un grand nombre de personnes, les autorités publiques coordonneront les services d'urgence et d'intervention à l'aide de plans catastrophes conçus auparavant. Il sera intéressant de pouvoir pour chaque IGH bruxellois de procéder à son analyse environnementale pour permettre le rédaction d'un plan particulier d'intervention et d'un plan d'urgence. Ce plan intègrera, en outre, les autres immeubles voisins et concernera le quartier présent autour de l'IGH.

2.2.3 Effets « domino »

Un aspect important dans la directive 96/82/CE est la prise en compte des effets « domino » des industries classées Seveso. Celle-ci oblige les autorités compétentes à identifier les établissements ou les groupes d'établissements où les dangers ou les conséquences possibles d'un accident majeur sont les plus grands en raison de leur localisation et de leur proximité. Il importe de prendre en compte le risque global des entreprises voisines du site étudié puisqu'un accident bien déterminé, tel qu'une explosion ou un incendie, peut avoir des conséquences non seulement pour l'entreprise elle-même mais celle-ci peut aussi avoir la possibilité d'initier un accident dans une entreprise voisine ! Le risque global des entreprises avoisinantes peut donc être considérablement plus élevé que le risque de chacune d'elles prise séparément.

Lorsqu'un premier événement indésirable survient à un IGH tel qu'une explosion, accidentelle ou suite à un acte malveillant, il peut arriver qu'un second événement se déclenche comme un incendie. La méthode d'analyse de risques développée prendra en compte la possibilité qu'un second événement survienne suite au premier. La présence d'un nombre de bâtiments voisins sera en outre considéré car, tout comme pour les effets « domino », le risque global environnemental sera dû à la densité et les scénarios envisagés. Toutefois, nous précisons d'emblée que le développement présenté dans cette recherche ne correspond pas à l'effet « domino » décrit dans ce point. Il serait intéressant de le développer car l'impact en serait certainement bien plus important que ce qu'il est déjà déterminé par la méthode.

2.2.4 Maîtrise de l'urbanisation

Suite à la dispersion d'un nuage de gaz toxique à Bhopal qui fit entre 2000-2500 victimes et l'explosion en chaînes sur un site de stockage de gaz dans la banlieue surpeuplée de Mexico en 1984 qui fit entre 1500 et 2500 victimes (Lagadec, 1986), la directive 96/82/CE impose aux États membres des obligations en ce qui concerne la politique d'aménagement du territoire. Les autorités compétentes ne peuvent négliger la présence d'établissements existants ou l'implantation de nouveaux établissements dans leur politique d'aménagement du territoire. Cette politique et son application doivent assurer au long terme que des distances suffisantes soient maintenues entre les établissements visés dans la directive et des domaines (lotissements, espaces naturels, etc.). Si des établissements existants sont déjà situés près de tels domaines ou que de futurs développements urbains sont prévus, la directive impose la mise en place de mesures techniques supplémentaires pour ne pas accroître le danger pour la population.

Nous pouvons fréquemment rencontrer un IGH construit dans un environnement urbain dense, or les villes évoluent constamment ainsi que les sources de risque potentiel. Il est donc difficile d'envisager d'établir des restrictions urbanistiques autour des IGH mais bien des obligations concernant la mise en place de mesures de protection et de prévention. Ces mesures concerneront le développement de plans externes (plans d'urgence par exemple) et internes (plan d'évacuation) pour l'IGH.

2.3 Conclusion

La Directive 2003/105/CE a été publiée suite à de nombreux accidents par le passé afin d'empêcher ou plutôt de limiter les conséquences d'un accident majeur pouvant survenir dans un établissement où des activités ont été classées Seveso. Plusieurs points présentés pour un site Seveso, comme les conséquences de la libération de substances toxiques lors d'un incendie, pourraient faire l'objet d'un rapprochement avec l'objet de notre étude qu'est l'Immeuble de Grande Hauteur. Les risques liés à un IGH et leurs conséquences suite à son implantation en milieu urbain dense pourraient être estimés comme n'étant pas directement comparable à un site Seveso.

Toutefois une explosion survenant dans un site Seveso qui libère des substances toxiques dans l'air, peut contaminer l'environnement voisin au site. Un IGH, en cas d'incendie, peut aussi libérer des substances toxiques durant cet événement. Ensuite, les conséquences d'un effondrement dû à un incendie est assimilable au même type d'impact qu'une explosion dans un établissement Seveso : l'environnement sera fortement atteint ainsi que le nombre de personnes concernées et ce en raison du niveau d'occupation plus important qu'une simple habitation.

L'impact environnemental d'un accident d'un IGH sur son environnement immédiat nécessite une étude similaire à celle requise pour un site Seveso. En effet, l'analyse globale des risques d'un IGH reprend l'ensemble des objets à risque tels qu'une gare de marchandise, un dépôt de carburant, un immeuble proche, etc. Nous nous baserons, par la suite, sur la structure du rapport de sécurité décrit par la Directive 96/82/CE pour élaborer un rapport de sécurité propre à un IGH. Ces considérations aboutiraient à la prise en compte des dispositions suivantes (Bouillard et Rammer, 2001) :

1. Analyser les risques,
2. Prévoir une série de scénarios,
3. Décrire les mesures à prendre,
4. Identifier les personnes habilitées à déclencher les procédures d'urgence,
5. Mise en place d'un plan externe d'urgence,
6. Formation des occupants.

Comme nous l'avons vu, la Directive Seveso définit de nombreux points permettant la réduction des risques de survenance d'un Accident Majeur et de ses conséquences, or nous avons proposé de reprendre certains éléments de cette Directive pour notre cas d'étude d'un IGH. L'étude de scénario d'un accident majeur se base sur des données historiques ou statistiques qui sont des éléments objectifs et aisément déterminables. Dans le cadre d'une entreprise Seveso, les décisions pour l'acceptation d'un nouveau projet, par les régulateurs et décideurs publics, sont donc facilitées par ces données et arsenals législatifs mis à leur disposition. Au contraire d'un IGH où le contexte d'une nouvelle construction élevée dépasse les éléments objectifs et cartésiens d'un système de production industrielle, de nouveaux éléments doivent être pris en considération tels que l'intégration dans son environnement, la crainte de défiguration de la ville, l'impact psychologique et facteur émotionnel de la présence du telle construction, etc. Ce sont donc des éléments subjectifs et flous qui ne facilitent pas la décision du décideur public.

Nous verrons donc aux chapitres suivants l'application de ces différentes considérations ainsi que des points vus précédemment tels que la prise en compte de l'environnement et des sources de risque potentiel. Le chapitre suivant traitera des différents outils à disposition pour un expert en charge d'une étude de risque. Certains permettent l'intégration des différentes notions vues ici au contraire d'autres. Nous évaluerons la pertinence de chacun.

3 Revue des méthodes d'analyse de risques

3.1 Introduction

Le développement des activités humaines engendre de nombreux problèmes liés à la protection de l'environnement, de la production de l'énergie et de la sécurité aérienne par exemple. Ces changements nécessitent la prise en compte de ce qui peut mettre en danger le bien-être de l'être humain, de son environnement immédiat et de ses activités. Cette prise de conscience du danger amène tout un chacun, lorsqu'il se présente devant une situation nouvelle, à se poser les questions suivantes :

- Que peut-il m'arriver de mal ?
- Quelles sont les conséquences et effets ? Sont-ils acceptables ?
- Qu'est-il envisageable d'entreprendre pour contrer ces conséquences et est-ce adéquat ?

Dans ce chapitre, diverses méthodes d'analyse de risques, couramment utilisées, sont présentées et qui répondent à ces questions, partiellement ou complètement. Les avantages et inconvénients pour chacune des méthodes d'analyse de risques existantes seront développés. Nous verrons ensuite les éléments qui satisfont à la problématique de l'analyse de risque environnemental.

Les méthodologies d'analyse de risques se basent sur deux grandes étapes qui sont l'identification des dangers et l'estimation de ceux-ci. Ce sont deux étapes essentielles dans le processus d'analyse puisqu'elles permettent ensuite la mise en place d'outils de prévention et de protection en cas de détection de graves problèmes.

Remarquons que l'objectif d'une analyse de risques doit être clairement défini à l'avance. En effet les méthodes d'analyse de risques et l'approfondissement des études entreprises sont fortement dépendants des objectifs énoncés. Par exemple, les analyses de risques dans un contexte économique pour une entreprise ou dans un contexte de prévention des accidents majeurs (comme pour le cas des établissements Seveso) ne sont pas produites selon le même objectif. Ainsi, dans notre cas, nous nous limiterons à une étude à l'échelle locale du quartier autour de l'IGH sous l'aspect du risque environnemental.

Une fois le cadre d'étude délimité, nous pouvons définir ce que représente réellement le danger suite à un événement indésirable et les mesures prises en conséquence. Cette compréhension du danger peut être décrite par les sciences du danger ou cindyniques en cinq points (Kervern, 2005 ; Frantzen, 2002). Les cindyniques sont, selon Kervern (1991), les moyens de connaître, comprendre ou représenter les différents aspects du danger que des branches d'activités humaines puissent rencontrer.

1. Le danger ou le risque d'une situation dangereuse est relatif à l'observateur sur base de conventions établies par un réseau d'acteurs concernés par le problème et dépendant des objectifs définis par ce réseau pour le processus de mesure lui-même.
2. La mesure du risque est ambiguë due à l'interaction de cinq domaines opérationnels :
   - problématique dans la définition des buts et objectifs des mesures,
   - problématique dans la définition des modèles de risques utilisé dans la mesure,
   - problématique associée aux bases de données, statistiques et connaissances utilisées dans les modèles de risques,
   - conflits concernant les règles régissant les interactions dans le réseau d'acteurs où le danger ou risque apparaît et est mesuré,
   - systèmes de valeurs d'exploitation dans le réseau d'acteurs.
3. Réduction des ambiguïtés dans le réseau d'acteurs.
4. Une crise est la destruction des réseaux de connaissances humaines. Donc la gestion de crise implique la création de réseaux subsidiaires pour remplacer ceux détruits.
5. L'influence humaine peut faire croître ou décroître le danger.

Chaque expert apprécie différemment ces cinq points et émet des avis divergents sur le choix des modèles à utiliser pour la mesure du risque ou sur le choix des bases de données, statistiques.

Toutefois ces cinq points auront des interactions entre eux résultant en six domaines (Frantzen, 2002) :

i. Les buts/objectifs et les modèles de risques créent le domaine de ce qui est de l'ordre du pratique en terme de mesure du risque,
ii. Les buts/objectifs et les données/connaissances créent le domaine des exigences programmatiques pour les mesures du risque,
iii. Les modèles de risques et les données/connaissances créent le domaine des outils actuels (métrique) pour les mesures du risque,

iv. Les buts/objectifs et les règles créent le domaine de ce qui est politiquement acceptable en terme de mesures du risque,
v. Les buts/objectifs et valeurs créent le domaine des aspects écologiques incluant la qualité de vie pour la considération des mesures du risque,
vi. Les règles et les valeurs créent le domaine de ce qui est éthique en terme de mesures du risque.

Ces six domaines peuvent être ensuite classés en deux catégories :

A. Les domaines pratique, métrique et programmatique sont les aspects objectifs de la mesure du risque,
B. Les domaines écologique, politique et éthique sont les aspects subjectifs de la mesure du risque.

Ces aspects sont certes distincts et différents dans leurs applications mais ils sont indispensables pour la compréhension du risque en raison de leur relation. Ils agiront consciemment ou inconsciemment lors de l'élaboration des scénarios d'analyse de risques.

Malgré que la phase d'évaluation des sources de danger a tendance à être estimée comme objective et aisément quantifiable, une notion subjective doit être prise en compte : la perception du risque par le public mais aussi par les experts (Skjong, 2001).

Malchaire et Koob (2006) ont mis en évidence la relative confiance à accorder au jugement d'expert[13] lorsqu'il est demandé d'évaluer une même situation. Les évaluations de risques sont typiquement basées sur des données historiques ou statistiques mais, dans certains cas, ces bases de données n'existent pas ou ne sont pas disponibles. Nous nous trouverons face à cette situation pour le cas d'une analyse de risque environnementale pour un IGH. Il est donc nécessaire dès lors de passer par le jugement d'experts. Un tel choix est une approche valable mais qui nécessite d'en connaître les limitations (Skjong, 2001). Il est d'autant plus important d'être circonspect lorsqu'il est demandé une évaluation à un expert sur des domaines qui ne sont pas forcément les siens, celui-ci risquant d'être biaisé. En effet, la perception du risque est dépendante de nombreuses variables individuelles ou groupées telles que le genre ou l'âge de l'expert (Skjong, 2001 ; Hester, 2012). La communauté et la nation auxquelles appartient la personne en charge de l'analyse peuvent aussi influencer son jugement.

Skjong (2001) a mis en évidence l'importance d'une analyse de risques.

---
13 Un expert est toute personne ayant une connaissance du sujet en question et reconnue comme tel par ses pairs.

Même si elle est subjective pour certains aspects, le choix d'effectuer une analyse de risque reste toutefois préférable à l'alternative qu'aucune analyse ne soit faite (Malchaire et Koob, 2006 ; Skjong, 2001). Afin de réduire l'incertitude dans les résultats émis par un expert, un groupe d'experts de disciplines et compétences variées est préférable.

L'analyse de risque, comme nous venons de le voir, est une étude complexe malgré les questions simples par rapport aux conséquences ou aux dommages par exemple. L'expert en charge de l'analyse doit être conscient que certaines notions peuvent lui échapper inconsciemment en raison de son expertise dans un domaine particulier. Ainsi des éléments objectifs et concrets sont aisément déterminables tels que les dimensions, les matériaux, le type de structure d'un bâtiment mais qu'en est-il des choix ou politiques urbaines produits par une autorité publique ? Certains éléments financiers ou politiques peuvent influencer la décision de mesures de prévention dans le cas d'une situation critique.

L'analyse du risque environnemental pour un IGH ne déroge pas à ce constat. Le développement de cette méthode, proposée pour l'IGH et son environnement, prend en compte les paramètres objectifs (géométriques, matériaux, etc.) mais aussi subjectifs (par exemple l'activité dans un immeuble). L'outil d'analyse implique des choix dans les paramètres à étudier, nous définirons au point suivant les termes employés.

3.2 Définition du danger et du risque

Le domaine de l'évaluation du danger est très large et recouvre tant les processus industriels que ceux liés au nucléaire, au génie civil ou au domaine des assurances. Chacun de ces domaines a développé ses propres terminologies spécifiques associées au danger et au risque.

Le danger est toute situation physique ayant un potentiel de dommages touchant les humains, les biens, l'environnement ou une combinaison des trois (Jones, 2003). Selon Kaplan et Garrick (1981), le danger est une source ; Ostrom et al. (2012) complète cette définition comme suit : le danger est une source d'un dommage potentiel, d'un préjudice ou d'effets négatifs pour la santé sous certaines conditions.

Toute évaluation consiste en la détermination de la menace que représente le danger, à l'aide de deux facteurs qui sont la probabilité ou la mesure de la manière dont un événement surviendra (Ostrom et al., 2012) et l'ampleur des conséquences (e.g. dommage aux personnes, biens ou environnement). La conséquence est définie comme l'effet, le résultat ou la survenance de quelque chose arrivant plus tôt. Le terme qui exprime cette probabilité de survenance, est le risque.

3.2.1 Définition du risque

Le risque est donc la probabilité de survenance d'un événement spécifique non désiré durant une période spécifique ou suivant des circonstances spécifiques. Le risque (R) peut, selon les circonstances, être caractérisé soit par une fréquence (F) (équation (3.1)) ou un nombre d'occurrence d'événements spécifiques par unité de temps, soit par une probabilité (P) (équation (3.2)) qu'un événement spécifique suive un événement principal déclencheur (Jones, 2003) et les conséquences (C) qui en découlent.

$$R = F \cdot C \qquad (3.1)$$

$$R = P \cdot C \qquad (3.2)$$

Lorsque nous parcourons les standards ISO 31000 (ISO, 2009), le risque est défini comme l'effet d'une incertitude sur des objectifs. Un effet est tout écart de ce qui est attendu (positivement et/ou négativement). Les objectifs peuvent représenter des buts financiers, de santé publique et de sécurité, environnementaux ; ils peuvent s'appliquer à différents niveaux (de décision, de gestion, de conception, de production, etc.). L'incertitude est tout état, même partiel, d'une déficience d'information liée à la compréhension ou connaissance d'un événement, ses conséquences ou sa probabilité.

Toutefois plus globalement le risque est aussi considéré comme la combinaison de la probabilité d'occurrence d'un événement et de ses conséquences. Le risque sera estimé ici de manière négative. L'importance dans cette définition est l'appréciation du risque comme négative et est essentielle pour une bonne compréhension de la problématique.

La conséquence devient donc le résultat d'un événement indésirable qui sera considéré de manière négative puisqu'elle affecte, selon Kontovas (2005) les sujets d'études tels que la population, les biens, l'environnement, etc. Elle peut être exprimée de façon qualitative ou quantitative par le biais de diverses méthodes qui seront vues par la suite. La probabilité est le degré de vraisemblance qu'un événement se produise. Ainsi, toujours selon le standard ISO 31000 la probabilité fait référence à la chance qu'un événement survienne et que cet événement soit défini, mesuré, décrit ou déterminé. Cette détermination peut être effectuée de manière subjective ou objective, quantitativement ou qualitativement. Enfin, l'événement est l'occurrence ou changement d'un ensemble particulier de circonstances. Cet événement peut être certain ou incertain et il est possible d'estimer la probabilité que cet événement survienne sur une période de temps donnée.

L'accident sera donc un événement ou une chaîne d'événements non intentionnels et fortuits provoquant des dommages qui sont toute atteinte à la santé de personnes, aux biens ou à l'environnement. Lorsque cette chaîne d'événements a été intentionnellement déclenchée pour provoquer des dommages, on parle d'un acte de malveillance (Kervern et Rubise, 1991).

Une autre définition plus axée sur le domaine de la construction, proposée dans les standards ISO/IEC 51:1999, est celle où la notion de risque est définie par la combinaison de la probabilité d'occurrence d'un dommage et de sa gravité. En effet, les définitions proposées par le guide ISO/IEC (2002) s'appliquent de manière générale pour toute étude d'analyse de risques, quel que soit le domaine d'étude, alors que dans le cas présent, les définitions proposées par le Guide ISO/IEC 51:1999 s'appliquent davantage aux risques liés aux bâtiments.

Comme il a été développé précédemment, le danger est une source d'un dommage potentiel et le risque inclut la probabilité de conversion de cette source en une perte, une blessure ou un dommage. Toutefois, selon Kapplan et Garrick (1981), le risque R est symboliquement le rapport entre le danger D sur la protection P.

$$R = \frac{D}{P} \tag{3.3}$$

Cette équation exprime le fait que le risque peut être fortement réduit quand le niveau de protection est augmenté mais il est impossible de ramener le risque à zéro. La protection peut être simplement la prise de conscience du risque. Nous utiliserons par la suite cette définition du risque car elle permet d'introduire le facteur de protection qui est plus parlant que celui de probabilité d'occurrence ou de fréquence pour le public lambda. En effet, toute analyse de risques environnementaux ne pourra se faire sans intégrer des aspects de communication envers les populations avoisinantes de l'Immeuble de Grande Hauteur, objet de l'étude. Cette approche de communication et d'acceptation d'un projet se rapproche très fortement des études d'incidence environnementale qui seront vues au point 3.2.3.

L'analyse du risque est l'utilisation des informations disponibles pour identifier les phénomènes dangereux et estimer le risque. Enfin, l'évaluation du risque est la procédure qui suit l'analyse du risque pour décider si celui-ci, considéré comme tolérable, est atteint. Cette tolérance se fait dans un certain contexte et est fondée sur les valeurs admises par la société.

3.2.2 Risque sociétal et individuel

Quand il existe un risque de préjudice pour les populations exposées aux dangers, il est utile de considérer deux aspects dérivés du risque (Jones, 2003). Dans le cas où un large spectre de résultats néfastes associés aux probabilités de survenances du risque et qu'un grand nombre de personnes sont exposées à ce risque (par exemple un incendie), celui-ci sera connu comme le risque sociétal et sera quantifié à l'aide d'une courbe Probabilité-Nombre de victimes (F-N). Or, les individus au sein de ce grand nombre de personnes ne seront pas exposés de la même manière. Cette distribution du risque est illustrée en considérant la probabilité que des individus particuliers soient touchés, ce risque est défini comme le risque individuel.

Le risque sociétal est donc la relation entre la fréquence et le nombre de personnes souffrant d'un niveau spécifique de préjudice dans une population donnée suite à la réalisation de dangers spécifiques. Le risque individuel est, quand à lui, la fréquence pour laquelle un individu peut s'attendre à subir un niveau donné de préjudice suite à la réalisation de dangers spécifiques.

Nous devons, toutefois, préciser que le risque est relatif à l'observateur car l'importance d'un danger et les causes d'un préjudice sont définis par des individus, les communautés et la société. On parle de risque perçu à cette fin (Kaplan et Garrick, 1981 ; Frantzen, 2002). Dès lors le risque ne peut être quantifié de manière absolue puisque toute mesure ou analyse de risque est dépendante de la personne qui effectuera l'analyse, ainsi que de la manière dont le risque est perçu (Kermisch, 2009 ; Vincent, 1999).

3.2.3 Risque environnemental

Nous utiliserons par la suite le terme de risque environnemental. Actuellement, cette notion concerne principalement les domaines industriels de production chimique et l'impact environnemental de ces sites industriels sur leur environnement (Frantzen, 2002).

Le risque environnemental se caractérise par un système complexe :

- Présence d'une ou des source(s) de danger,
- Des mécanismes primaires de contrôle des processus industriels,

- Des mécanismes de transports,
- Des mécanismes secondaires de contrôle des processus industriels,
- Des cibles (population, éléments sensibles du milieu ou biotope).

L'étude de l'impact environnemental d'un projet ne se limite toutefois pas au seul domaine de l'industrie chimique. Actuellement, certains projets publics et privés nécessitent l'évaluation des incidences sur l'environnement sur base des principes de précaution, de prévention, de protection et du « pollueur payeur » (PUE, 2011). Ce principe se retrouve dans la Directive 2011/92/UE concernant l'évaluation des incidences de certains projets publics et privés sur l'environnement. Ce type d'étude doit être effectuée pour tenir compte des préoccupations visant à protéger la santé humaine, à contribuer par un meilleur environnement à la qualité de vie, à veiller au maintien des diversités des espèces et à conserver la capacité de reproduction de l'écosystème en tant que ressource fondamentale de la vie (PUE, 2011). La participation du public à la prise de décisions est un autre élément important de cette Directive. En effet, les populations, concernées par l'implantation d'un projet impliquant une étude d'incidence[14], ont la possibilité de formuler des avis et préoccupations auxquels le décideur peut choisir de les prendre en compte ou non.

L'évaluation des incidences sur l'environnement permet d'éclairer le public et l'autorité sur les effets du projet et de son opportunité. Le but est donc d'être une aide à la décision pour les autorités dans le cadre de la délivrance de permis. Une étude d'incidence doit reprendre au minimum une description du contexte et du projet, une mise en évidence des incidences du projet (effets positifs et négatifs), des propositions et recommandations et une conclusion.

Nous proposons d'adapter le terme risque environnemental dans un cadre différent appliqué au domaine de l'environnement bâti. Ici, le risque environnemental est toute source de danger qui peut être une structure, une infrastructure, un immeuble présent dans le voisinage de l'IGH étudié qui présente un impact négatif soit sur cet IGH soit sur l'environnement même. Rappelons que l'environnement est le milieu existant matériel où l'être humain s'y trouve présent physiquement ou a une influence dessus tel que les constructions, les infrastructures, les axes de communication, la faune et la flore, etc.

---

[14] Les Annexes I et II de la Directive fournissent les types d'activités requérant des études d'incidence

L'objectif de l'analyse de risques environnementaux est de fournir un guide systématique pour la détermination des impacts potentiels à la santé humaine ou à l'environnement suite à la présence d'un IGH dans son environnement. Il permettra à l'utilisateur de comprendre comment une insuffisance amène à un préjudice. C'est donc bien un outil d'aide de compréhension des risques liés à un environnement existant ou en cours de développement autour d'un IGH. Cette approche ressemble, pour certains points, à celle décrite dans la Directive 2011/92/UE. Toutefois la méthode décrite dans la présente recherche se distingue par les points suivants :

- L'analyse des risques environnementaux peut être effectuée à d'autres objets que ceux décrits dans les annexes de la Directive,
- La méthode et l'outil ont été développés pour permettre au décideur de contrôler et vérifier la bonne validité des informations fournies par le concepteur du projet,
- L'étude porte sur les notions de danger et de préjudices pour l'être humain et son environnement. Elle ne concerne pas uniquement le milieu biophysique et le milieu humain, il est pris en compte en outre des aspects économiques et d'activités.
- Les systèmes de protection de l'ensemble des objets sont pris en considération dans l'analyse de risques environnementaux nouvellement développée dans ce manuscrit.

En conclusion, ce sont deux approches pertinentes car elles permettent de mettre en évidence les risques environnementaux d'un point de vue écosystème (faune et flore) pour l'une, et préjudice pour l'autre. Il serait donc intéressant de pouvoir les combiner ou de, tout au moins, pouvoir les requérir auprès de concepteur de tout nouveau projet ayant un potentiel impact sur son environnement.

3.2.4 Classification des dangers considérés

Quelles sont les principales sources de risques qu'un Immeuble de Grande Hauteur puisse rencontrer ? Il est pratiquement impossible de répertorier l'ensemble des risques mais nous pouvons proposer deux types de risques : les risques naturels N et les risques malveillants H (dus à l'être humain)[15].

Les risques naturels reprennent l'ensemble des phénomènes difficilement prévisibles affectant un grand nombre de personnes au même moment.

Les risques malveillants sont toutes sources de danger dues à l'être

---
15 L'Annexe 1 – Listes de risques complètera les différents types de risques vus au point 1.3

humain. Ils se distinguent en trois catégories : les risques accidentels, les intentionnels et de négligence. La première comprend les malfaçons et les erreurs induisant un accident. La seconde catégorie reprend l'ensemble des actes volontaires qui ont pour but de nuire, détruire ou endommager tels que les attentats terroristes. Enfin la troisième catégorie reprend les actes-non volontaires ou les oublis entraînant un accident.

Type de risque	Sources de danger
Risques naturels	Incendie, séisme, vent, mouvement de sol, inondation,
Risques malveillants	Incendie, attaque cybernétique, attaque armée, véhicule piégé, attaque NBC (Nucléaire, Biologique et Chimique), prise d'otage, avion, acte de négligence, malfaçons, erreurs,

Tableau 3.1: Sources de danger

Le tableau 3.1 propose différentes sources de danger qui seront utilisées dans l'étude du risque environnemental, il n'est pas exhaustif et a été conçu comme première base de travail suite à l'étude des cas d'accidents d'IGH.

3.3 Procédure générale d'une analyse de risques

Pour apprécier les risques propres à un objet étudié, une analyse du risque est entreprise ainsi que l'évaluation des résultats. L'analyse du risque se définit par l'utilisation systématique d'informations, issues d'une première collecte, pour identifier les activités ayant des conséquences potentielles qui permettront d'estimer ce risque. Cette analyse du risque fournit donc une base à l'évaluation du risque, à son traitement et enfin à son acceptation sans quoi certaines mesures de prévention ou de protection sont requises.

Lorsqu'il est fait mention d'une méthode d'analyse de risque, celle-ci comprend quatre étapes reprises sur l'Illustration 3.1 :

1) L'étape d'*identification des dangers* consiste en l'identification de l'ensemble des dangers ou sources de risques qui, potentiellement, participent ou engendrent le développement d'un événement indésirable ayant des conséquences potentielles négatives. Pour ce faire, des questions du type : « Que peut-il arriver de mal ? » peuvent être posées en vue de la mise en place d'une liste des dangers potentiels. Cette première étape est purement qualitative et permet de révéler des aspects du projet ou du bâtiment existant, qui requerront plus d'attention. Elle se fera le plus souvent par la mise

en place de différents scénarios d'étude.
2) L'étape d'*analyse des risques* étudie les effets ou les conséquences du scénario étudié à l'aide d'outils d'analyse de risques qui seront décrits par la suite. Cette étape peut être effectuée de manière qualitative ou quantitative.
3) L'étape d'*évaluation des risques* a deux utilités selon Pitblado et Turney (2001) : premièrement, elle permet une évaluation de ce qui est acceptable ou non, deuxièmement, les résultats peuvent servir à l'élaboration d'un plan d'urgence particulier pour l'immeuble étudié. L'estimation résultant du risque est comparée à des critères prédéfinis. Si le risque rencontre ces critères, celui-ci est considéré comme acceptable. Dans le cas contraire, il est nécessaire de procéder à la mise en place de mesures afin de réduire la probabilité d'occurrence de l'événement ou d'en réduire les conséquences.
4) L'*exploitation des résultats* consiste à la mise en place des mesures de prévention et/ou de protection, afin de réduire le risque ou de tout au moins atténuer les conséquences d'un événement indésirable. Dans certains cas extrêmes, le risque peut être considéré comme inacceptable en raison de l'impossibilité de la mise en place de ces mesures. Cette étape est applicable à n'importe quel moment du processus d'analyse, il n'est en effet pas nécessaire d'attendre la fin de l'étude pour que des mesures de protection soient prises.

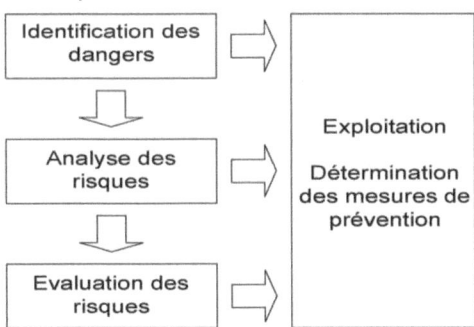

Illustration 3.1: Les quatre parties d'une étude de sécurité (DGSC, 2001)

L'intention globale d'une analyse de risque, par ces quatre étapes, est que le public se sente en sécurité. Ici la notion de sécurité ne signifie nullement absence de dommage. L'objectif ultime est d'atteindre un tel niveau qui ne comporterait aucun risque mais la société et les décisionnaires publics savent bien que, la plupart du temps, cela requiert énormément d'argent, montant que la société ne peut se permettre même pour atteindre un niveau sans risque. Se sentir en sécurité signifie, selon Kontovas (2005), plutôt de se protéger des dangers et de leurs conséquences. Le processus d'analyse de risques implique une communication parmi tous ceux impliqués dans l'analyse (Frantzen, 2002) incluant, point essentiel, ceux potentiellement exposés au risque étudié.

Qu'une démarche scientifique rigoureuse soit utilisée dans le processus d'analyse de risque, n'implique pas que cette analyse soit complètement objective, empirique ou basée sur les faits. C'est un outil analytique pour l'évaluation de l'ampleur et de la sévérité du risque. Elle utilise une information qui ne peut être catégorisée comme certaine et produit seulement une estimation du risque, jamais de prédiction exacte.

Les outils et techniques d'analyse de risques, si ils sont appliqués systématiquement et correctement, peuvent mettre en évidence des vulnérabilités dans un système (Ostrom et Wilhelmsen, 2012). Le mot clef est bien systématique. En effet, une analyse de risques doit être systématique par nature pour être la plus efficace possible. Pour un bien, une analyse de risque doit être initiée dès le début de la conception d'un projet. À cette fin, une analyse préliminaire des dangers (Ostrom et Wilhelmsen, 2012 ; Kervern et Rubise, 1991) est un exemple d'outil pouvant s'appliquer dès le début du développement d'un projet. Cette première analyse permet d'identifier rapidement quels sont les dangers encourus et s'il est déjà possible de mettre en place des mesures de prévention afin d'en réduire le potentiel néfaste.

3.4 Méthodes d'analyse de risques

Certaines méthodes d'analyse de risques sont limitées à la seule identification des dangers alors que d'autres intègrent l'aspect analyse et évaluation. Ces différentes méthodes (Rasbah, 1984 ; Kirchsteiger, 1999) peuvent être classées suivant la structure fournie par l'Illustration 3.2. Nous présenterons trois groupes de méthodes d'analyse de risques, issus d'une recherche dans la littérature existante. Les procédures seront décrites des plus simples aux plus complexes.

Ces différentes méthodes d'analyse de risques sont utilisables soit par un seul expert soit par un groupe d'expert selon l'objectif attendu de l'étude en cours.

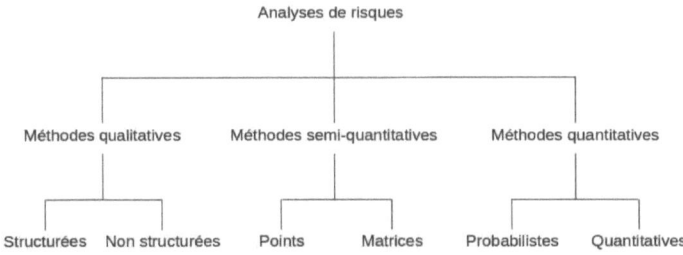
Illustration 3.2: Méthodes d'analyse de risques (Ramachandran et Charters, 2011)

3.4.1 Méthode qualitative

Les méthodes qualitatives s'appuient sur l'identification des facteurs qui concernent le risque. Elles permettent de reconnaître les situations dites anormales et d'en déterminer les causes. Les facteurs affectant le niveau de danger sont, par exemple, la présence de combustibles dans un immeuble ou l'emplacement d'un bâtiment dans une zone sismique. Une évaluation de l'ensemble de ces facteurs est entreprise à l'aide d'un panel de références prédéfinis et d'un jugement sur ces facteurs pour les positionner par rapport aux références. Une relecture d'ensemble de ces facteurs est ensuite effectuée pour validation et si des mesures supplémentaires de réduction sont jugées nécessaires, l'utilisateur peut se référer à une liste pré-établie. Ces outils peuvent être combinés à d'autres outils d'analyse quantitative qui permettent une meilleure compréhension du problème rencontré, de la sévérité du danger, de la probabilité d'occurrence ou une combinaison des précédents points.

Deux approches sont possibles : la méthode qualitative structurée et celle non structurée. Ces deux approches sont largement utilisées dans une première étude du risque afin de dégager les différentes sources de danger. Elles sont le plus souvent accompagnées d'analyses de risques quantitatives.

3.4.1.1 Méthodes non structurées

La méthode est dite non structurée car elle ne suit pas de normes définies pour le type et le niveau de protection à mettre en place. C'est une approche généraliste très subjective qui se base très fortement sur l'expertise et le jugement de l'évaluateur.

Cette méthode suivra la procédure suivante :

1. Identification des dangers potentiels,
2. Identification de ce qui peut être mis en danger par le déclenchement d'un événement,

3. Évaluation des risques et vérification des mesures de protection,
4. Sauvegarde des données et communication,
5. Mise à jour régulière de l'évaluation.

L'exemple du tableau 3.2 peut servir dans l'évaluation du risque pour un bâtiment par la localisation de tous les dangers et systèmes de protection. Les occupants participent généralement à ce type d'évaluation en répondant à certaines questions sur le niveau de protection du bâtiment (Ramachandran et Charters, 2011).

Client :	
Date d'évaluation :	
Expert :	
Type d'activité :	
Site :	
Localisation du site :	
Description de l'occupation :	
Risques identifiés :	
Mesures de détection :	
Mesures d'évacuation :	
Systèmes de protection :	
Procédures de sécurité :	
Mesures de protection :	
Notes complémentaires :	

Tableau 3.2: Fiche type d'une méthode non structurée

Ce type de fiche est ainsi employée dans une analyse de risques d'un immeuble existant afin de rapidement mettre en évidence les lacunes des protections incendie, par exemple. Dans le cas d'une visite d'un immeuble, cette fiche sera complétée par des commentaires manuscrits décrivant la situation existante.

3.4.1.2 Méthodes structurées

Une analyse de risque par une méthode structurée utilisera la même procédure que la méthode non structurée sauf qu'elle a tendance à prescrire :

– Les différents niveaux de dangers,
– Les différents niveaux de protection,
– L'acceptabilité des combinaisons de dangers et de protection,
– Les alternatives appropriées de réduction du risque.

La méthode structurée identifie les différentes sources de dangers telles que les personnes ou les substances dangereuses, et leur niveau de risque : acceptable, élevé ou très élevé. Il en sera de même pour les niveaux de protection existants ou prévus.

L'analyse de risques peut être effectuée à l'aide d'une fiche (voir le tableau 3.3). Des recommandations sont ensuite émises à partir de trois critères :

- Les domaines d'évaluation donnent des résultats adéquats,
- Les domaines d'évaluation donnent des résultats corrects,
- Les domaines d'évaluation donnent des résultats inadéquats.

La fiche sera remplie en cochant, pour chaque ligne, la case correspondante à la situation constatée lors de l'analyse de risque. L'évaluation des choix se fera visuellement sur base du niveau d'acceptabilité de l'expert et du commanditaire de l'étude. Les recommandations seront prises selon les trois critères vus précédemment.

Sources de danger	Risque faible	Risque acceptable	Risque élevé	Risque très élevé	Inadéquat	Non acceptable
1 Personnes						
2 Substances dangereuses						
3 Équipement						
4 Éclairage						
Protection						
5 Gestion						
6 Exercices						
7 Signaux visuels						
8 Observation						
9 Détection et alarme						
10 Évacuation						
11 Distance d'évacuation						

Tableau 3.3: Fiche type d'une méthode structurée

Méthode HAZard OPerability

La méthode *HAZard OPerability* (Hazop) a été développée par l'Imperial Chemical Industries au début des années septante pour le secteur de l'industrie chimique. Elle a été adaptée dans divers autres secteurs d'activité où l'analyse de risques est requise (Netta et al., 2010 ; PrevInfo,

2010 ; Pitblado et Turney, 2001 ; Bartolozzi et al., 2000 ; Kervern et Rubise, 1991). La méthode utilise des mots guides tels que « more », « less » et « reverse » qui peuvent être appliqués aux différents paramètres du système étudié afin de considérer des déviations dans le schéma initial du concept. Elle permet l'étude et l'identification des causes et conséquences à l'aide de questions types : « Que se passe-t-il si une présence plus importante de fluides est détectée ? » ou « Que se passe-t-il si le courant du fluide est inversé ? ». Cette méthode peut être appliquée à tout processus en conception, existant ou nouveau.

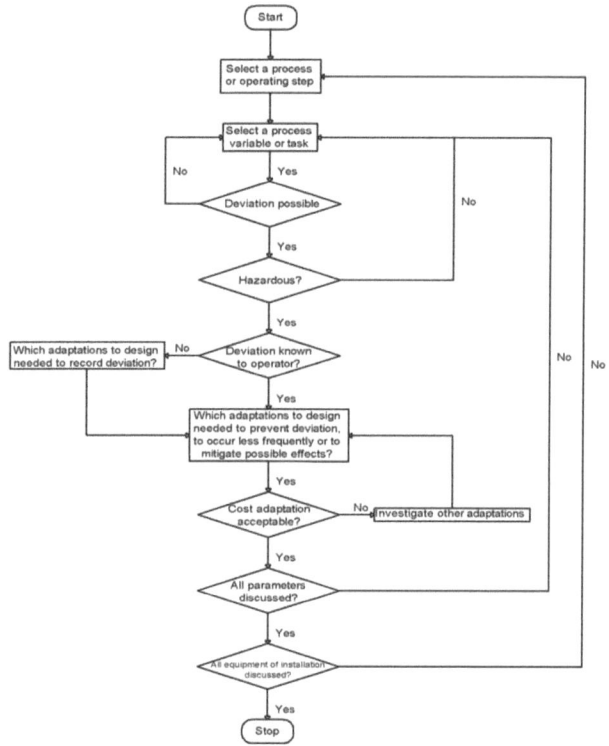

Illustration 3.3: Diagramme Hazop (Vinçotte, 2009)

L'objet de l'étude doit, dès lors, être clairement défini par le groupe de travail qui procèdera à son analyse. Pour chaque partie constitutive du système examiné (ligne ou maille), la génération conceptuelle des dérives est effectuée de manière systématique par la conjonction de mots clefs (Non/Oui, Plus/Moins, Aussi bien que, etc.) et des paramètres spécifiques à l'objet étudié. Pour un site industriel, ces paramètres peuvent être la température, la pression, le débit, etc. Les mots clefs, par contre, sont utilisés spécifiquement et précisément sur les diagrammes d'étude qui permettent l'identification des déviations possibles des paramètres.

L'exemple ci-dessus, voir l'Illustration 3.3, est un modèle Hazop utilisé pour le cas d'un procédé industriel d'un site classé Seveso et décrit les étapes nécessaires à l'analyse de risques lors d'un processus de fabrication et d'utilisation de substances dangereuses.

Pour le cas d'un IGH, le groupe d'experts en charge de l'étude peuvent poser des questions du type : « Que se passe-t-il si une voiture percute la façade d'un immeuble ? » ou « Que se passe-t-il lorsque le feu se propage par la cage d'ascenseur ? ». Les paramètres spécifiques utilisés pour l'IGH seront, par exemple, le temps d'évacuation, le nombre d'occupants, etc.

Cette méthode pourrait être qualifiée de méthode qualitative structurée car elle utilise des mots clefs pour définir des situations. À l'origine, celle-ci n'a pas été prévue pour procéder à une estimation de la probabilité d'occurrence des dérives ou de la gravité de leurs conséquences. Pourtant, les estimations de la probabilité et de la gravité des conséquences des dérives identifiées s'avèrent souvent nécessaires dans le domaine des risques d'accidents majeurs. Hazop doit donc être complétée par une analyse des risques sur les bases d'une technique quantitative simplifiée.

Outre cela, Hazop est plus une méthode de vérification que de conception. En effet, dans les dernières phases de conception, il ne reste souvent que fort peu de possibilités d'apporter de grands changements dans l'étude Hazop. La méthode typique de fonctionnement d'une étude Hazop est donc de considérer le modèle de conception proposé comme fini. On vérifie ce que certaines modifications peuvent engendrer comme problèmes et non comme améliorations de sécurité possibles. Les mesures de prévention qui résultent d'Hazop, sont le plus souvent limitées à spécifier des équipements de sécurité additionnels plutôt que de tenter d'optimiser la conception par la prise en considération de principes de sécurité essentiels.

Les principaux avantages, selon Kontovas (2005), de la méthode sont les suivants :

- Il s'agit d'une méthode largement répandue, ses forces et faiblesses sont donc bien connues,

- Elle utilise l'expérience des occupants lors du processus d'analyse,
- C'est une méthode systématique et compréhensible qui permet l'identification des déviations dangereuses dans tout processus,
- Elle est effective pour les fautes techniques et les erreurs humaines,
- Elle reconnaît l'existence des systèmes de protection existants et développe des recommandations pour de nouveaux,

Toutefois les faiblesses de cette méthode sont :

- Son succès dépend de la composition de l'équipe d'analyse et de leurs connaissances,
- C'est une méthode optimisée pour les dangers dans les processus, et nécessitant certaines modifications pour être adaptée à d'autres types de dangers,
- Cela requiert un développement des descriptions procédurières qui ne sont pas souvent disponibles en détail,
- L'étape de documentation est laborieuse et longue.

Le principal avantage de la méthode Hazop est qu'elle évite de considérer tous les modes de défaillances possibles pour chacun des composants du système, puisqu'elle considère uniquement les dérives de paramètres de fonctionnement du système. Cependant, la méthode Hazop ne permet que difficilement l'analyse des événements résultant de la combinaison simultanée de plusieurs défaillances. En outre, il n'est pas toujours aisé d'affecter un mot clef à une partie bien délimitée du système à étudier car un grand nombre de ces parties, d'un même système, sont interconnectées.

Il en ressort que la méthode Hazop, méthode de vérification, requiert le plus souvent une étude préliminaire d'analyse de risques propre lors de la phase de conception. Cette étude mettrait en évidence la plupart des scénarios critiques, et sur base de ces analyses, une grande partie des mesures auront déjà été prises.

Méthode What If

Une seconde approche que nous pouvons considérer est la méthode « What if », dérivée de la méthode Hazop, et qui suit globalement la même procédure (PrevInfo, 2010 ; Pitblado et Turney, 2001). La méthode « What if » diverge de Hazop au niveau de la génération des dérives des paramètres de fonctionnement ; celles-ci ne sont plus envisagées en tant que combinaison d'un mot clef et d'un paramètre mais sont fondées sur une succession de questions de type : « QUE (What) se passe-t-il SI (If) tel paramètre est différent de celui escompté ? ». L'efficacité repose donc en grande partie sur l'expérience des personnes réunies au sein d'un groupe de travail interdisciplinaire où des listes de contrôles sont le plus souvent employées. Cette méthode permet de proposer des recommandations pour prévenir les futurs problèmes (Kontovas, 2005).

Méthode par les listes de contrôle

Les listes de contrôle ou *check-lists* s'attachent aux types et sources de dangers associés au processus. Les check-lists sont souvent utilisées pour identifier les dangers comme première étape avant les approches qualitative et quantitative. L'avantage de ce type d'outil est qu'il indique à des non-professionnels ce qui peut constituer un danger et rappelle à l'expert analyste l'étendue des dangers possibles (Ramachandran et Charters, 2011). Le principal inconvénient est que certains types de dangers ne soient pas présents dans la liste et soient par conséquent ignorés. Ce type de check-lists peut reprendre l'ensemble des sources de dangers, les facteurs de détermination du danger (guide mot), les éléments sensibles du milieu, etc.

La combinaison des méthodes *What-If* et *check-lists* permet d'obtenir une technique d'analyse des dangers assez intéressante car elles se complètent. Le résultat est obtenu plus rapidement par ce procédé que par la méthode Hazop. Toutefois la couverture des dangers envisagés est moindre, avec le risque de passer au-dessus de certains types de dangers absents des listes ou des questions envisagées. En outre, il est nécessaire de prendre en compte le fait que ces listes sont issues des connaissances des accidents passés, normes nationales, codes, bonnes pratiques mais elles ne permettent pas de prédire de nouveaux dangers ou de tenir compte de nouvelles technologies.

3.4.2 Les méthodes semi-quantitatives

Aux méthodes d'évaluation semi-quantitatives, certaines valeurs numériques peuvent être fournies sur le niveau de risque constaté mais il ne sera pas forcément obtenu une valeur finale représentative du risque même. Deux approches sont considérées : une première méthode par points et la seconde par matrice. Les deux approches rendent un score numérique approché du risque mais la première se limite le plus souvent à des listes de contrôle où chaque élément de ces listes se voient assigner un score. Tandis que la méthode par matrice permet un choix plus grand dans les catégories de risques.

3.4.2.1 Méthode par points

Cette méthode reprend le principe des méthodes qualitatives mais avec un aspect numérique supplémentaire. Un score numérique est obtenu comme résultat pour le risque envisagé. Chaque facteur de la méthode qualitative se voit adjoindre une valeur numérique suivant une échelle prédéfinie et/ou est pondéré d'un poids. Ces facteurs sont ensuite sommés pour fournir, au final, un score global du niveau de risque. La réduction du risque est effectuée ensuite par l'amélioration des facteurs étudiés.

La méthode par points est relativement simple et rapide à mettre en place ; elle permet en outre d'obtenir une première appréciation du niveau de risque. Toutefois, la valeur finale est obtenue arbitrairement selon les poids mis en place et peut ne pas représenter la vraie valeur du risque. Pour chaque élément étudié auquel un poids est accordé, une justification devra être fournie par l'expert ou le groupe d'expert. Le choix d'un poids est un élément fort subjectif.

Méthode Kinney

La méthode Kinney prend en considération trois paramètres permettant l'évaluation du risque par le produit de l'exposition au danger, de la probabilité de survenance et des conséquences (Wantiez, 1995). Ces trois paramètres sont évalués à l'aide de points définis dans des tables par l'expert en charge de l'étude.

La méthode prend pour hypothèse que le risque augmente avec la probabilité P d'un événement dangereux, selon le niveau d'exposition E à ce danger et enfin avec la gravité des conséquences possibles G.

$$R = P \cdot E \cdot G \quad (3.4)$$

Le score obtenu est fonction de la situation étudiée. Le principal intérêt cette méthode, quand des niveaux de risques non acceptables sont obtenus requérant des mesures de protection, est de répéter le processus jusqu'au moment où le risque est considéré comme acceptable par les standards sociaux actuels.

Le processus de décision par points reste assez subjectif selon les experts en charge de l'analyse. En effet, Malchaire et Koob (2006) ont mis en évidence la disparité des résultats obtenus entre experts pour une même situation analysée. L'analyse doit donc s'effectuer en équipe pluridisciplinaire pour palier cette diversité de résultats. En outre, la méthode a été développée à la base pour des explosifs, elle ne peut être utilisée pour toutes les situations.

Méthode FRAME

La méthode FRAME est le résultat d'une recherche de trente ans qui avait pour but de créer un outil d'analyse du risque et de la protection incendie des immeubles. Elle s'est fortement inspirée de la méthode empirique Gretener (Kaiser, 1980), développée par l'ingénieur suisse Max Gretener en 1975 (Ramachandran et Charters, 2011 ; De Smet, 2008).

La plupart du temps, les causes d'un départ de feu sont inconnues, la méthode Gretener propose de comparer un risque donné R et un risque acceptable $R_{admissible}$ suivant la formulation ci-dessous :

$$R = \frac{P \cdot A}{N \cdot S \cdot F} \quad (3.5)$$

Avec :

- Le paramètre P quantifie le danger potentiel ou le risque du bâtiment en incluant les facteurs tels que la charge au feu, la combustibilité, le compartiment exposé au feu avec ou sans système de ventilation, la hauteur du bâtiment et la capacité à produire des fumées et gaz toxiques.
- Le paramètre A est le facteur d'activation représentant la capacité pour un feu d'être initié ; ce paramètre peut être quantifié par la probabilité de départ d'un feu.
- Le paramètre N fait référence aux systèmes « normaux » de protection incendie tels que la présence d'un service de sécurité incendie, des extincteurs incendies, du personnel formé, des réservoirs d'eau, etc.
- Le paramètre S concerne l'existence de mesures de protections incendies « spéciales » tels que des systèmes automatiques de détection incendie et le sprinklage.
- Le paramètre F concerne la résistance au feu du bâtiment.

Les paramètres au numérateur de l'équation (3.5) sont des facteurs augmentant le risque tandis que ceux présents au dénominateur sont des facteurs réducteurs du risque. Une valeur numérique supérieure à l'unité est donc considérée comme valeur à risque, tandis qu'une valeur inférieure à l'unité exprime que les systèmes de protection envisagés réduisent correctement le niveau de risque global.

La méthode FRAME pour *Fire Risk Assessment Method for Engineering* est issue de la méthode Gretener mais elle varie de cette dernière méthode car les probabilités et les conséquences des risques d'incendie sont déterminées. La méthode a nécessité plus de 30 ans de recherches pour le développement d'un outil pratique par un processus d'essais et erreurs sur des cas d'études réels. Ce processus a permis d'obtenir un outil fonctionnel pour le milieu de la sécurité incendie en Belgique. Après que les résultats soient obtenus, des mesures de protection et de prévention sont prévues si nécessaire. La méthode FRAME peut être classée comme approche semi-quantitative vue qu'elle se situe entre une approche de matrice du risque à l'aide d'un index des valeurs du risque et une méthode probabiliste. La méthode combine un système de points, comme la méthode Kinney vue précédemment, le principe de trois scénarios considérés comme « pires » (De Smet, 2011) et une approche probabiliste pour la détermination du niveau de risque incendie.

L'objectif de cette méthode est de déterminer un niveau résiduel du risque d'incendie et de pouvoir comparer les résultats obtenus avec les objectifs du concepteur et/ou expert en charge. La méthode fournit une évaluation des lacunes de sécurité dans un bâtiment par rapport à un niveau acceptable déterminé selon l'utilisation du bâtiment, les protections mises en place, sa géométrie et ses matériaux.

La principale idée est de considérer un équilibre entre le danger et la protection. En effet, un feu ne peut se développer en désastre que si toutes les protections disponibles ont failli. Dès lors, le plus haut niveau de protection implique la plus basse probabilité d'occurrence d'un désastre. Le danger est défini comme scénario incident dans toute analyse de risques. Afin d'appréhender la notion de danger en terme de risque, il est nécessaire de donner certaines dimensions à cette notion et donc de considérer le risque comme un danger estimé. Pour cela, le danger est calculé avec trois paramètres connus comme le risque potentiel P, le risque acceptable A et le degré de protection D.

$$R = \frac{P}{A \cdot D} \quad (3.6)$$

Avec :
- Le Risque Potentiel P comprend les éléments qui définissent l'étendue des dommages ainsi que les difficultés des pompiers de maîtriser l'incendie.
- Le Risque Acceptable A exprime l'exposition au danger pour le bâtiment et reprend les sources d'ignition, la valeur du bâtiment et de son contenu, les possibilités d'évacuation et l'importance économique de l'activité.
- Le Degré de Protection D représente les moyens mis en œuvre pour empêcher ou tout au moins réduire le risque de survenance

d'un incendie dans l'immeuble.

À partir de ces paramètres, trois étapes de calcul seront effectuées à l'aide de la formulation (3.6) : un pour le bâtiment et son contenu, un deuxième pour les personnes qui l'occupent, et un troisième pour l'activité économique présente dans le bâtiment. L'étude s'effectue en parallèle, suivant l'Illustration 3.4, pour les trois étapes ce qui permet d'obtenir, pour le compartiment étudié, un niveau de risque différent. En effet, il n'est pas un considéré un seul risque global car une distinction est effectuée entre l'occupation du compartiment, les activités et le bien lui-même qui induisent chacun un risque.

Les principales limites de cette méthode sont les suivantes : le calcul doit être effectué par compartiment dans le bâtiment et uniquement pour les cas de scénario incendie (De Smet, 2011). Les paramètres et facteurs utilisés ne concernent que les départs d'incendie et leur propagation dans l'immeuble.

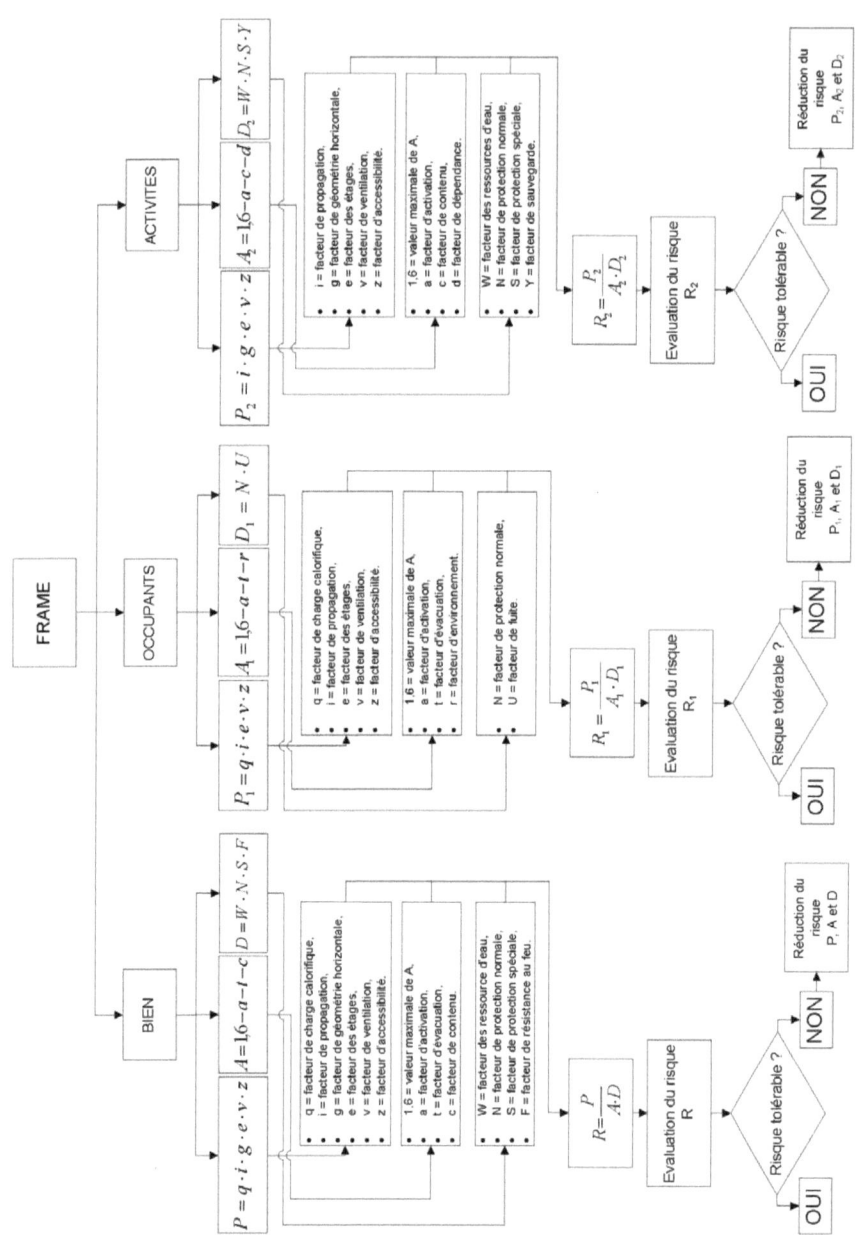

Illustration 3.4: Schéma d'étude pour la méthode FRAME

3.4.2.2 Méthode par matrices

Danger		Accident		Sévérité de l'accident	Fréquence du danger	Probabilité de déclenchement	Fréquence d'accidents	Classification du risque	Remarques
Potentiel	Causes	Potentiel	Déclencheur						

Tableau 3.4: Fiche type d'une méthode par matrice (Ramachandran et Charters, 2011)

L'analyse par matrices, voir le tableau 3.4, est utilisée quand la nature subjective et le manque d'informations quantitatives risqueraient d'amener des décisions faibles engendrant d'importantes conséquences ultérieurement. Les méthodes par matrices présentent l'avantage de placer les risques en catégories, voir le tableau 3.5, et qu'elles réduisent les questions difficiles en plus petites parties. Les jugements d'experts sont plus facilement justifiés et basés sur consensus via des ateliers par exemple. Cependant, les principaux désavantages sont que les catégories des risques peuvent être trop larges, les jugements trop subjectifs et dépendant des experts présents aux ateliers. Ces méthodes sont donc utilisées pour hiérarchiser les dangers et phénomènes indésirables, comme préalables à une analyse quantitative complète.

Fréquence d'accidents		Fréquence de cause de danger					
		A	B	C	D	E	F
Probabilité de déclenchement d'accident	A	A	B	C	D	E	F
	B	B	B	C	D	E	F
	C	C	C	D	E	F	F
	D	D	D	E	F	F	F
	E	D	D	F	F	F	F
	F	E	E	F	F	F	F

Tableau 3.5: Fiche type d'une catégorie de fréquence d'accidents (Ramachandran et Charters, 2011)

Les matrices de risques fournissent un cadre directeur traçable pour des considérations explicites des fréquences et/ou conséquences de dangers (Kontovas, 2005). Elles peuvent ainsi être utilisées pour classer les dangers selon leur importance. Celles-ci fonctionnent sur base d'une matrice ayant deux types d'entrées comme par exemple les fréquences d'occurrence et les probabilités de déclenchement, voir le tableau 3.5. Chaque danger est alloué à une catégorie de fréquence et de probabilité ce qui permet de trouver une évaluation ou classement du risque associé au danger. L'expert jugera ces deux paramètres suivant la grille de valeurs, ici de A à F, allant d'une estimation la plus faible à la plus importante.

Cependant, les matrices de risques se basent sur le jugement d'experts qui doit rester cohérent entre les différents membres d'un groupe de travail. Lorsqu'une situation autorise plusieurs choix de résultats, il peut être difficile de choisir la conséquence « correcte » pour la catégorie de risques. Plusieurs praticiens suggèrent de prendre la plus pessimiste des solutions (Kontovas, 2005).

Une matrice de risques fonctionne sur l'étude de chaque danger individuellement plutôt qu'une série de dangers alors que, le plus souvent, une décision finale est à prendre sur base d'un risque total. Cette méthode ne prend pas en compte la possibilité qu'un grand nombre de petits risques, qui individuellement ne représentent pas une réelle menace, en s'accumulant engendrent un risque plus élevé. Dès lors, le risque final peut être sous-estimé par cette méthode car elle ignore la sommation des risques.

Méthode Failure Modes and Effects Analysis

La méthode *Failure Modes and Effects Analysis* (FMEA) est une technique qui permet l'évaluation des modes potentiels d'échec ou de pannes dans un système (Ostrom et Wilhelmsen, 2012), tels que les dysfonctionnements ou pannes d'équipements, ainsi que les effets de ces pannes sur leurs installations (Pitblado et Turney, 2001). Elle est principalement utilisée dans le secteur de l'automobile et de l'aéronautique au niveau de la sécurité des avions, ainsi bien que dans le domaine du nucléaire. Les descriptions de ces pannes fournissent des analyses qui permettent, par la suite, de déterminer quels changements apporter et à quels endroits tant localement que globalement au sein du système étudié (Kervern et Rubise, 1991).

Cette technique utilise une matrice générale dans laquelle se retrouvent tous les éléments isolés de l'objet de l'étude, leurs défaillances, l'effet de chaque défaut potentiel sur le système lui-même, les conséquences de ceux-ci sur le système étudié et sur son environnement. Lors d'une FMEA, chaque panne est considérée individuellement comme un événement indépendant sans relation avec les autres pannes du système, excepté les effets subséquents qu'ils peuvent générer. Le mode de défaillance est une description de la manière dont un objet peut devenir défectueux. La conséquence de cette défaillance est la réponse du système ou plus simplement l'accident résultant (Vinçotte, 2009).

La méthode FMEA permet l'identification séparée des modes de défaillance qui peuvent complètement, ou partiellement, engendrer un accident. Les erreurs humaines ne sont, toutefois, pas prises en compte. Cette méthode ne peut pas être utilisée en vue de la détection de combinaisons de défaillances systématiques pouvant provoquer un accident.

C'est une méthode qualitative, de plus, où le temps et les coûts d'étude sont directement liés au nombre et à la taille de l'objet étudié.

La méthode Layer of Protection Analysis

La probabilité d'occurrence pour un scénario choisi tend à avoir de grandes variations dans ses valeurs finales suivant l'expérience de l'équipe ou des individus impliqués dans l'analyse. Plus le système étudié est compliqué, plus la probabilité d'occurrence est difficile à estimer qualitativement puisque de très nombreux facteurs peuvent interagir (Shah et Shaffer, 2012). La méthode *Layer of Protection Analysis* (LOPA) palie ce type de faiblesse car elle se développe suivant un principe de multiples couches de défense. Elle sera considérée comme semi-quantitative (Monteau et Favaro, 1990).

Au cours de la dernière décennie, LOPA a été développée pour devenir une méthode d'évaluation du risque permettant à l'utilisateur de produire une analyse du risque simple. Le résultat est une estimation un peu plus précise du risque que celle produite par une méthode qualitative. De fait, des scénarios plus complexes peuvent être étudiés avec une approche quantitative améliorée. LOPA est un outil d'analyse pour l'évaluation de l'adéquation des couches de protection utilisée pour atténuer les risques (Shah et Shaffer, 2012 ; Summers, 2003). Cette technique évalue la fréquence d'incidents potentiels et la probabilité d'insuffisance des couches de protection mises en place.

L'étude LOPA est une approche où les couches regroupent les équipements utilisés dans les processus industriels ainsi que les systèmes de protection. Ces systèmes de protection sont considérés individuellement comme une couche de protection si ils satisfont à trois critères :

– La couche de protection réduit très fortement le risque identifié par un facteur 10,

- Un degré de fiabilité de 90% ou plus est requis,
- Le système doit être conçu *spécifiquement* pour prévenir ou contenir les conséquences d'un événement indésirable. Il doit en outre être *indépendant* des autres systèmes de protection associé au risque identifié. La *fiabilité* est exigée, le système doit fonctionner au moment requis. Le système doit être conçu afin de faciliter son *contrôle* et sa maintenance.

Cette approche reste toutefois fort axée sur les processus industriels de production ou les zones de stockage de substances dangereuses par exemple.

3.4.3 Les méthodes quantitatives

L'analyse quantitative permet de fournir une valeur discrète du niveau de risque en combinant l'importance des conséquences d'un événement indésirable (pour la population, les structures existantes et l'environnement) et la fréquence d'occurrence de cet événement. Cette analyse permet de connaître la contribution de chaque élément du système étudié au risque global de celui-ci. Les effets des mesures de réduction de risques sur le risque global peuvent être ensuite étudiés à partir de ce genre de modèle. La plupart des méthodes d'analyse de risques peuvent être caractérisées comme probabilistes ou entièrement quantitatives.

3.4.3.1 Analyse probabiliste des risques

Les méthodes probabilistes utilisent une analyse statistique pour prédire les fréquences ou probabilités de survenance d'un événement indésirable. L'étude des accidents passés fournissent des bases de données statistiques utilisables pour l'étude des scénarios à risques et des conséquences envisageables. Les méthodes probabilistes se basent sur des fondements mathématiques et donnent une valeur numérique du risque. Elles nécessitent cependant une connaissance scientifique élevée pour leur usage et sont dépendantes des bases de données statistiques disponibles.

Nous verrons des méthodes qualifiées probabilistes malgré qu'elles puissent être utilisées directement sans valeurs probabilistes et uniquement comme des graphiques aidant à la compréhension d'un événement. L'arbre de défaillance, l'arbre des causes et l'arbre des événements entrent dans ce type de catégorie et sont vus aux points suivants. Ils ont en commun de reproduire sous des formes arborescentes des représentations de la logique d'un système. Toutefois, ces arbres ne contiendront pas les mêmes informations et seront utilisés pour des besoins différents. Nous verrons ce qui différencie chacun de ces arbres (Mortureux, 2002 ; Hasofer et al., 2007). Le choix d'une méthode dépend d'abord du problème de départ : l'arbre d'événements propose de déterminer les conséquences d'un événement initiateur donné tandis que l'arbre de défaillance analyse les scénarios conduisant à l'apparition d'un événement indésirable donné. Enfin, l'arbre des causes est proposé pour expliquer les éléments d'un accident.

Arbre de défaillance

L'analyse par arbre de défaillance est une étude a priori d'un système par la représentation graphique des relations entre les défaillances d'un système étudié (Pitblado et Turney, 2001), c'est-à-dire les événements spécifiques indésirables ayant lieu dans le système, et les défaillances des éléments de ce système. C'est une méthode basée sur une logique déductive de ce qui peut se produire comme événement indésirable, au contraire de l'arbre d'événement qui consiste en une approche inductive (Kervern et Rubise, 1991). Il est nécessaire, en premier lieu, de définir les événements indésirables de base qui peuvent survenir et ensuite leur relation de défaillance qui engendreront un événement indésirable principal (Ramachandran et Charters, 2011 ; Hasofer et al., 2007). L'arbre de défaillance est une méthode qui part d'un événement final pour remonter ensuite vers les causes et conditions dont les combinaisons peuvent le produire.

L'analyse par arbre de défaillance consiste donc en une analyse des causes possibles, à un niveau particulier d'un système, se déroulant au travers du système ou sous-système étudié. Cette analyse permet une identification de toutes les causes amenant à une défaillance du système par des questions du type : « Quelle défaillance pouvons-nous attendre ? Comment pourrait-elle être provoquée ? ».

L'arbre de défaillance peut être utilisé tant pour des analyses de risques considérées comme qualitatives que quantitatives (Hasofer et al., 2007). La différence réside dans le fait que l'arbre de défaillance qualitatif exige moins d'embranchements et ne requiert pas la même logique rigoureuse que pour l'analyse quantitative. L'Illustration 3.5 montre un arbre de défaillance simplifié, avec pour événement principal le départ d'un feu. Cette méthode est utilisée pour les processus industriels de manufacture au fur et à mesure de l'avancement du projet.

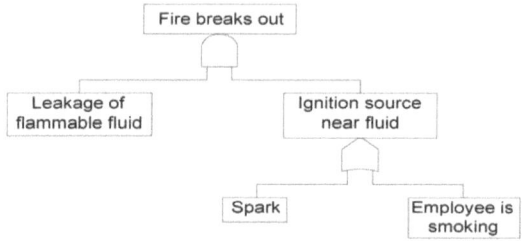
Illustration 3.5: Scénario d'un départ de feu (N.E.M., 2010)

L'arbre des défaillances utilise le principe de logique (principalement avec des nœuds AND ou OR) pour expliquer le cours d'un événement : c'est-à-dire l'ensemble des phénomènes qui ont amené à un événement principal, cause de dommages.

La construction d'un arbre d'événements débute avec un événement principal et descend jusqu'aux événements de base, initiateurs de l'événement principal. Pour chaque événement, les conditions nécessaires sont considérées pour produire l'événement suivant, niveau inférieur suivant dans l'arbre. Si un des événements peut générer, à lui seul, l'événement de l'échelon supérieur, ils sont joints par une opération logique « OR ». Si deux ou plusieurs événements sont nécessaires pour la survenance de l'événement supérieur suivant, ils sont joints par l'opération logique « AND » (Kontovas, 2005).

L'arbre des défaillances est ainsi utilisée par l'United States Nuclear Regulatory Commission (2012) pour l'analyse des sources de danger lors de la conception et de la maintenance d'une centrale nucléaire (Vesely, 1981). Cette méthode fournit des informations utiles quand aux forces et faiblesses du système imaginé.

Arbre des causes

L'arbre des causes part d'un événement qui s'est déjà produit et organise l'ensemble des événements ou conditions qui se sont combinés pour le produire. Cette logique suit le même raisonnement que celle de l'arbre de défaillance mais permet de ne décrire qu'un seul scénario. Cette méthode est fortement utilisée pour décrire le scénario d'un incident ou accident afin d'en apprendre le maximum. La démarche de réalisation d'un arbre des causes peut s'apparenter au questionnement de type suivant : « Quels faits ont joué un rôle dans l'apparition de cet accident ? Comment se sont-ils combinés ? ».

Arbre d'événements

L'arbre d'événements est un outil graphique utile de représentation des dépendances des événements. L'analyse par arbre des événements débute à partir d'un événement initiateur et suit l'ensemble des événements survenant dans le système jusqu'aux séries finales de conséquences (Kervern et Rubise, 1991 ; Pitblado et Turney, 2001 ; Ostrom et Wilhelmsen, 2012 ; Hasofer et al., 2007). Cet arbre repose sur un raisonnement inverse des arbres précédents, c'est-à-dire que l'étude part de la cause vers les conséquences. Pour chaque nouvel événement considéré, un nouveau nœud sur l'arbre est ajouté. C'est donc un arbre qui permet d'analyser les dangers provoqués par un événement. L'arbre d'événements peut être utilisé pour prédire la fréquence d'événements rares par des connections logiques de séries de sous-événements plus fréquents pour lesquels des données sont disponibles (Ramachandran et Charters, 2011).

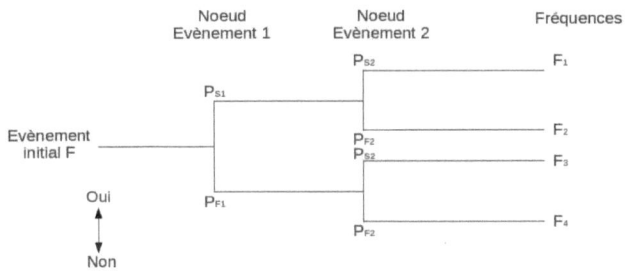

Illustration 3.6: Forme générale d'un arbre d'événements

Les arbres d'événements démarrent d'un événement initial (départ de feu, accident de voiture, explosion d'une citerne de gaz) pour générer des branches définissant des événements et chemins résultants d'événements secondaires. Il sera procédé de cette manière jusqu'à l'obtention du résultat final, certains résultats représenteront un très faible risque d'occurrence au contraire d'autres. L'Illustration 3.6 reprend la forme générale d'un arbre d'événements.

Il est nécessaire de prêter attention au fait que l'arbre des événements reflète l'ordre actuel des événements et que donc tous les nœuds d'événements ont leur importance. Ensuite, chaque sous-événement doit être indépendant des autres pour que ceux-ci puissent survenir dans le même événement initial et qu'ils ne soient pas mutuellement exclusifs. La valeur de probabilité pour chaque événement final résultera des multiplications des probabilités de chacun des nœuds présents sur le chemin menant à ces événements finaux (Hasofer et al., 2007).

3.4.3.2 Analyse complètement quantitative du risque

L'analyse du risque de manière complètement quantitative permet la prédiction du niveau de conséquences suite à un événement indésirable ainsi que leurs fréquences. Le risque sera généralement quantifié numériquement à l'aide d'une des deux formulations (3.1) et (3.2) vues précédemment. Cette méthode se différencie donc des analyses qualitative et semi-quantitative car elle fournit une valeur du risque pour chaque scénario envisagé. L'Illustration 3.7 reprend ainsi le principe directeur de ce type d'évaluation qui suit les quatre étapes vues au point 3.3.

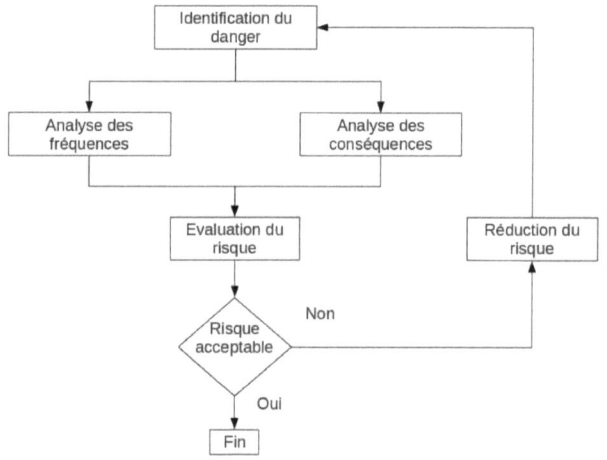

Illustration 3.7: Schéma d'un processus d'analyse de risque complètement quantitative

Méthode Quantitative Risk Assessment

Une méthode entièrement quantitative est la *Quantitative Risk Assessment* (QRA) qui permet de quantifier le risque dû à une activité ou un événement non désiré et de pouvoir ensuite représenter les zones à risque (Borgonjon, 2001 ; CPR, 2005). En outre elle permet de fournir aux autorités compétentes des informations pertinentes pour des prises de décisions sur le choix concernant le développement de sites, l'environnement de ces sites et des infrastructures avoisinantes.

L'un des principaux problèmes rencontrés par cette méthode est la comparaison et l'interprétation des résultats, selon les scénarios choisis, des risques et zones à risque (Vinçotte, 2009). En raison de l'incertitude de ces modèles, une validation de ceux-ci et une étude comparative liée au QRA est nécessaire.

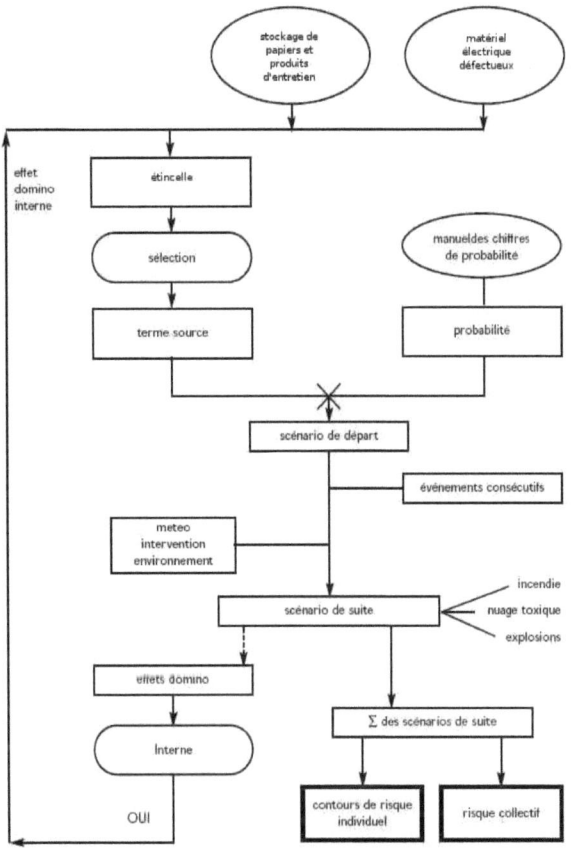

Illustration 3.8: Méthode QRA adaptée pour un IGH

Dans le QRA, les termes sources sont le point de départ de l'étude. Ils sont des incidents pouvant survenir selon une certaine probabilité. L'Illustration 3.8 envisage le cas d'un scénario incendie pour un IGH, la figure est adaptée d'un schéma appliqué à un établissement Seveso (Borgonjon, 2001). Les termes sources peuvent être considérés comme les causes directes à la survenance d'un événement indésirable. La combinaison du terme source et du chiffre de la probabilité donne un scénario de départ pour le calcul. Ensuite, à l'aide des scénarios de départ et des événements, des scénarios de suite sont générés. Un incendie ou une explosion peuvent survenir sous différentes formes, en fonction des circonstances dans lesquelles ils apparaissent. De cette manière, les conditions météorologiques, le temps d'intervention des services d'urgence et l'environnement spatial peuvent avoir une certaine importance dans le déroulement de ces accidents.

Les scénarios de suite peuvent s'aggraver par l'implication dans l'accident d'autres parties de l'objet étudié ou d'établissements voisins suivant les effets « domino ». Le QRA complété, avec tous les scénarios de suite considérés, aboutit à l'établissement des Contours de Risque Individuel (CRI) et de la Courbe de Risque Collectif (CRC) (Borgonjon, 2001).

L'étude par la méthode QRA pour un IGH détermine un scénario construit sur base de différents événements à partir d'une situation de départ. Dans le cas présent, un départ de feu peut être dû à un stockage de différents combustibles potentiels et à la présence d'un matériel électrique défectueux. La méthode QRA développe ensuite, à partir d'une base de données statistiques, le cheminement du scénario avec la prise en compte d'effets « domino » internes. Cette méthode envisage que la situation empire avec le déclenchement de nouveaux événements indésirables.

Méthode Formal Safety Assessment

Une seconde méthode, similaire à la méthode QRA, est régulièrement utilisée dans le secteur de la marine : l'approche *Formal Safety Assessment* (FSA). Elle a été développée par l'*International Maritime Organization* (IMO) dont la principale responsabilité est l'amélioration de la sécurité et de la qualité dans le domaine maritime (Kontovas, 2005).

L'approche FSA se déroule en cinq points, voir l'Illustration 3.9 :

- Identification des dangers,
- Analyse des risques,
- Options de régulation des risques,
- Analyse des coûts et bénéfices,
- Recommandations pour les décisionnaires.

Une étape supplémentaire, par rapport à la méthode QRA, est la prise en compte du coût engendré par les mesures de protection apportées pour réduire et contrôler le risque. La communication et la clarté dans les décisions prises sont des éléments essentiels pour cette démarche car les conséquences, par exemple, d'un naufrage d'un navire pétrolier sur l'environnement ne sont pas négligeables.

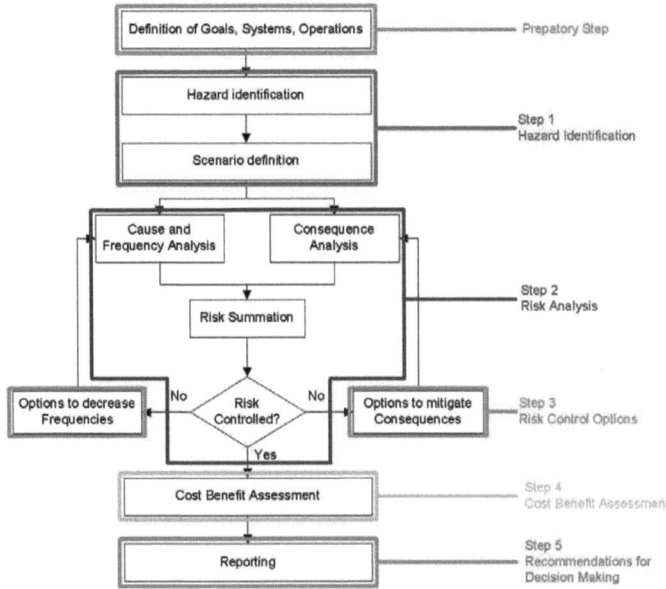
Illustration 3.9: Organigramme FSA (Kontovas, 2005)

3.5 Évaluation du risque

Lorsque une analyse de risque est effectuée, il est nécessaire ensuite de pouvoir juger les valeurs de risque obtenues à l'aide de facteurs ou de critères déterminants. Sans de tels critères, la détermination des mesures de prévention devient une activité totalement subjective et incontrôlée.

Quels sont les outils pratiques existants pour l'évaluation du risque ? Selon le domaine d'activité, il existe un large panel d'outils tels que l'échelle de Richter[16] caractérisant l'énergie dégagée par les tremblements de terre, l'échelle Beaufort pour la force des vents, etc. Ce sont selon Kervern (1991), en matière d'évaluation du risque, à la fois un instrument de mesure et un instrument psychologique évitant les ambiguïtés sur la gravité du phénomène. Toutefois, une certaine prudence doit être accordée à ce type d'échelle car selon l'événement indésirable, certains risques déterminés comme faibles peuvent être considérés comme importants. Par exemple, un immeuble subissant un

---

[16] C'est une échelle mathématique apparue en 1935 mesurant l'énergie libérée par une secousse tellurique. Cette échelle se base sur le logarithme décimal de l'amplitude maximale, mesurée en mm avec un sismographe standard situé à cent kilomètres de l'épicentre, avec une progression allant de 1 à 9 (Kervern, 1991 ; Boore, 1989).

événement indésirable, qui endommagerait légèrement sa structure et ne le détruirait pas, pourrait être estimé comme faible. Mais l'impossibilité, induite par les réparations, d'utiliser cet immeuble temporairement, pour un commerce ou une activité industrielle, représente un certain coût financier et donc un risque pour l'activité présente.

Une autre approche de représentation des valeurs issues de l'analyse de risques est le choix des matrices de risques graphiques pour uniquement l'approche qualitative. Les résultats de cette approche sont les spécifications relatives aux mesures de prévention à prendre. Les critères d'évaluation des risques déterminent la relation entre les données entrantes et sortantes. L'application de ces critères ne pose pas trop de difficultés mais bien leur définition. Comment distinguer, par exemple, la différence entre un dommage important et très important ? À quel niveau la limite est-elle placée ? Pour certains un dommage important concerne une incapacité d'usage d'un bâtiment alors que pour d'autres, cette limite est placée à la destruction de cet immeuble.

Deux aspects critiques entreront en compte lors de la définition des critères d'évaluation :
- La définition des limites du système évalué et la définition du type de mesures auxquelles on fixe des exigences,
- La définition d'exigences concrètes à l'égard des mesures de prévention en fonction de l'ampleur du risque.

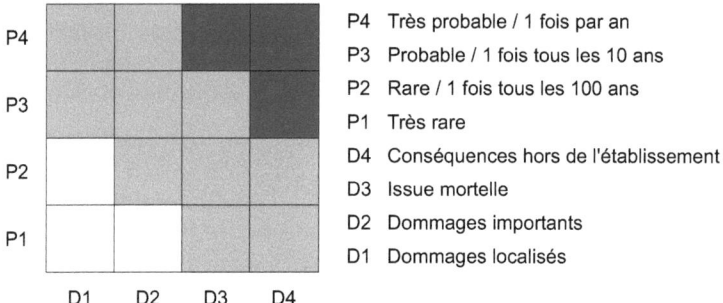

Illustration 3.10: Matrice des risques (DRC, 2001)

Une manière de procéder consiste à utiliser des combinaisons de classes de gravité et de probabilité donnant le diagramme matrice des risques (Kirchsteiger, 1999 ; DRC, 2001), voir l'Illustration 3.10. Les zones fortement ombragées comme les carrés P4/D3, P4/D4 et P3/D4, représentent les dangers les plus sévères nécessitant des mesures immédiates. Les zones claires, par contre, comme les carrés P2/D1,

P1/D1 et P1/D2, représentent les dangers les moins sévères et ne requièrent aucune mesure particulière. Tandis que les zones intermédiaires représentent les dangers nécessitant des mesures de protection et/ou de prévention mais non urgentes.

D'autres critères d'évaluation peuvent être envisagés selon le domaine d'étude. Ainsi pour la mise en place d'un plan d'urgence, le nombre de victimes suite à un événement indésirable est le critère prépondérant et non le dommage d'un bâtiment :

- Absence de victimes et de blessés,
- Nombre de victimes limités et aucun Plan d'Intervention Médical (PIM) n'a été déclenché par les autorités locales,
- PIM déclenché mais la capacité locale de secours médical n'a pas été dépassée,
- Capacité locale du secours médical dépassée mais envisageable au niveau supra local,
- Engagement national de capacité de secours médical nécessaire.

D'autres principes tels que ALARP, sont fréquemment utilisés dans le milieu de la sécurité et protection de systèmes. Le principe ALARP ou *As Low As Reasonably Praticable* considère que le coût impliqué dans la réduction du risque soit disproportionément croissant au bénéfice atteint. Ainsi pour obtenir un risque zéro, il serait nécessaire de fournir du tomps, de l'énergie et de l'argent de manière infinie. Dès lors, la meilleure pratique communément exercée est d'évaluer suivant une balance du risque et du bénéfice sociétal. Trois zones peuvent être caractérisées :

- Une zone de risque inacceptable, le risque est non justifié, peu importe le contexte,
- Une zone de risque acceptable uniquement si des avantages compensatoires sont présents. Au cas contraire, le risque est estimé tolérable si la réduction du risque n'est pas réalisable ou si son coût est disproportionné par rapport aux avantages obtenus,
- Une zone de risque généralement acceptable et donc aucun besoin d'études détaillées pour démontrer la concordance ALARP. Le risque peut être considéré comme négligeable.

L'objectif du principe ALARP est donc de réduire le risque et d'atteindre la zone de risque négligeable.

Les choix des critères et des modes d'évaluation sont donc dépendants du modèle d'analyse de risques et de l'objet de l'étude. Le modèle quantitatif d'analyse des risques environnementaux pour un IGH et son environnement propose une échelle de risques développée sur base de la formulation du risque choisie. Nous verrons au chapitre suivant son développement.

3.6 Critiques des méthodes d'analyse de risques

Nous avons pu voir différentes méthodes d'analyse de risques qui sont adaptées pour des situations d'études et des objets différents. Certaines se limitent au seul aspect d'identification des dangers alors que d'autres prennent en compte les étapes d'analyse et d'évaluation du danger. Trois grandes approches ont ainsi été déterminées : les méthodes qualitatives, les semi-quantitatives et les quantitatives. Chacune d'elles a ses qualités et ses défauts qui, lorsqu'ils sont connus par le groupe d'experts, permette de répondre aux différentes questions posées.

Ces différentes méthodes sont reprises aux tableaux suivants 3.6, 3.7 et 3.8. Des commentaires seront donnés pour chaque approche décrite aux précédents points.

Les premières méthodes qualitatives concernent principalement les méthodes graphiques utilisées sans données statistiques et les listes de contrôles. Elles permettent de vérifier rapidement quels sont les éléments critiques à prendre en compte et d'avertir l'expert sur les différentes conséquences envisageables. Elles ne sont pas définies pour quantifier le risque, uniquement le cerner et l'identifier ainsi que les conséquences potentielles, tandis que les méthodes quantitatives permettent d'exprimer numériquement ce risque et de caractériser les éléments entre eux.

Revue des méthodes d'analyse de risques

Méthode qualitative			Résultats	Commentaires
Non structurée			Mises en évidence des difficultés à l'aide de fiches	Cette méthode permet en première approche de déterminer rapidement les éléments faibles de l'objet étudié. Approche subjective dépendante de l'expert.
Structurée	HAZOP		Questions-Réponses	L'étude d'un objet s'effectue à l'aide de mots clefs et de questions. Méthode de vérification prenant en compte les protections de l'objet étudié. Fonction du groupe d'expert en charge. Méthode développée et utilisée dans le domaine industriel chimique.
	What-If		Questions-Réponses	Questions types posées et donc dépendantes du groupe d'expert en charge. Procédure similaire à Hazop.
	Check-lists		Contrôle des éléments dans la liste	Essentiellement utilisées en première étape d'une analyse de risques pour l'identification des dangers. Principal problème associé à cette méthode est de seulement limiter l'étude à la liste et de ne pas considérer d'autres éléments.

Tableau 3.6: Synthèse des méthodes qualitatives d'analyse de risques

Méthode semi-quantitative			Résultats	Commentaires
Par points	Kinney		Score	Pour chaque facteur de la méthode qualitative vu précédemment, une valeur numérique est attribuée. Un score est ensuite obtenu après produit des valeurs. Nécessité d'une échelle pour l'évaluation des facteurs. Méthode rapide et simple mais les scores obtenus sont fortement dépendants de l'expert.
	FRAME		Risque quantifié pour un scénario incendie	La méthode fournit trois valeurs de risque suivant le type d'immeuble, les occupants et l'activité présente. Elle n'est utilisable que pour des scénarios d'incendie et que pour un seul compartiment de l'immeuble. Le risque est approché par un équilibre entre le danger et la protection dans un même immeuble.
Par matrice	FMEA		Score obtenu à l'aide de critères	Étude des pannes et défaillances au sein d'un système, principalement employée dans le domaine de l'aéronautique. Elle ne prend pas en compte l'erreur humaine. Le coût est fonction de la taille de la matrice développée pour l'étude.
	LOPA		Score obtenu à l'aide de critères	Les systèmes de protection sont associés à des couches de protection qui permettent de réduire le risque. Méthode utilisée quand le système étudié est complexe avec de nombreuses inconnues.

Tableau 3.7: Synthèse des méthodes semi-quantitatives d'analyse de risques

	Résultats	Commentaires
Méthode quantitative		
Probabiliste Arbres	Risque quantifié à l'aide de données statistiques	Trois types d'arbres peuvent être envisagés. Ce sont des méthodes graphiques qui, pour chaque nœud, se voit attribuer une probabilité d'occurrence par exemple. Une valeur finale du risque est obtenue pour chaque scénario envisagé. Nécessité d'envisager l'ensemble des situations pour chaque scénario considéré. Risque d'oubli ou de mauvaise interprétation d'une situation.
Complètement QRA	Risque quantifié par scénario	Différents scénarios sont développés pour chaque situation envisagée. Prise en compte des effets « domino » internes. Représentation graphique du risque à l'aide de courbes iso-risques.
FSA	Risque quantifié par scénario	Méthode principalement utilisée dans le domaine maritime et le risque environnemental. Le coût est pris en compte dans l'étude comme critère décisionnaire.

Tableau 3.8: Synthèse des méthodes quantitatives d'analyse de risques

Notre étude d'un IGH, dans un environnement urbain, concerne un milieu hétérogène, à chaque fois différent, qui nécessite pour certaines méthodes de recommencer tout le processus de calcul. Les méthodes qualitatives, par des listes de contrôles, apportent une première solution au problème du nombre d'inconnues envisageables pour chaque environnement urbain. En effet, en prédéfinissant les sources de risques et éléments urbains existants, l'expert peut aisément vérifier chaque point de ces listes s'il se rattache bien à l'environnement urbain étudié. Mais il est nécessaire, d'un point de vue communication et évaluation du risque environnemental dû à la présence de l'IGH, de pouvoir quantifier ce risque. Ces méthodes qualitatives ne suffisent donc pas.

Les méthodes quantitatives permettent d'évaluer le risque mais les données requises, pour le cas d'un environnement urbain, sont difficilement accessibles ou quantifiables. Ainsi, avec les méthodes numériques probabilistes, il est possible de quantifier les risques industriels suivant les événements passés qui fournissent suffisamment de données numériques quant aux impacts possibles. Alors que, pour les études de certains risques liés aux IGH, les données se révèlent faibles ou inexistantes pour quantifier leurs conséquences.

Il est donc nécessaire de trouver un compromis entre l'approche qualitative et quantitative qui, pour la première, ne permet pas la quantification du risque et, pour la seconde, nécessite d'importantes données numériques. Or, ces données peuvent parfois ne pas être disponibles ou n'existent tout simplement pas. Dès lors, l'approche semi-quantitative propose des solutions intéressantes par le choix de matrices ou de points accordés aux différents éléments étudiés. Cette méthode permet de rester dans un cadre délimité par les matrices ce qui réduit sensiblement les aspects subjectifs de l'évaluation.

3.7 Conclusion

Aujourd'hui, il devient plus difficile d'obtenir des observations ou des mesures dites exactes en raison de la complexité grandissante des systèmes ou problèmes étudiés. Les limites des approches déterministes, c'est-à-dire supposant que pour toute cause un effet se produit de manière exacte, ont incité au développement d'approches probabilistes par l'usage de variables aléatoires et de probabilités. Cependant il n'existe pas de réelles approches strictement déterministes ou probabilistes pour une analyse de risques. Chaque méthode probabiliste utilisée dans une analyse de risques implique des arguments déterministes alors que chaque méthode déterministe comprend des arguments quantitatifs permettant l'obtention de la probabilité des suites d'événements étudiés.

L'approche pour analyser, évaluer et comparer les risques liés à l'être humain et à l'environnement peut être la suivante : la première analyse de risque est qualitative afin de permettre, en second lieu, de révéler les failles et les séquences d'événements défaillants et problématiques pour que les conséquences soient ensuite déterminées de manière quantitative. Lorsque cette étape met en évidence des risques internes et externes à l'établissement, des approches probabilistes sont utilisées, selon les ressources disponibles, afin d'évaluer les probabilités de survenance des événements indésirables. Nous avons pu voir le principe des études d'incidence environnementale qui apportent un aspect intéressant dans l'analyse d'un environnement. Nous pouvons envisager de combiner ces deux approches pour de futurs développements car ce type d'étude prend en compte des éléments propres à l'environnement et à l'écosystème. Ce sont des éléments qui compléteront l'approche développée au chapitre suivant.

La méthode développée se base sur la formulation présente dans la méthode FRAME car elle permet d'aborder deux notions en parallèles que sont les rapports du niveau de danger potentiel sur un niveau d'acceptabilité de ce risque et ce même niveau de danger sur le niveau de protection. De cette manière, le risque peut être réduit par les systèmes de protection choisis, mais ce risque peut être toutefois augmenté suivant les valeurs du risque acceptable. Dès lors, cette méthode définit le risque suivant trois paramètres : le niveau de risque potentiel ou l'expression de l'ensemble des sources de danger et dommages potentiels, le niveau de risque acceptable ou l'exposition à ces sources de danger et enfin, le niveau de protection qui représente les moyens mis en œuvre pour réduire ce risque.

Or, la méthode FRAME ne peut être utilisée que pour le cas d'étude de compartiments et le cas d'un scénario incendie, ce qui limite fortement son usage à notre cas d'étude. Nous devons trouver une nouvelle méthode qui détermine le risque lié à la présence d'un IGH dans son environnement. Pour cela, le choix de la définition du risque selon De Smet (2011) et le choix d'une méthode, par matrices et points, satisfera aux principales remarques émises au point 3.6. Nous utiliserons donc une approche semi-quantitative, pour quantifier le niveau de risque, par l'étude de scénarios avec des poids et facteurs de probabilités.

4 Méthode proposée d'analyse de risques environnementaux pour les IGH

4.1 Introduction

La méthode, développée dans le cadre de cette thèse, a été conçue afin de prendre en compte l'ensemble des risques environnementaux qu'un IGH ou son environnement génère, tout en estimant l'impact du premier sur le second et réciproquement. C'est une méthode semi-quantitative du risque développée développée sur base d'une étude des différents paramètres présents dans un environnement existant. Des matrices d'évaluation du risque et une formulation semi-quantitative sont utilisées pour les différents scénarios envisagés. Outre le choix de combiner ces deux aspects, les paramètres, pour cette méthode, ont fait l'objet d'un développement qui n'a pas encore été abordé dans la littérature.

Actuellement, lorsqu'une analyse de risques est conduite pour un immeuble, sa sécurité structurale, ses performances énergétiques, son usage, sa sécurité au niveau du risque incendie ou du confort sont étudiés. Les analyses produites pour l'immeuble même sont très rarement développées pour prendre en compte la présence d'un IGH et son environnement existant dans leur globalité.

Nous avons pu voir que la Directive Seveso impose l'évaluation des risques à l'aide de scénarios d'accidents majeurs. Ces scénarios prendront en compte l'environnement immédiat aux établissements étudiés et leurs niveaux de protection. De ces aspects, nous reprenons l'étude de l'environnement immédiat, les effets potentiels d'ensemble de bâtiment, la prise en compte de l'urbanisme et des niveaux de protection de l'IGH.

L'objectif de cette méthode n'est, toutefois, pas de fournir une valeur globale unique du risque environnemental mais bien une appréciation du risque pour différents secteurs autour de l'IGH. Pour ce faire, nous caractérisons l'environnement en considérant l'ensemble du bâti existant, des espaces publics, etc. Ces différents éléments sont évalués individuellement et ensuite ensemble dans différents périmètres définis.

L'intérêt est donc de pouvoir fournir une méthode accessible rapidement par des experts devant être confrontés aux risques environnementaux.

Cette méthode a été développée afin de contrôler et vérifier l'impact potentiel d'un immeuble sur son environnement. Dès lors, cette méthode et l'outil développé au chapitre suivant peuvent être utilisés tant par les concepteurs d'un projet d'IGH en parallèle à l'étude d'incidence environnementale requise, après que le projet ait été défini et dimensionné aux niveaux des normes nationales, que tant par les décideurs publics lors de la phase d'acceptation du projet pour le permis de construction.

La méthode proposée a été développée pour, tout d'abord, prendre en compte la présence d'un IGH en terme de risque dans son environnement. Cette méthode est utilisable pour d'autres situations et d'autres immeubles que le seul IGH. L'analyse des risques environnementaux se base sur la formulation (4.1) en considérant le risque (R) comme le rapport du danger (D) sur le niveau de protection (P) et un niveau d'acceptabilité (A).

$$R = \frac{D}{A \cdot P} \qquad (4.1)$$

Ainsi, lorsque le niveau de risque est supérieur à 1, une situation dangereuse se présente par rapport au niveau de protection envisagé. L'équilibre se fera, de fait, par les moyens mis en œuvre pour la protection de l'IGH et son environnement. Toutefois, un danger D peut être, par sa nature, être source d'importants préjudices (matériels ou psychologiques) pour l'être humain si aucunes mesures de protection ne sont prises. Dans le cas où des mesures de protection sont prises, le risque R sera réduit numériquement mais cette réduction ne fait pas disparaître pour autant la source de danger. Il doit être envisagé, en parallèle, la mise en place de mesures de prévention afin que ces sources de danger soient soit circonscrites soit mitigées. Enfin lorsqu'une valeur numérique obtenue du risque R est supérieure à la valeur unitaire, l'évaluation de ce risque n'implique pas forcément des mesures immédiates de protection car de nombreuses influences extérieures peuvent intervenir telles que le jugement fourni par l'expert ou la précision dans les données introduites. Une certaine prudence doit être, dès lors, accordée à l'évaluation des résultats et, de manière générale, pour toute analyse de risques.

Un environnement peut être exposé de manière sensiblement différente selon le type de scénario envisagé, la probabilité d'occurrence d'un événement indésirable, et principalement l'environnement existant. Nous pouvons introduire un troisième facteur qui est le risque acceptable dans la formulation du risque (4.1) et qui représente le niveau d'exposition au danger pour l'IGH et son environnement.

Nous reprendrons cette expression du risque, issue de la méthode FRAME vue au point 3.4.2.1, et l'adaptons pour notre étude du risque environnemental. L'intérêt de cette formulation est de pouvoir, pour l'IGH étudié et pour son environnement, combiner les sources de danger, le niveau d'exposition à ces sources et le niveau de protection. Ils caractérisent autrement un immeuble, dans le cas d'un scénario incendie, que sur la seule base de la sécurité structurale par la prise en compte, par exemple, de l'occupation qui influence le développement d'un feu.

Nous avons pu voir au point 1.3 différents types de risque liés à l'IGH mais aussi à son environnement immédiat. La diversité de situations à risque, de la multiplicité des sources de danger connues ou masquées, du nombre de personnes concernées par ce genre de constructions fait qu'il est nécessaire de fournir une méthode pratique basée sur une approche pragmatique. Cette approche permet de communiquer plus aisément sur les différents paramètres utilisés entre les experts, en charge de l'analyse de risques environnementaux, ansi qu'entre les concepteurs et décideurs publics.

4.2 Champ d'application et limites d'usage

Le risque environnemental qu'un IGH représente sur son environnement dépend du bâti existant voisin, des structures présentes, de l'environnement aux alentours de l'immeuble. Chaque situation est différente des précédents cas d'études, il est nécessaire de procéder à certains changements au niveau de la caractérisation de l'environnement dans le cas de la détermination des sources de danger. Le chapitre 5 décrira comment la méthode développée, dans le présent chapitre, a été appliquée numériquement.

La méthode proposée est basée sur des paramètres géométriques et d'altitudes mais aussi sur des estimations de probabilité d'occurrence, de valeur du bien ou de l'occupation des bâtiments listés qui sont dépendants de l'expertise de l'utilisateur. En raison du grand nombre de situations envisageables et de la difficulté à obtenir des bases de données liées directement au cas d'étude en cours, l'estimation de certains paramètres a été déléguée à l'utilisateur. Dès lors, la principale difficulté réside dans la subjectivité des choix émis par l'utilisateur pour chacun des paramètres. Le danger sera ainsi différemment apprécié selon l'expert (cet aspect de perception du risque a déjà été discuté à la section 3.2). Il sera tenu compte de cette difficulté dans le raisonnement mis en place et vu par la suite.

Enfin, cette méthode ne peut être utilisée dans le cas d'une étude de modélisation et de justification d'un nouveau projet d'IGH sans qu'il ne soit déjà effectué au préalable une étude d'incidence du projet sur son environnement et le respect des normes nationales en cours. La méthode et l'outil, application de la méthode, ont été développés dans le cas présent à permettre de vérifier l'impact environnemental d'un IGH existant ou en phase d'aboutissement par un groupe d'experts. C'est bien une analyse complémentaire et de support aux autres outils existants d'étude pour tout nouveau projet d'IGH. Elle ne peut être le substitut des outils et normes existants, elle doit être une base de discussion et de communication auprès des décideurs publics et des concepteurs. Il est, en outre, essentiel que l'analyse des risques environnementaux soit produite par un groupe d'experts compétents dans des domaines variés afin d'obtenir un large panel de perception du risque environnemental. Il a été démontré, par le passé, suite à plusieurs études sociologiques que la perception du risque variait énormément entre les personnes et que donc un expert dans son domaine pouvait se révéler être un profane dans un autre domaine (Kermisch, 2010). Cette problématique a déjà été vue et expliquée au point 3.2.

4.3 La méthode proposée d'analyse des risques environnementaux

Comment appréhender le risque ? Plusieurs approches ont été abordées en considérant le risque comme une probabilité d'occurrence d'un événement indésirable multiplié à sa conséquence lorsque cet événement se déroule. Une deuxième approche a été de considérer le risque comme un rapport entre une source de danger et les moyens de protection mis en place. Nous considérons ici le risque d'une manière différente, comme étant un rapport entre une source de danger, un niveau de protection et un niveau de risque acceptable. Cette approche permet d'intégrer les systèmes de protection pour chaque immeuble présent dans un environnement hétérogène.

Le processus d'analyse du risque environnemental suivra le cheminement de l'Illustration 4.1 qui est la méthodologie développée pour cette recherche. Cette méthodologie se base sur une approche quantitative issue de méthodes matricielles.

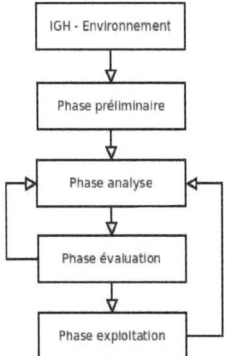

Illustration 4.1: Méthodologie d'analyse des risques environnementaux

Afin d'effectuer l'analyse des risques environnementaux, nous devons décrire et définir, en premier lieu, les éléments étudiés dans le système : l'IGH lui-même, les différentes infrastructures et les autres immeubles présents dans l'environnement voisin à l'IGH. Cette étape est essentielle avant de procéder à la phase préliminaire car elle réduit le champ d'étude aux seuls éléments existants.

1. L'étude des risques environnementaux démarre par la phase préliminaire. Cette phase consiste en l'identification des scénarios à risque qui sont étudiés en deuxième étape. Cette première étape peut être effectuée à l'aide d'arbres d'événements. Cependant, ces approches nécessitent de reprendre chaque scénario envisagé pour, ensuite, déterminer le risque lié à ce scénario. Or, l'étude graphique de chaque scénario peut prendre du temps avec une possibilité d'oubli de certaines sources de danger. Il peut être envisagé d'évaluer autrement, à l'aide de matrices, les différents paramètres et sources de danger potentiels pour l'identification des scénarios à risque. Cet outil nécessite toutefois de caractériser à l'avance l'ensemble des sources. Cette liste peut toutefois être complétée selon l'expérience et la connaissance historique de précédents événements.
2. La méthodologie continuera, après cette première analyse préliminaire, avec l'analyse de risques environnementaux. Pour chaque scénario considéré à risque, la phase d'analyse déterminera différentes valeurs de risques environnementaux pour chacun des secteurs autour de l'IGH.
3. La troisième étape consiste en une discussion des résultats obtenus afin de déterminer les mesures et moyens à mettre en

place. Si des mesures ont été prises entretemps, la phase d'analyse peut être réitéré afin de réévaluer le risque final.
4. La quatrième étape considère les mesures à prendre en compte pour réduire les valeurs obtenues de risque. Il est probable qu'il faille revenir à la phase d'analyse pour considérer l'impact des mesures prises et valider leur influence sur le niveau de risque environnemental.

Les étapes d'évaluation et d'exploitation des résultats obtenus s'effectueront le plus souvent à l'aide d'une représentation graphique du risque. Cette représentation, pour le cas de notre recherche, s'approche de l'environnement simplifié étudié.

Deux approches sont combinées pour l'étude du risque qu'un IGH représente, l'Illustration 4.2 reprend le fil conducteur proposé à l'expert pour les différentes étapes à analyser. La première approche est l'étude classique par la méthode FRAME (De Smet, 2011) pour les risques d'incendie lié au seul IGH. Trois points sont analysés qui sont les « Biens », les « Occupants » et les « Activités ». Le deuxième concerne, l'objet de cette thèse, l'étude du risque environnemental qu'un IGH induit sur son environnement et réciproquement les risques générés par l'environnement sur l'IGH. Ces deux approches sont distinguées comme une étude « Interne » selon des scénarios envisagés pour des cas d'incendie à l'aide de la méthode FRAME et l'étude « Externe » pour la prise en compte de l'impact de l'IGH sur son environnement.

La suite de ce chapitre concerne le développement des différents points de cette deuxième approche. L'analyse de risques d'un IGH sur l'environnement suit la méthodologie vue à l'Illustration 4.1 avec :

1. La phase préliminaire ou pré-analyse fournit les différents scénarios critiques,
2. La phase d'analyse de « l'Environnement » reprend la méthode développée dans ce chapitre,
3. La phase d'évaluation du niveau de risque environnemental R_e est appliquée pour chaque secteur étudié autour de l'IGH. Nous comparons les valeurs obtenues à une échelle d'évaluation du risque et estimons si ce risque est « tolérable »,
4. La phase d'exploitation concerne la mise en pratique de solutions de protection ou de prévention afin de réduire les valeurs de risque lorsqu'ils ont été jugés « intolérables ».

Méthode proposée d'analyse de risques environnementaux pour les IGH

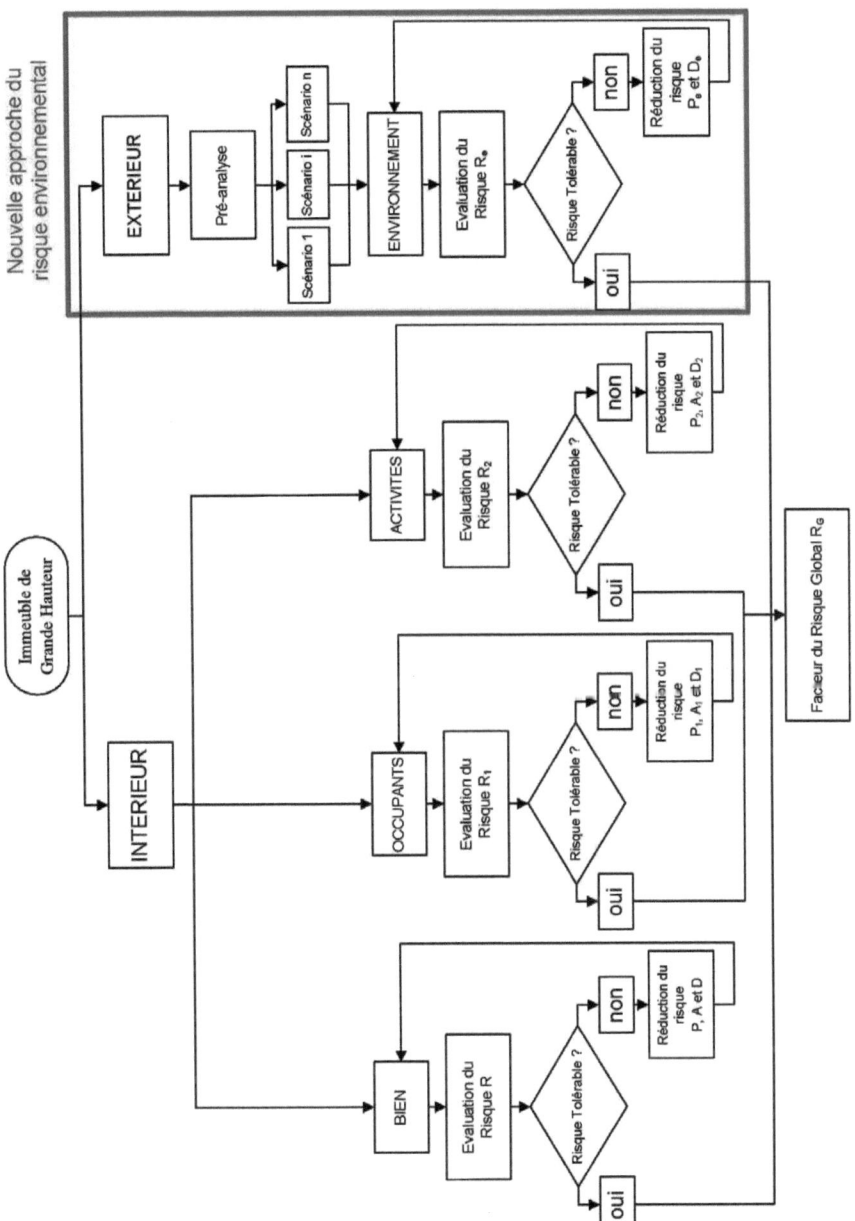

Illustration 4.2: Schéma proposé d'une analyse globale de risques pour un IGH

4.3.1 Phase préliminaire

Cette première étape « Phase préliminaire », dans l'analyse du risque environnemental, détermine les scénarios critiques nécessaires d'étudier pour les étapes suivantes. En effet, en raison du très grand nombre de variables et de situations envisageables, une sélection des scénarios dits critiques doit être réalisée.

Cette phase considère donc un ensemble des paramètres propres à l'IGH tels que ses fonctionnalités, le type de structures et l'usage fait de l'immeuble, ainsi que l'ensemble des paramètres propres à l'environnement présent autour de l'IGH (réseau de transport, bâtiments voisins, etc.). Ces paramètres sont ensuite comparés à deux types de sources de danger repris au tableau 4.2 : les dangers naturels et malveillants. Chacun de ces paramètres sont étudiés et estimés à l'aide de la formulation (4.2) développée par la Federal Emergency Management Agency (FEMA, 2003). Cette méthode se rapproche très fortement de celle de Kinney.

Cette formulation peut être utilisée aussi bien pour les nouvelles constructions durant la phase de conception que pour celles existantes. Toutefois, en raison de la subjectivité dans le choix des poids pour les trois paramètres utilisés, cette étape ne sert qu'à la seule phase préliminaire et donc à la détermination des scénarios critiques. Avec cela, il est difficile de concevoir d'analyser un environnement varié et diversifié entre chaque cas d'étude avec seulement trois paramètres pour uniquement chacun des objets étudiés. Une autre critique est qu'il n'est pas obtenu une valeur de risque global pour un ensemble d'immeubles par exemple. Pour cette raison, une méthode plus affinée a été développée, par la suite, pour apporter plus de précision dans les valeurs de risque environnemental.

$$R = V \cdot M \cdot F \tag{4.2}$$

Le risque est la combinaison de trois paramètres :

- Le paramètre « V » ou valeur représente l'importance accordée au bâtiment pour son usage courant mais aussi la perte que cela représenterait par sa destruction, son endommagement ou sa non-fonctionnalité,
- Le paramètre « M » ou menace représente l'exposition, en terme de probabilité de survenance, au danger sur base de connaissances passées d'événements antérieurs,
- Le paramètre « F » ou faiblesse représente les défaillances et faiblesses des systèmes de protection et de prévention mis en

place dans l'immeuble ainsi que les faiblesses propres du bâtiment (structure, situation géographique, etc.).

				Risques naturels		Risques malveillants	
				Feu	Séisme ...	Feu	Attaque informatique ...
Fonction de l'IGH	Bureau	Valeur					
		Menace					
		Vulnérabilité					
		Résultat					
	Hôtel	Valeur					
		Menace					
		Vulnérabilité					
		Résultat					
Structures	Site						
	Architecture						
Environnement	Résidentiel						
	Commerce						

Tableau 4.1: Matrice d'évaluation des facteurs à risque en phase préliminaire

Une matrice d'évaluation (tableau 4.1) fournit, pour chaque paramètre lié à l'IGH suivant chaque source de danger envisageable (tableau 4.2), une valeur du risque. Cette analyse est effectuée suivant la formulation (4.2) où chaque facteur (Valeur, Menace et Vulnérabilité) est pondéré selon des poids fourni par le tableau 4.4. Pour chaque valeur obtenue, l'expert peut ensuite considérer les scénarios critiques devant être analysés de manière approfondie.

Quels sont les risques naturels et malveillants considérés ? Le tableau 4.2 suivant reprend les sources de danger considérés. Cette liste n'est pas exhaustive et peut être complétée par l'utilisateur selon ses connaissances et expertises dans le sujet :

Risques naturels	Feu, Séisme, Vent, Sol, Inondation
Risques malveillants	Feu, Attaque informatique, Attaque armée, Bombe, NBC (Nucléaire, Biologique, Chimique), Otage, Avion, Impact

Tableau 4.2: Sources de danger (FEMA, 2003)

Trois catégories d'éléments sont analysées en relation avec les sources de danger précédemment : les *Fonctions* présentes dans l'IGH, les *Structures* et systèmes de l'IGH et enfin l'*Environnement*. Pour chaque paramètre, différents points sont analysés et repris ci-dessous. Ces différents éléments caractérisent donc les possibles environnements qu'un expert est amené à rencontrer.

Fonction	Bureau, Hôtel, Résidentiel, Service, Commerce, Industrie, Stockage, Centre de données, Services alimentaires, Sécurité, Médical
Structures	Site, Architecture, Structure, Enveloppe, Déplacements, Mécaniques, Plomberie/gaz, Électricité, Alarmes et alertes, IT Communication
Environnement	Résidentiel, Mobilité, Industrie, Commerce, Services Alimentaires, Seveso, Militaire, Nature, Administration publique, Faune, Flore,

Tableau 4.3: Éléments étudiés dans la phase préliminaire (FEMA, 2003)

Catégorie	Valeur du poids
Très élevé	10
Élevé	8 à 9
Moyen élevé	7
Moyen	5 à 6
Moyen faible	4
Faible	2 à 3
Très faible	1

Tableau 4.4: Définition des poids (FEMA, 2003)

Nous devons, pour chaque situation envisagée, évaluer la valeur de risque obtenue. Ainsi, selon l'échelle d'évaluation des faiblesses, développée par la FEMA (2003), trois catégories de risque se distinguent ci-dessous.

Catégorie	Valeur du risque
Risque bas	1 à 60
Risque moyen	61 à 175
Risque élevé	> 175

Tableau 4.5: Catégories de risque (FEMA, 2003)

Après avoir rempli cette matrice d'évaluation, en phase préliminaire, l'expert obtient différentes situations où, selon l'élément étudié et selon la source de danger, celles-ci sont considérées comme critiques. Dès lors, nous utilisons le terme de scénario critique pour identifier les situations particulières où une valeur de risque élevé est obtenue requérant une étude complémentaire. L'expert peut identifier, par la phase préliminaire, le nombre de scénarios critiques pour l'étape suivante d'analyse du risque environnemental. Des scénarios qui, a priori, ne rentrent pas dans le cadre des scénarios critiques, peuvent être considérés par l'expert.

Ces scénarios critiques sont définis comme toute situation où l'IGH est confronté à une source de danger amenant à un événement indésirable et donc des dommages (matériels ou humains) à cet IGH mais aussi à son environnement immédiat. Nous prenons ces sources de danger comme situation de départ qui ont un impact sur l'IGH et l'environnement immédiat.

4.3.2 Synthèse des paramètres nécessaires

L'étude de l'approche environnementale nécessite un certain nombre de paramètres et de données utiles pour la détermination du niveau de risque environnemental. Nous produisons, au tableau 4.6, une synthèse de l'ensemble des paramètres fournis par l'utilisateur. Tandis que le tableau 4.7 fournit l'ensemble des paramètres requis pour la détermination du niveau de risque environnemental R_e. Chacun de ces paramètres font l'objet d'explications aux sous-chapitres suivants.

Applicable à	Formule	Facteur	Paramètres	Unité	Valeurs
IGH	P_e	Valeur V	Visibilité	/	0 à 5
			Usage	/	0 à 5
			Accessibilité	/	0 à 5
			Mobilité	/	0 à 5
			Quantité de substances dangereuses	/	0 à 5
			Dommages collatéraux	/	0 à 5
			Population présente sur le site	/	0 à 5
	P_e	Géométrie G	Année de construction	/	0 à 5
			Structures	/	0 à 5
			Continuité verticale	/	0 à 5
			Éléments structuraux	/	0 à 5
			Architecture	/	0 à 5
			Méthodes de construction	/	0 à 5
	Autres	Hauteur		m	
		Altitude		m	
		Échelle		/	0.5 à 3
		Plan d'urgence		/	0.1 ou 1
		Scénario	Deux scénarios étudiés	%	

Méthode proposée d'analyse de risques environnementaux pour les IGH

Applicable à	Formule	Facteur	Paramètres	Unité	Valeurs
Environnement	P_e	R_{env}	Probabilité d'occurrence F_1	/	1 à 5
			Probabilité d'occurrence F_2	/	1 à 5
			Valeur de l'objet P_{cible}	/	1 à 5
			Dangerosité de l'objet P_{grav}	/	0 à 5
		Autres	Orientation cardinale	/	N E S O
		Distance d	Entre l'IGH et l'objet listé	m	
		Altitude	Pour chaque objet listé	m	
IGH-Environnement	A_e	Activité I_{act} E_{act}	Longueur L	m	
			Largeur l	m	
			Nombre d'étages	/	
			Niveau de mobilité des occupants	/	1 à 4
			Importance économique de l'activité	/	1 à 4
		Bien I_{bien} E_{bien}	Longueur L	m	
			Largeur l	m	
			Nombre d'étages	/	
			Poids accordé à l'usage de l'objet	/	1 à 4
			Importance économique de l'objet	/	1 à 4
			Présence de personnes	/	1 à 4
		Occupants I_{pers} E_{pers}	Densité	pers/m²	
			Type d'activité des occupants	/	1 à 4
			Capacité d'évacuation	/	1 à 4
IGH-Environnement	D_e	Exposition e		/	1 à 4
		Temps d'évacuation t		/	1 à 4
		Formation des occupants f		/	1 à 4
		Robustesse r		/	1 à 4
		Protection p		/	1 à 4
		Sauvegarde s		/	1 à 4
		Plan d'urgence		/	Yes ou No

Tableau 4.6: Synthèse des paramètres fournis par l'utilisateur

Méthode proposée d'analyse de risques environnementaux pour les IGH

Applicable à	Formule	Facteur	Paramètres	Unité	Valeurs
IGH	P_e	Valeur V		/	2 à 35
		Géométrie G		/	1 à 24
Environnement	P_e	Environnement R_{env}	Poids de la distance P_{dist}	/	
			Valeur de l'objet P_{cible}	/	1 à 5
			Effet groupe des objets P_{gr}	/	
			Dangerosité de l'objet P_{grav}	/	1 à 5
			Influence de l'altitude P_{topo}	/	
			Probabilité d'occurrence F_i	/	1 à 5
IGH-Environnement	A_e	Activité I_{act} E_{act}	Surface de l'activité S_{act}	m²	
			Surface totale du secteur S_{tot}	m²	
			Niveau de mobilité des occupants f_{act}	/	1 à 4
			Importance économique de l'activité f_{econ}	/	1 à 4
		Bien I_{bien} E_{bien}	Surface de l'objet S_{obj}	m²	
			Surface totale du secteur S_{tot}	m²	
			Poids accordé à l'usage de l'objet f_{act}	/	1 à 4
			Importance économique de l'objet f_{econ}	/	1 à 4
			Présence de personnes f_{soc}	/	1 à 4
		Occupants I_{pers} E_{pers}	Nombre de personnes dans l'objet N_{pers}	/	
			Nombre de personnes dans le secteur N_{tot}	/	
			Type d'activité des occupants f_{act}	/	1 à 4
			Capacité d'évacuation f_{soc}	/	1 à 4
IGH-Environnement	D_e	Exposition e		/	1 à 4
		Temps d'évacuation t		/	1 à 4
		Formation des occupants f		/	1 à 4
		Robustesse r		/	1 à 4
		Protection p		/	1 à 4
		Sauvegarde s		/	1 à 4
		Plan d'urgence		/	Yes ou No

Tableau 4.7: Synthèse des paramètres requis pour la détermination du risque environnemental R_e

4.3.3 Phases d'analyse des risques environnementaux

Lorsque les principales sources de danger ont été définies et donc les scénarios critiques considérés, nous pouvons procéder à l'étude de l'environnement et de l'IGH. Nous décrivons, pour ce faire, l'environnement à l'aide de listes d'objets pré-établies et divisons l'espace aux alentours de l'IGH en différents secteurs. Cette distinction de l'environnement en différents secteurs permet d'obtenir une valeur du risque environnemental plus fine qu'une valeur globale pour l'ensemble de l'environnement.

Cette approche particulière est une proposition originale de différencier le risque suivant les éléments présents autour de l'IGH. En effet, une valeur globale de risque environnemental ne laisse aucune possibilité à un expert d'évaluer la pertinence des résultats obtenus. En outre, ce type de résultat global est difficilement communicable auprès des autorités publiques qui souhaiteraient mettre en place des mesures précises et ponctuelles.

Nous étudions le risque de chaque secteur suivant la formulation (4.3) suivante, inspirée de la méthode FRAME (De Smet, 2011). Toutefois, en comparaison avec cette méthode, nous ne nous limitons pas au seul scénario incendie envisageable, ni au seul bâtiment. La formulation développée pour l'étude d'un IGH érigé dans un environnement hétérogène prend en compte de nombreux autres éléments extérieurs à l'IGH. L'analyse de risques environnementaux permet d'étudier l'impact de la présence d'un IGH sur son environnement ; cette étude *externe* complète donc l'approche *interne* de la méthode FRAME qui s'attache à étudier le risque incendie. Il peut être envisageable de compléter l'analyse de risques environnementaux par une analyse de risque d'incendie propre à l'IGH.

$$R_e = \frac{P_e}{A_e \cdot D_e} \qquad (4.3)$$

Cette formulation mélange deux aspects. Le premier, l'appréciation du risque se fait à l'aide de la caractérisation des sources de danger (P_e) sur un niveau de protection (D_e) propre à l'IGH et à son environnement. Ce niveau de protection D_e permet de réduire le niveau de risque global mais il ne sera jamais possible de rendre le risque global nul. L'exception à cette situation est le cas hypothétique d'un IGH bâti dans un environnement vierge de toutes constructions ou espaces naturels. Ensuite, le deuxième aspect est le fait d'apprécier le niveau de risque global comme un ratio d'un risque potentiel P_e sur un risque acceptable A_e. Le niveau acceptable du risque est un élément difficile à déterminer car de nombreux paramètres subjectifs, tels que le niveau d'acceptabilité du nombre de décès suite à une catastrophe, peuvent intervenir. Le Major Industrial Accidents Council of Canada (1995) définit le niveau du risque acceptable comme un compromis entre les risques, les coûts et les gains qui peuvent varier d'une communauté à l'autre. Dans le cas de cette recherche, le risque acceptable A_e représente le niveau d'exposition de l'IGH et de l'environnement aux sources de danger potentielles. Il sera déterminé à l'aide de trois facteurs : les activités existantes, les occupants de l'IGH et les populations avoisinantes, et enfin la valeur des biens présents.

Le niveau d'acceptabilité A_e dépend de la situation existante pour l'IGH et pour l'environnement. Ainsi, le niveau d'acceptabilité, lorsqu'un IGH est présent dans un environnement vierge ou peu dense, ne sera pas le même par rapport à un environnement densément construit. La valeur A_e sera bien plus élevée et par conséquent l'acceptabilité sera plus grande quand l'IGH sera isolé. En revanche, lorsque cet IGH se trouve dans un environnement fort dense, le niveau d'acceptabilité sera plus faible et a donc tendance à augmenter la valeur finale du risque environnemental. En effet, l'existence d'un grand nombre de constructions implique la présence d'un plus grand nombre de sources de danger. Nous verrons au chapitre 6 quelques exemples théoriques où la variation du niveau de risque se fait en fonction du niveau d'acceptabilité, voir le point 6.2.4.

Le niveau de protection D_e réduit toujours le risque alors que le niveau de risque acceptable A_e est dépendant de l'environnement existant. Ainsi, un environnement dense est beaucoup plus sensible à un événement indésirable qu'un environnement vierge de construction et dans un certain sens augmente le niveau de risque global. Le modèle n'a pas été développé sur base d'une analyse temporelle effectuée en temps réel. Il n'est pas directement pris en compte l'examen de l'évolution d'un environnement dans le temps, c'est-à-dire passant d'un environnement peu dense à densément construit. Toutefois, l'expert peut toujours développer plusieurs modèles d'analyse de risques en variant le nombre de constructions dans le voisinage de l'IGH.

Une remarque doit être, cependant, formulée au niveau de la relation P_e et D_e car ce rapport implique plusieurs conséquences et choix dans le développement de la méthode même d'analyse de risques environnementaux. En effet, ce rapport indique qu'il est possible de réduire un risque R_e par le biais d'un niveau de protection suffisant or l'augmentation de ce niveau peut ne pas empêcher l'apparition d'une source de danger. Vu qu'un environnement est étudié dans toute sa complexité, certains objets présents peuvent présenter des lacunes dans leur protection malgré le niveau final global D_e important, par exemple. Le groupe d'expertise en charge de cette analyse doit donc en être conscient et porter une attention toute particulière ce type de situation. Avec cela, un objet peut avoir été conçu pour soutenir plusieurs types d'événements indésirables mais certainement pas tous. Lors de la phase d'analyse et d'évaluation de chacun des objets, l'évaluation du niveau de protection de ceux-ci doit être adaptée pour chaque scénario réellement envisagé.

L'environnement sera caractérisé par quatre niveaux ou courbes de risques développées autour de l'IGH qui seront elles-mêmes subdivisées en quatre secteurs selon les orientations cardinales. Il en résulte seize secteurs différents suivant la distance et l'orientation cardinale. Ce choix a été arrêté en raison d'une facilité dans la compréhension du risque suivant les orientations cardinales et des secteurs d'étude ayant des surfaces pertinentes. Les seize secteurs déterminés fournissent une base de départ suffisamment intéressante pour la caractérisation de l'environnement. Les courbes finales de risque ne sont pas exprimées en terme de probabilité de survenance d'un risque à l'aide de courbes iso-risques (contrairement aux études environnementales pour les établissements Seveso). Celles-ci expriment par exemple une chance sur 10^{-x} qu'un individu puisse décéder par an (MIACC, 1995). Nous produisons un graphique qui reprend les valeurs de risque environnemental R_e, pour chaque secteur, identifiées suivant une échelle de risque, point 4.3.5. En procédant de cette manière, il n'est pas obtenu un niveau de risque global pour l'ensemble du territoire étudié mais bien une évaluation du risque propre à chaque quartier de ce territoire afin d'éviter de masquer des valeurs de risques intermédiaires importantes.

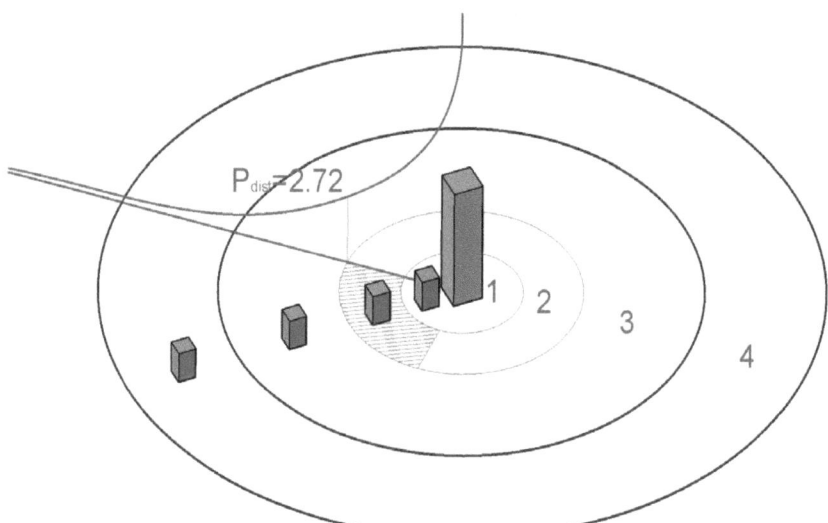

Illustration 4.3: Caractérisation du risque environnemental selon l'orientation

Nous divisons donc l'environnement en quatre périmètres (Lvl 1 à 4) en fonction de la hauteur H de l'IGH ainsi que selon les orientations cardinales, voir les Illustrations 4.3 et 4.4, afin de distinguer les effets d'un événement indésirable au plus proche de l'IGH étudié ($R_{Lvl\ 1}$ = 0.5 H) au plus éloigné ($R_{Lvl\ 4}$ = 3 H). Seize quartiers de disque sont ainsi définis permettant d'affiner le niveau de risque de manière locale. Nous appelons, par la suite, un de ces quartiers comme le secteur. Les deux premiers niveaux ont été définis pour prendre en compte l'impact immédiat d'un IGH dans son aire d'influence délimitée par sa hauteur (cas d'un basculement complet de l'IGH) tandis que les deux niveaux suivants représentent l'influence de l'IGH au-delà de son aire d'influence.

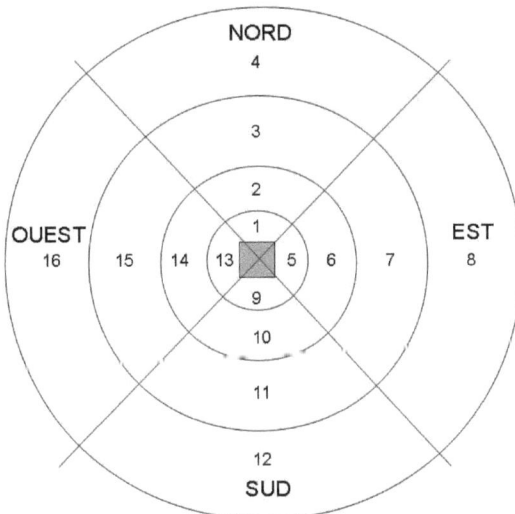

Illustration 4.4: Niveaux d'étude et orientations cardinales

La représentation graphique à l'aide d'une carte est utilisée fréquemment pour représenter les résultats d'une étude *Quantitative Risk Assessment* (chapitre 3), à l'aide de courbes iso-risques exprimant les probabilités générales de certaines conséquences sévères comme des décès (Pietersen et van het Veld, 1992). Nous procédons différemment : sur chaque courbe définie par les distances données au tableau 4.8, des valeurs de risque R_e différentes seront présentes suivant l'orientation cardinale et le secteur étudié. Les valeurs R_e sont représentées par secteur, la courbe d'un niveau ne reprend donc pas une seule et même valeur sur l'ensemble de sa représentation graphique. Ce point sera vu plus loin.

$R_{Lvl\,1} = 0.5\,H$
$R_{Lvl\,2} = 1\,H$
$R_{Lvl\,3} = 2\,H$
$R_{Lvl\,4} = 3\,H$

Tableau 4.8: Niveaux d'étude autour de l'IGH

4.3.4 Phases d'évaluation des risques environnementaux

Lorsque l'étape d'analyse du risque environnemental est effectuée pour chaque scénario étudié, nous passons à la phase d'évaluation des résultats obtenus. Par le principe même de la formulation d'un rapport entre deux éléments, le risque global R_e peut être inférieur à 1 mais restera toujours supérieur à zéro. Il sera ensuite procédé à une mise en échelle des différentes valeurs (De Smet, 2011), objet du point suivant.

Dans le cas présent, nous nous limitons à l'étude d'un seul scénario à la fois. Qu'en est-il lorsqu'un événement indésirable engendre un second événement qui aurait de bien plus grave conséquence ? Dans le cadre de cette recherche, nous étudions, dès lors, la possibilité que deux scénarios puissent se dérouler l'un après l'autre. Nous devons donc envisager une probabilité conditionnelle que le scénario 2 arrive si le scénario 1 est survenu en premier. Un exemple d'un tel risque est une explosion se déclenchant dans un immeuble voisin à l'IGH et engendre un incendie par la suite. Le risque environnemental R_e sera donc exprimé comme suit :

$$R_e = P_{occ1} \cdot R_{e1} + P_{(occ2|occ1)} \cdot R_{e2} \tag{4.4}$$

Avec :

- P_{occ1} et $P_{(occ2|occ1)}$ représentent les probabilités d'occurrence pour les deux scénarios envisagés,
- R_{e1} et R_{e2} représentent le risque environnemental pour, respectivement, les scénarios 1 et 2.

Le principe de cumuler des scénarios d'événements indésirables a déjà été exprimé sous la forme des effets « domino » vu au point 2.2.3. Toutefois, la formulation (4.4) ci-dessus n'exprime pas la réelle expression des effets domino mais une relation simplifiée de la possibilité qu'un deuxième scénario puisse survenir suite au premier, pris pour l'IGH, en terme de risque. Il serait plus que certainement intéressant d'intégrer la notion d'effet domino dans cette étude car elle ajouterait une approche plus sensible de la réalité : un événement se déroulant dans un objet peut se propager à un autre objet ayant de plus importants préjudices pour l'environnement.

4.3.5 Phase d'exploitation

Il existe des valeurs de risques clairement inacceptables quelque soit le bénéfice ou la réduction de coûts qu'un parti architectural ou technique apporte. D'autres risques dits minimes peuvent ne pas être négligés. La définition, dès lors, du niveau de risque acceptable est une tâche ardue et requiert de nombreux efforts afin d'obtenir un consensus. Comme nous traitons un environnement existant avec des immeubles divers, des occupants et un territoire urbain hétérogène, il est préférable que la proposition d'acceptation d'un nouvel IGH, par exemple, vienne des décideurs publics en charge de la gestion du territoire car ce sont eux qui définissent le niveau d'acceptabilité toléré par la société (MIACC, 1995). L'échelle d'acceptabilité du risque proposée au tableau 4.9 entend servir comme base à de tels choix ; elle a été adaptée de celle développée pour la méthode FRAME (De Smet, 2011). Nous ne fournissons pas de valeurs chiffrées liées aux décès de personnes car elles sont difficilement déterminables suivant chaque situation et scénario envisagé.

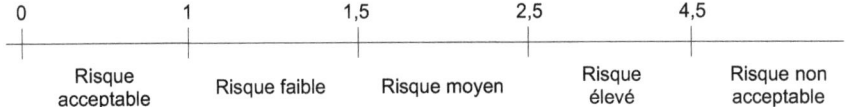

Tableau 4.9: Échelle d'acceptabilité du risque

À partir de l'échelle d'acceptabilité fournie ci-dessus, nous pouvons commenter les différentes situations envisageables. Le tableau 4.10 fournit, selon les valeurs de risque environnemental obtenues, des propositions et remarques utiles d'être prises en compte par les Maîtres d'Œuvre et autorités publiques lors de la conception d'un nouvel IGH ou en cas de rénovation d'une telle construction. Ce sont des propositions qui devront être adaptées pour chaque cas d'étude, selon les règlements communaux, régionaux et fédéraux en cours.

Méthode proposée d'analyse de risques environnementaux pour les IGH

Catégorie	Valeurs	Commentaires
Risque acceptable	$0 \leq R_e < 1$	Il n'est pas nécessaire de procéder à la mise en place de mesures de prévention ou de protection supplémentaires
Risque faible	$1 \leq R_e < 1,5$	En raison d'un environnement faiblement bâti ou d'un ensemble de moyens de protection déjà existants, il peut être envisagé la mise en place d'un plan particulier d'urgence et d'intervention (PPUI) au niveau communal mais non requis.
Risque moyen	$1,5 \leq R_e < 2,5$	Des moyens particuliers de protection et de prévention devront être pris pour les éléments sensibles présents dans le voisinage de l'IGH comme les exercices d'évacuation pour le quartier et un PPUI.
Risque élevé	$2,5 \leq R_e < 4,5$	Des mesures de protection et de prévention sont requises en plus de celles demandées pour l'échelon inférieur. Un PPUI sera requis et une coordination entre les différents services d'urgence et d'intervention sera nécessaire.
Risque non acceptable	$4,5 < R_e$	En raison de conséquences trop élevées en terme de vie humaine et/ou matérielle, deux situations peuvent se présenter. Si le projet d'IGH est en cours de réalisation, il sera nécessaire d'intégrer des mesures de protection et de prévention supplémentaires ainsi qu'un contrôle de l'environnement plus affiné. Dans le cas où l'IGH est déjà existant, un PPUI sera requis ainsi qu'une concertation avec les différents niveaux de pouvoir public.

Tableau 4.10: Catégories de risques

4.4 Détermination du Risque Potentiel P_e

L'objectif de cette étape est de déterminer les sources de danger présentes autour de l'IGH par la prise en compte de ses caractéristiques propres (structure, usage, occupation, etc.) ainsi que des caractéristiques propres de l'environnement à l'aide de listes pré-établies. Le risque potentiel P_e est défini par trois facteurs : l'Environnement, la valeur et la géométrie de l'IGH. Le risque potentiel représente la somme de chacun des risques potentiels individuels propres à chaque objet présent dans le voisinage de l'IGH.

Nous étudions dans le risque potentiel l'ensemble des sources de danger et facteurs influençant le niveau global de risque. Nous prenons en compte l'IGH dans son ensemble en le considérant comme une source potentielle de danger et à la fois comme cible d'un événement :

- L'IGH est considéré comme *source de danger* pour diverses raisons : présence de substances dangereuses (stockage de produits inflammables et/ou explosifs, tels que des bouteilles de gaz ou des cuves à mazout), de locaux « dangereux » tels que des cabines de haute tension, de fonctions à risque telles qu'un atelier

d'artiste-peintre avec ses produits hautement inflammables, etc. Nous considérons les méthodes de construction, le type de structure et les matériaux présents influençant l'évolution d'un accroissement du risque. En effet, un nouvel immeuble construit doit répondre aux normes nationales actuelles et est plus à même de réagir correctement à un événement indésirable qu'un ancien immeuble construit. De cette manière, on examinera le choix de continuité ou non de la structure dans l'ensemble du bâtiment, ce qui peut par exemple influencer les conséquences d'un effondrement partiel ou total de cet immeuble par exemple.
- L'IGH est considéré en outre comme *cible d'un événement indésirable* qui peut, par la présence d'un grand nombre de personnes présentes sur place, se transformer en événement catastrophique et provoquer de nombreuses victimes ou dommages. L'environnement de l'IGH aura une grande influence sur le niveau de risque potentiel par la présence d'objets à risques tels qu'une gare, aéroport, station-service, etc. Il doit être procédé à la description de cet environnement soit en détail soit de manière plus vague mais avec la prise en compte d'objets particuliers spécifiques ; la manière de procéder et les critères pris en compte sont envisagés par la suite.

Comme nous avons pu le voir précédemment que le risque potentiel représente les sources de danger pour l'IGH et l'environnement existant autour de celui-ci mais comment les déterminer ? Nous partons du principe qu'il est nécessaire de caractériser les sources de danger et l'environnement distinctement. En effet, nous considérons que pour qu'il y ait présence d'un risque potentiellement préjudiciable pour l'être humain et son milieu, trois conditions doivent se présenter simultanément : un IGH (structure et exposition) et son environnement. Comme nous avons pu le voir au point 1.3 avec les études de cas d'accidents, les IGH sont tout à la fois victimes d'accidents mais aussi générateurs d'accidents. Il est donc nécessaire de prendre en compte le type de structure et le niveau d'exposition de l'IGH au danger. Il en est de même pour l'environnement qui peut subir les effets d'un accident dans un IGH tout comme en générer. L'ensemble des éléments et objets présents autour de l'IGH seront donc repris afin d'avoir une vision globale des sources de danger autre que l'IGH. Nous utiliserons le terme « Objet » pour tout élément autre que l'IGH étudié tel qu'un immeuble, un centre commercial, un pont, une route, etc.

Le risque potentiel P_e est déterminé comme suit :
$$P_e = V \cdot G \cdot R_{env} \qquad (4.5)$$
Avec :

- Le facteur V pour la valeur de l'IGH, représente son niveau d'exposition à un risque potentiel par une plus grande visibilité ou accessibilité. Il est pris en compte la présence de substances dangereuses ainsi que la présence d'un grand nombre de personnes. Nous utilisons une matrice d'évaluation des faiblesses inspirée de celle utilisée par la FEMA (2003).
- Le facteur G désignant la géométrie de l'IGH, exprime ses caractéristiques géométriques et structurelles selon les méthodes de construction, le type de matériaux, la continuité structurale, etc. Une matrice d'évaluation géométrique et structurale est utilisée et est inspirée de celle développée par l'EPFL (2000) pour le risque sismique.
- Le facteur R_{env} pour le risque environnemental, caractérise le risque global que représente l'ensemble des bâtiments, structures, ouvrages d'art et industries présents dans le voisinage immédiat de l'IGH. Une liste pré-établie de *n* objets existe mais doit être complétée par tout utilisateur afin de correspondre à l'environnement étudié.

Le facteur V consiste en une matrice d'évaluation des faiblesses quantifiant le niveau d'exposition de l'IGH selon sept facteurs. Ces sept facteurs sont la visibilité, l'usage, l'accessibilité, la mobilité, la présence de substances dangereuses, les dommages collatéraux et la population présente sur le site. Ces différents thèmes permettent de se faire une idée de l'ensemble d'un IGH d'un point de vue extérieur : comment le bâtiment est-il connu localement ou internationalement ? Quels sont les dispositifs de sécurité mis en place ? Quelle est la fréquentation dans l'IGH et existe-t-il d'importants mouvements de foule ? Est-il envisageable de délocaliser et déplacer certaines fonctions présentes dans l'immeuble ? Des substances dangereuses sont-elles présentes, telles qu'une citerne de mazout, des bouteilles de gaz, des matières chimiques ou radioactives (comme on pourrait les retrouver dans un hôpital) ? Une première estimation des occupants et personnes présentes dans le voisinage est demandée. La présence de personnes est le dernier point non négligeable. En effet, il a pu être observé une relation directe entre une grande densité de personnes présentes dans un immeuble et une probabilité élevée de décès dans le cas de scénarios d'incendie (Kobes et al., 2010). De ce fait, la présence des occupants est un point essentiel dans la méthode proposée. Les thèmes abordés sont estimés par poids de 0 à 5 puis sont additionnés, voir le tableau 4.11. Cette matrice des faiblesses est inspirée de celle produite par la FEMA (2003) car elle permet d'évaluer rapidement selon des critères concrets un ensemble de paramètres liés à l'IGH.

Critères	0	1	2	3	4	5	Score
Visibilité	-	Inconnu	-	Connu localement	-	Connu largement	
Usage	Aucun	Très faible	Faible	Moyen	Élevé	Très élevé	
Accessibilité	Lieu isolé, périmètre de sécurité, accès contrôlés	Fermé, gardé, accès contrôlés	Accès contrôlés, entrée protégée	Accès contrôlés, entrée non protégée	Accès libre, parking fermé	Accès libre, parking libre	
Mobilité	-	Délocalisation fréquente	-	Délocalisation occasionnelle	-	Permanent, fixe	
Quantités de substances dangereuses	Pas de substances dangereuses présentes	Quantités limitées dans un lieu sécurisé	Quantités modérées, mesures de contrôle strictes	Grande quantité, quelques mesures de contrôle strictes	Grande quantité, mesures de contrôle minimales	Grande quantité, accès libre	
Dommages collatéraux	Aucun risque	Faible risque, limité au site	Risque moyen, limité au site	Risque moyen dans un rayon de 1km	Grand risque dans un rayon de 1km	Risque très élevé au-delà d'un rayon de 1km	
Population présente sur site	0	1 à 250	251 à 500	501 à 1000	1001 à 5000	>5000	

$$V = \sum \text{scores}$$

Tableau 4.11: Matrice d'évaluation des faiblesses V (FEMA, 2003)

Le facteur G est exprimé avec une matrice d'évaluation de la géométrie et de la structure à l'aide de six facteurs. Chacun de ces facteurs est évalué à l'aide de poids allant de 0 à 5. Ces six facteurs reprennent l'IGH dans son ensemble et abordent les thèmes suivants : son année de construction c'est-à-dire quelles normes de construction ont été choisies (dans le cas présent, les années sont en référence avec les différentes versions de l'Eurocode), le type de structure exprimant la capacité de résistance et d'impact à un événement. La continuité verticale de la structure est envisagée car elle améliore cette capacité de robustesse par le choix de contreventement et des éléments structuraux. La forme de l'IGH est-elle plus compacte ou dispose-t-elle d'éléments divers qui représenteraient une faiblesse structurelle ? Le choix des matériaux et modes de construction ont leur importance pour la caractérisation du facteur G.

Critères	0	1	2	3	4	5	Score
Année de construction	-	Après 2005	-	Entre 1991-1998	-	Avant 1976	
Structures	Favorable	-	Défavorable	-	-	Lacune	
Continuité verticale	Permanente	-	Non assurée	-	-	Soft story	
Éléments structuraux	Noyaux, voiles	Cadre rigide	Charpentes	Cadres avec murs de remplissage	Systèmes mixtes	-	
Architecture	Compacte	Courbe, allongée	-	-	-	-	
Méthodes de construction	Béton armé, acier, assemblage	-	Maçonnerie armée	Préfabriqué, bois	Maçonnerie, béton non armé	-	

$$G = \sum \text{scores}$$

Tableau 4.12: Matrice d'évaluation de la géométrie et de la structure G (EPFL, 2000)

En connaissant V et G, nous pouvons à présent aborder le facteur R_{env} caractérisant le risque environnemental et n'ayant jamais été abordé dans la littérature. Ce risque est déterminé suivant la formulation (4.6).

$$R_{env} = \sum_{i}^{n} \left(\log \left(1 + P_{dist.i} \cdot P_{cible.i} \cdot P_{gr.i} \cdot P_{grav.i} \cdot P_{topo.i} \cdot F_i \right) \right) \quad (4.6)$$

Avec :

- P_{dist} le poids de la distance entre l'IGH et l'objet étudié, formulation (4.7),
- P_{cible} le poids de la valeur de l'objet étudié d'un point de vue économique et usage,
- P_{gr} est l'effet groupe des objets présents dans un même voisinage, formulation (4.8),
- P_{grav} est le danger que représente l'objet sur son environnement,
- P_{topo} exprime l'impact de la différence d'altitude entre l'IGH et l'objet, formulation (4.9),
- F_i est la probabilité que, pour le scénario choisi, l'événement indésirable ait un impact sur l'objet étudié.

Nous considérons n objets, présents dans un secteur, évalués chacun par six paramètres. Ces n objets sont ensuite sommés résultant en la valeur du risque environnemental R_{env} pour le secteur considéré. Nous partons du principe qu'une liste d'objet permet de décrire l'environnement tel quel. Or il peut arriver que des objets doivent être insérés dans la liste ou ne pas être pris en compte. Une fonction de sommation permet de prendre en compte cette diversité de situations sans pénaliser le résultat final du risque environnemental en raison de l'absence d'un objet. En effet, dans le cas d'une fonction de produit, une absence d'un objet dans la liste aurait résulté en une valeur finale nulle.

En raison de la très grande variation possible d'une valeur intermédiaire R_{env} pour chaque objet étudié, une fonction logarithmique de base 10 a été choisie. En effet, le produit des six paramètres, dont les valeurs numériques peuvent très fortement varier selon les caractéristiques propres de chaque objet étudié, implique une très grande variété de valeur numérique R_{env} suivant le type d'environnement étudié ! Par ce choix de fonction d'une fonction logarithmique appliquée pour chaque objet décrit, cette trop grande disparité de valeurs R_{env} est atténuée pour l'ensemble des n objets. La fonction log permet de manipuler facilement les valeurs élevées comme cela se fait, par exemple, pour l'échelle décibel[17].

Le choix des différents poids et paramètres dans la formulation (4.6) est dû au fait que pour l'étude du risque environnemental, des paramètres géométriques, d'altitudes et de sécurité ont dû être pris en compte pour caractériser l'environnement. Ces paramètres ont été développés afin de représenter l'onvironnement existant et ont été testés au chapitre 6 sur divers cas d'études. La validation de ces paramètres s'est effectuée par essais-erreurs au cours des travaux de cette recherche, tout comme pour les autres paramètres et facteurs développés par la suite. Ce processus a pu être validé sur plusieurs cas tests, montrés au chapitre 6, et appliqué sur deux cas d'études réels. Les formulations développées ici sont donc un aboutissement d'une estimation du risque environnemental par une approche empirique et pragmatique. Le programme développé au chapitre suivant, suit ce même processus et volonté de fournir un outil d'analyse pratique et fonctionnel.

La description de l'environnement n'étant pas aisée, une liste pré-établie d'objets, issue de la FEMA (2003), a été rédigée en deux catégories : les infrastructures critiques et non critiques. Cette liste permet aux experts en charge de l'analyse de pouvoir rapidement contrôler l'environnement présent autour de l'IGH. Elle n'est pas exhaustive et doit être complétée pour chaque cas d'étude d'IGH.

---

[17] Le décibel [dB] est une unité de grandeur sans dimension correspondant à un dixième de bel. Le bel est le logarithme de base 10 du rapport entre deux puissances (Crisp, 2002).

Les infrastructures critiques sont les éléments qui, en cas de dysfonctionnement ou de destruction (Rufat, 2012), accentuent davantage la situation de crise et impliquent leur reconstruction par après. En cas d'événement indésirable, ils affectent, le plus souvent, un grand nombre d'individus et donc augmentent automatiquement le nombre de victimes potentielles. Ces infrastructures critiques participent, en outre, au développement de la crise pouvant amener à un passage d'une situation locale à un niveau régional, par exemple, tandis que les infrastructures non critiques sont des installations non essentielles en cas de résolution d'une situation de crise.

	Infrastructures critiques	Infrastructures non critiques
Infrastructure de télécommunication	Réseaux cellulaires, station satellite,	Installations de diffusion TV, rédaction de journaux, stations radio,
Centrales de production d'électricité	Centrales électriques, installations nucléaires, réseau de transmission et de distribution, distribution de carburant, de livraison et de stockage,	
Installations de gaz et pétrole	Industries de production et/ou de stockage de matières dangereuses, pipelines de pétrole/gaz,	
Institutions financières et bancaires	Institutions financières (banques, coopératives, crédit), quartier d'affaire,	Transport de fond,
Réseaux de transport	Aéroports, avions, pistes de décollage, parking, tour de contrôle, aérogare et aires de stationnement, Pipelines (pétrole, gaz) Trains, métro : lignes ferroviaires et terminaux, échangeurs, tunnels et fret, passagers terminaux, Trafic : autoroutes, routes, tunnels, ponts routiers, Transport routier : installations de fret, zones de chargement de matières dangereuses, Cours d'eau : barrages, digues, ports et postes d'amarrage,	Arrêts de bus, Trains, métro : chantiers, Transport routier : terminaux routiers, stations de pesage et zones de repos,
Réseau d'abduction	Pipelines et les installations de production et de traitement,	Bassins de récupération, traitement des eaux usées,
Administrations publiques	Stations de police, d'incendie et de secours, installations militaires,	Bureaux des services publics (fédéral, provincial, régional et communal), bureaux de poste, hôtel de ville, palais de justice, tribunaux,
Services d'urgence	Installations de secours, communications, centres d'urgences,	

	Infrastructures critiques	Infrastructures non critiques
Installations agricoles		Zones de stockage, de distribution et d'épandage de substances chimiques, fermes, installations de transformation des aliments, de stockage et de distribution,
Installations industrielles, de production et de commerce	Usines chimiques, installations industrielles de production de matières premières,	Immeubles d'appartements, centres d'affaires, installations de production, stockage et distribution de carburant, hôtels, centres de congrès, stockage et distribution, centre de recherche et laboratoires, centre de logistiques,
Événements et attractions		Festivals et célébrations, marchés en plein air, parades, rassemblements, manifestations, défilés, services religieux, parcs à thème
Systèmes de soins de santé	Hôpitaux,	Centre de planification familiale, bureaux du ministère de la santé, matériel radiologique, transports de déchets médicaux, stockage et élimination, centres de recherches et laboratoires,
Sites symboliques et politiques		Ambassades, consulats, monuments, bureaux de partis politiques et d'associations, lieux de culte,
Établissements publics/privés		Établissements d'enseignement, centres culturels, bibliothèques, musées, écoles
Installations de loisir		Cinéma, casinos, salles de concert, parcs, restaurants, clubs, arènes sportives, stades, théâtres, centres commerciaux,

Tableau 4.13: *Listes d'infrastructures critiques et non critiques (FEMA, 2003)*

Pour le premier paramètre P_{dist}, la distance joue un rôle essentiel dans l'étude du risque environnemental car plus l'objet est éloigné de l'IGH, moins cet objet représente un risque pour l'IGH. Cela s'exprimera donc sous la formulation d'une exponentielle. Les fonctions népériennes expriment très bien l'importance de la distance par un accroissement ou une réduction importante selon la localisation de l'objet par rapport à l'IGH, voir l'Illustration 4.3 :

$$P_{dist} = e^{\frac{H^2}{d^2}} \quad (4.7)$$

Avec :

- H la hauteur de l'IGH [m],
- d la distance entre l'IGH et l'objet étudié [m].

La hauteur H sert de référence pour les distances car elle accentue les poids accordés à chacun des objets listés de l'environnement. Cette hypothèse a été prise dans le cas d'un basculement complet de l'IGH. La distance d entre l'IGH et l'objet étudié est la distance entre les centres géométriques de ces deux constructions, comme le représente l'Illustration 4.5.

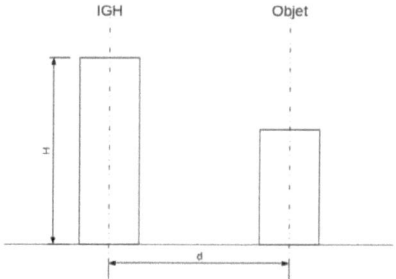

Illustration 4.5: Caractérisation des paramètres d et H

Le poids de la distance P_{dist} est fortement influencé par la fonction exponentielle développée ; elle l'est d'autant plus lorsque le rapport de la hauteur H sur la distance d est mis au carré. En effet, la comparaison suivante au tableau permet d'appréhender cette importance. Nous testons au tableau 4.14 différentes formulations qui puissent nous apporter une variation pertinente selon la distance d. Nous prenons un H = 100 m et huit distances d'étude.

	d [m]	$P_{dist}=e^{\frac{H^2}{d^2}}$	$P_{dist}=e^{\frac{H}{d}}$	$P_{dist}=e^{\frac{H^3}{d^3}}$	$P_{dist}=e^{d}$	$P_{dist}=e^{\frac{1}{d}}$	$P_{dist}=e^{1-\frac{H}{d}}$
	25	8886110,52	54,6	6.24 10^{27}	7.2 10^{10}	1,04	0.05
$\frac{H}{2}$	50	54,6	7,39	2980.96	5.18 10^{21}	1,02	0.37
	75	5,92	3,79	10.70	3.73 10^{32}	1,01	0.72
H	100	2,72	2,72	2.72	2.60 10^{43}	1,01	1
	150	1,56	1,95	1.34	1.39 10^{65}	1,01	1.4
2H	200	1,28	1,65	1.13	7.23 10^{86}	1,01	1.65
	250	1,17	1,49	1.07	3.75 10^{108}	1	1.82
3H	300	1,12	1,4	1.04	1.94 10^{130}	1	1.95

Tableau 4.14: Étude de différentes fonctions P_{dist}

Comme nous pouvons le constater, lorsque les paramètres de distance d et de hauteur H sont mis au carré, le poids de la distance est bien plus conséquent lorsqu'on se rapproche de l'IGH. Il sera vu dans le chapitre 6 que cette différence de résultats peut avoir d'importantes répercussions dans le résultat final. Tandis que le fait de mettre à la puissance trois les mêmes exposants nous fait obtenir des valeurs beaucoup plus importantes que nécessaire et ayant de fait d'importantes implications pour les résultats finaux. La formulation (4.7) permet d'obtenir de plus grand poids lorsque les objets sont dans le deuxième périmètre défini par la hauteur H de l'IGH et de réduire l'influence des objets lorsqu'on s'éloigne de cet IGH. Pour le premier test effecuté à une distance d = 25 m, nous considérons que deux immeubles peuvent être mitoyen. Le risque environnemental sera donc fortement influencé par cette proximité. En effet, du fait de cette proximité, le risque est d'autant plus élevé pour les cas de scénarios incendie ou d'explosion qu'un événement indésirable se propage au second immeuble.

Nous prenons, suivant ces différents résultats, la fonction (4.7) car elle exprime au mieux au choix d'accentuation du poids selon que l'on se rapproche de l'IGH au contraire des autres fonctions népériennes. Une représentation graphique des résultats obtenus est donnée à l'Illustration 4.6. Les valeurs du tableau 4.14 y sont représentées.

Méthode proposée d'analyse de risques environnementaux pour les IGH

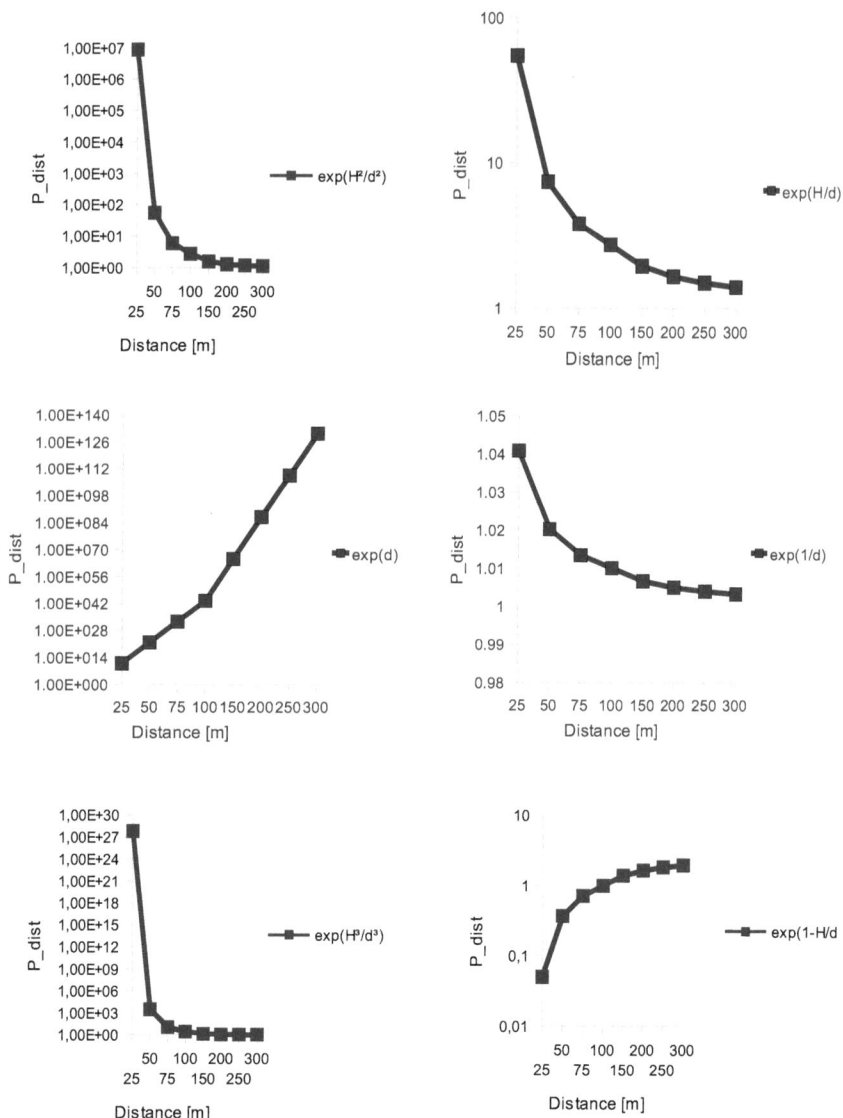

Illustration 4.6: Études des poids de distance selon la formulation exponentielle choisie

Le poids de la valeur de l'objet étudié P_{cible} représente l'importance accordée à cet objet d'un point de vue économique ou utilité. Sa perte ou son endommagement peut engendrer d'importantes conséquences, ultérieurement, pour le bon fonctionnement de la société, ville ou quartier en cas d'événement indésirable. Le poids accordé peut varier entre 1 et 5, avec 1 comme étant le poids le plus faible et 5 pour le poids le plus important. Par exemple, un immeuble résidentiel n'aura pas le même poids qu'une école ou une station de métro.

Plus des objets seront présents et groupés, plus ils représentent un accroissement du risque. Dans le cas d'une étude Seveso, cet aspect pourrait s'approcher des effets « domino » où il n'est pas nécessaire que ce soit l'événement le plus grave qui engendre les conséquences les plus importantes ; une suite d'événements mineurs se déclenchant les uns après les autres peut également avoir des conséquences très significatives. Cependant, pour le cas présent, nous n'étudions pas cet aspect « domino » mais plus une expression du risque accentuée par la présence importante ou non d'immeubles dans un même secteur. Une densité importante d'objets proches se caractérise par la formulation (4.8) suivante. À noter qu'au maximum la valeur de P_{gr} vaut 1.

$$P_{gr} = \frac{\sum_i^n S_{obj}}{S_{quart}} \qquad (4.8)$$

Avec :

- S_{obj} la surface de base de l'objet [m²]. Nous sommons l'ensemble des n objets présents dans le secteur étudié,
- S_{quart} la surface d'un quartier composé d'une section de disque ayant comme centre l'IGH et le rayon valant la hauteur H de l'IGH. Nous nommerons par la suite cet élément comme secteur, voir le tableau 4.15.

Distance [m]	Aire d'un secteur [m²]
H/2	$\dfrac{\pi \cdot \left(\dfrac{H}{2}\right)^2}{4}$
H	$\dfrac{\pi \cdot (H)^2 - \pi \cdot \left(\dfrac{H}{2}\right)^2}{4}$
2H	$\dfrac{\pi \cdot (2H)^2 - \pi \cdot (H)^2}{4}$
3H	$\dfrac{\pi \cdot (3H)^2 - \pi \cdot (2H)^2}{4}$

Tableau 4.15: Calcul des aires des secteurs

Nous parlons de surface de base d'un objet toute surface définie par les dimensions extérieures du bâtiment. Dès lors, nous regardons les surfaces brutes du bâtiment étudié selon ses dimensions de longueur L [m] et de largeur l [m].

Le quatrième paramètre étudié est le poids P_{grav} accordé pour représenter la dangerosité de l'objet étudié sur son environnement ainsi que sur l'IGH voisin. Une station-service, par exemple, représente en terme de dangerosité une plus grande source de danger qu'une maison individuelle. Pour cet objet, une plus grande importance et donc un poids plus grand devront être accordés. De même que pour P_{cible}, le poids accordé peut varier entre des valeurs allant de 1 à 5, avec 1 pour le poids le plus faible et 5 pour le poids le plus important.

Le cinquième paramètre étudié est l'effet de la différence d'altitude P_{topo} sur l'étude du risque environnemental. Nous étudions le rapport, formulation (4.9), entre le niveau d'altitude de l'IGH alt_{IGH} [m] et le niveau d'altitude de chaque objet de la liste pré-établie alt_{obj} [m]. Il est considéré qu'un IGH a un impact plus considérable, en cas d'événement indésirable, sur son environnement lorsqu'il se situe à une altitude plus élevée que son environnement immédiat. L'Illustration 4.7 montre une situation où deux immeubles-objets sont disposés à des altitudes différentes de l'IGH étudié. Les conséquences d'un déversement, d'une chute ou d'une explosion survenant à l'IGH seront plus sérieuses pour les objets se trouvant en contre-bas que pour les objets situés en hauteur. Ainsi, lorsque ces objets se situent à plus haute altitude par rapport à l'IGH, le poids P_{topo} sera réduit suivant le rapport des altitudes comme l'illustre la formulation ci-dessous :

$$P_{topo} = \frac{alt_{IGH}}{alt_{obj}} \qquad (4.9)$$

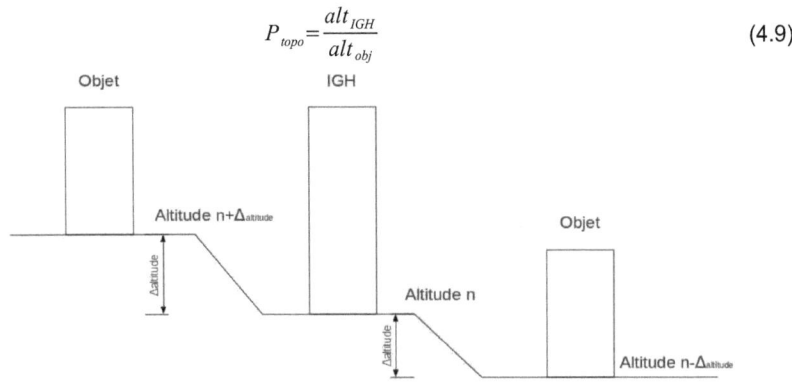

Illustration 4.7: Différence d'altitude entre l'objet et l'IGH

Le dernier paramètre étudié pour le risque R_{env} est F_i ou la probabilité que, pour le scénario choisi pour l'IGH, l'événement indésirable ait un impact sur l'objet étudié. Le tableau 4.16 est utilisé pour le choix des valeurs selon le type de scénario et l'objet étudié. Ce tableau classe les événements indésirables envisagés selon l'estimation de fréquence et d'occurrence (Skjong, 2007). Nous avons associé au type de fréquence et l'occurrence correspondante, une troisième colonne de poids F_i car ce type d'échelle est aisément utilisable par des experts lorsque aucunes données statistiques ne sont disponibles. Les experts, suivant le scénario, s'accorderont par discussion sur le poids F_i selon la situation étudiée. Nous pouvons donner l'exemple suivant : lorsque survient un incendie dans l'IGH, la probabilité que l'incendie se propage à l'immeuble adjacent est élevée, voir probable, et donc F_i vaut 4. Quand l'immeuble étudié est fortement éloigné, la probabilité qu'il soit atteint par l'incendie est assez faible voir improbable, le poids F_i vaudra à ce moment là 1.

Catégories	Occurrence	F_i
Fréquent	Plus de 10^{-3}	5
Probable	10^{-3} à 10^{-5}	4
Faible	10^{-5} à 10^{-7}	3
Très faible	10^{-7} à 10^{-9}	2
Extrêmement improbable	Moins de 10^{-9}	1

Tableau 4.16: Classement des probabilités Fi (Skjong, 2007)

4.5 Détermination du Risque Acceptable A_e

Le but de cette étape est de déterminer le niveau d'acceptabilité du risque par l'étude de l'environnement, servant de point de référence, en comparaison avec l'IGH lui-même. Ce niveau de risque rendra acceptable ou non la présence d'un IGH dans un environnement supposé déjà existant. La notion d'acceptabilité utilisée ici diffère de celle employée dans le cas d'une évaluation des résultats après analyse. Rappelons que le terme d'acceptabilité, plus couramment utilisée, fait référence au niveau de risques ou aux marges d'incertitudes qu'une société peut accepter ainsi que les conséquences pour son bon fonctionnement (Calvez, 2007). Tandis que pour notre étude, nous utilisons plutôt le terme d'acceptabilité ici pour exprimer une comparaison de deux éléments distincts : l'IGH et son environnement. Cette comparaison permet d'apporter une valeur réductrice ou aggravante du risque environnemental final.

Deux situations peuvent se présenter :

- Soit le niveau de risque acceptable dû à l'IGH est supérieur à celui de l'environnement dans le cas d'un IGH construit isolément et sans voisinage immédiat. De ce fait, le niveau final de risque environnemental R_e diminuera en raison d'un risque réduit et surtout de conséquences moindres du fait d'un environnement moins bâti ou estimé moins important que l'IGH.
- Soit le niveau de risque acceptable dû à l'environnement est supérieur à celui de l'IGH dans le cas donc d'un IGH construit dans un environnement très densément peuplé tel que les grandes villes ou mégalopoles. Le niveau final de risque environnemental R_e augmentera selon la différence entre ces deux niveaux de risque acceptable.

Nous étudions pour ce facteur-ci, le niveau d'exposition au danger de l'IGH et de l'environnement. Ce niveau d'exposition est dépendant du type d'environnement et d'IGH présent, ce qui a une influence sur le niveau d'acceptabilité du risque au final. Tout comme pour la première étape du risque potentiel P_e, nous verrons comment ce niveau d'exposition est déterminé. Nous considérons l'IGH et l'environnement selon trois thèmes :

- Les occupants,
- Les biens,
- Les activités.

Ces trois thèmes caractérisent un quartier dans son ensemble ainsi que l'IGH étudié. À titre d'exemple, un environnement bâti est tout d'abord occupé par des personnes (*Occupants*) qui s'y trouvent pour soit une activité professionnelle, d'apprentissage ou de repos (*Activités*) et qui par conséquent occupent des espaces et constructions (*Biens*) à ces fins. Ces trois thèmes sont donc fortement liés entre eux. Cette caractérisation par ces trois thèmes permet de décrire un environnement varié et divers suivant un ensemble de paramètres définis par la suite. Il n'a pas été pris en compte les aspects faune et flore qui pourraient représenter un quatrième thème *écosystème*. L'étude d'incidence environnementale prend déjà en compte cet aspect. En outre, cette thématique *écosystème* se retrouve partiellement dans les différents éléments du modèle proposé ainsi que dans les listes d'objets à évaluer.

Le niveau de risque d'acceptabilité est, comme nous avons pu le voir, dépendant d'éléments fort subjectifs pour l'appréciation du risque individuel ou sociétal vue au point 3.2.2. Tout comme pour le risque potentiel, le niveau de risque acceptable sera dépendant du quartier et du secteur d'étude, vu à l'Illustration 4.4. Nous reprenons la même liste d'objets utilisée pour l'étude du risque potentiel P_e ; cette étude est effectuée sur base de nouveaux paramètres qui permettent de prendre en compte le niveau de risque acceptable A_e.

Le niveau de risque acceptable A_e se définit comme suit :

$$A_e = \frac{1 + \sum_{i}^{n} \log\left(1 + I_{act.i} \cdot I_{bien.i} \cdot I_{pers.i}\right)}{1 + \sum_{j}^{m} \log\left(1 + E_{act.j} \cdot E_{bien.j} \cdot E_{pers.j}\right)} \quad (4.10)$$

Où :

- I_{act} et E_{act} expriment l'importance de l'activité présente, respectivement, dans l'IGH et dans l'environnement selon des aspects de flux de personnes, voir la formulation (4.11),
- I_{bien} et E_{bien} déterminent l'importance économique accordée et/ou estimée pour, respectivement, l'IGH et pour l'environnement, formulation (4.12),
- I_{pers} et E_{pers} représentent le nombre de personnes présentes, respectivement, dans l'IGH et dans l'environnement, formulation (4.13).

Les formulations (4.11), (4.12) et (4.13) sont les mêmes tant pour l'étude de l'IGH (I_i) que pour l'environnement (E_i). En effet, nous pouvons retrouver, par exemple, le même type d'activité dans l'IGH que dans son voisinage, comme un centre d'affaires dans un IGH érigé dans un quartier d'affaires. Les paramètres utilisés dans ces trois formulations sont évalués à l'aide d'une échelle numérique composée de quatre critères. Le choix d'un nombre pair a été posé pour éviter que l'évaluation, par un expert, ne donne qu'une valeur moyenne. Un choix clair doit donc être posé quant au critère pris pour chaque paramètre. L'ensemble des paramètres développés dans ce point ont été développés empiriquement par essais et erreurs. Dans la formulation (4.10), des expressions sommes et logarithmiques ont été utilisées, tout comme pour la détermination du risque potentiel P_e. Ceci a permis d'atténuer la grande variation possible des résultats obtenus.

Quand une valeur de risque acceptable A_e est obtenue pour chaque secteur, nous la pondérons selon la distance entre l'objet étudié et l'IGH suivant les courbes de niveaux de l'Illustration 4.4. Nous reprenons le tableau 4.17 ci-dessous pour la pondération des distances. Les conséquences d'un événement indésirable et donc son impact ont des effets moindres en fonction de la distance. Il est proposé d'utiliser cette échelle linéaire pour la pondération des niveaux d'acceptabilité afin d'accorder plus d'importance aux éléments plus proches de l'IGH.

$$R_{Lvl\ 1} = 0.5\ A_e$$
$$R_{Lvl\ 2} = 1\ A_e$$
$$R_{Lvl\ 3} = 2\ A_e$$
$$R_{Lvl\ 4} = 3\ A_e$$

Tableau 4.17: Pondération du niveau d'acceptabilité A_e

4.5.1.1 Facteur d'activités

Le niveau d'*Activités* pour les facteurs I_{act} ou E_{act}, tant pour l'IGH et l'environnement, se définit comme suit :

$$I_{act}\ ou\ E_{act} = \frac{S_{act}}{S_{tot}} \cdot f_{act} \cdot f_{econ} \tag{4.11}$$

Où :

- S_{act} est la surface d'activité [m²] dans l'objet étudié c'est-à-dire une fonction présente dans l'immeuble telle qu'une société, un commerce, un hôtel, etc. Plusieurs fonctions au sein d'un même immeuble peuvent s'y retrouver. Nous regardons la surface totale en mètre carré brut dont les dimensions extérieures des parois délimitent la surface,
- S_{tot} est la surface totale [m²] du secteur étudié, voir l'Illustration 4.4,
- f_{act} est le poids accordé à l'importance des flux de personnes

mobiles dans l'IGH,
- f_{econ} est l'importance économique de l'activité.

L'étude de ce paramètre est nécessaire pour l'appréciation globale du niveau d'acceptabilité du fait qu'un environnement et un IGH concentrent sur un territoire restreint un grand nombre d'activités telles que des bureaux, des commerces, des hôtels, des écoles, etc. À cette fin, un ratio de surfaces entre l'activité et la surface totale du quartier étudié permet de relativiser l'importance de cette activité sur l'environnement du secteur étudié. Deux paramètres supplémentaires f_{act} et f_{econ} sont pris en compte exprimant, respectivement, la mobilité des personnes dans l'activité et le poids de cette activité d'un point de vue économique.

Les personnes présentes dans un lieu défini comme espace de travail, d'apprentissage ou autre ont une capacité de mobilité dépendante du type d'activité. Ainsi, une activité de bureau est caractérisée par le fait que les travailleurs sont actifs et mobiles sur leur lieu de travail ; au contraire d'un immeuble d'appartements où les occupants, dans le cas d'un scénario indésirable de nuit, sont inconscientes. L'estimation de ce paramètre s'effectuera à l'aide du tableau 4.18.

	1	2	3	4
f_{act}	Immobile	Légères difficulté de déplacement – Niveau faible	Niveau moyen	Très mobile

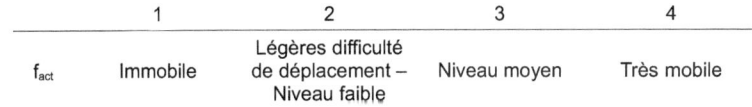

Tableau 4.18: Estimation du niveau de mobilité des occupants

Ces espaces d'activités représentent une importance économique f_{econ} qui peut être estimée à l'aide du même type d'échelle que le tableau 4.18. En effet l'importance économique de l'activité, tableau 4.19, a une influence sur le niveau d'acceptabilité du risque : plus il est élevé, plus sa perte ou son endommagement a un impact fort sur ce niveau ainsi que sur les moyens de protection et de prévention à mettre en place.

	1	2	3	4
f_{econ}	Faible activité, peu primordial, activité locale	Moyenne activité, importance modérée économiquement	Grande activité, importance pour la ville	Très grande activité, primordial pour la ville/pays

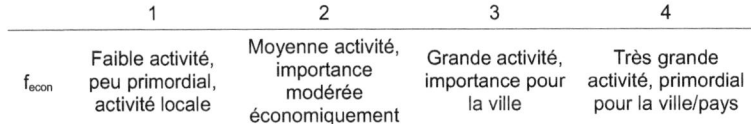

Tableau 4.19: Estimation du niveau économique de l'activité

Nous pouvons illustrer notre propos par les exemples suivants. Un commerce local comme une petite librairie aura une valeur f_{econ} de 1, tandis que des services d'urgence et de secours représentent une importance essentielle pour la ville et se voient assigner une valeur f_{econ}

de 4.

4.5.1.2 Facteur des biens

Le deuxième thème reprend les *Biens* (facteurs I_{bien} et E_{bien}) ; il est déterminé à l'aide de la formulation suivante :

$$I_{bien} \text{ ou } E_{bien} = \frac{S_{objet}}{S_{tot}} \cdot f_{act} \cdot f_{econ} \cdot f_{soc} \qquad (4.12)$$

Avec :

- S_{obj} est la surface totale [m²] de l'objet étudié, c'est-à-dire l'immeuble entier tel qu'un immeuble de bureaux, un immeuble d'appartements, etc. Nous déterminons la surface totale comme la multiplication du nombre d'étages par la surface de base de l'objet,
- S_{tot} est la surface totale [m²] du secteur étudié,
- f_{act} est le poids accordé à l'usage et au fonctionnement de l'objet,
- f_{econ} est l'importance économique de l'objet,
- f_{soc} caractérise la présence de personnes dans l'objet.

Comme pour le premier thème *Activités*, un ratio des surfaces des objets étudiés individuellement, ramenées à la surface du secteur est développé afin de réduire ou d'accentuer l'importance de la taille de l'objet étudié sur le niveau d'acceptabilité A_e. Trois autres paramètres permettent d'appréhender le poids de l'objet étudié au niveau de son usage f_{act}, de son importance économique f_{econ} et du nombre d'occupants présents f_{soc}.

	1	2	3	4
f_{act}	Importance faible, Immeuble résidentiel	Importance moyenne, Administration publique	Importance élevée, Centrales électriques	Importance cruciale, Hôpitaux
f_{econ}	Faible, Logement unifamilial	Moyenne, Immeuble résidentiel	Élevée, Centre commercial	Très élevée, Patrimoine historique
f_{soc}	Mât, offshore, pont	Résidentiel, bureau	Cinéma, théâtre	Lieux publics

Tableau 4.20: Estimation des Biens

L'usage du bâtiment étudié, indépendamment des activités présentes, peut fortement modifier le paramètre A_e, voir le tableau 4.20 : selon qu'il soit ouvert au public ou non et qu'il y ait de fait une possibilité d'un grand nombre de personnes présentes sur place, le poids du *Bien* sera plus élevé. Ainsi, un immeuble de bureaux, en comparaison avec un cinéma, pour ces deux premiers paramètres (usage et occupants), aura un poids bien plus faible alors qu'il est vraisemblable que c'est l'inverse si cet immeuble de bureaux est, par exemple, un ministère d'une fonction publique dont l'endommagement ou la perte, en cas d'événement indésirable, aurait de graves conséquences.

4.5.1.3 Facteur des occupants

Le troisième thème étudié concerne les *Occupants* pour les facteurs I_{pers} et E_{pers}, déterminé comme suit :

$$I_{pers} \text{ ou } E_{pers} = \frac{N_{pers}}{N_{tot}} \cdot f_{act} \cdot f_{soc} \tag{4.13}$$

Avec :
- N_{pers} est le nombre de personnes présentes dans l'objet étudié,
- N_{tot} est le nombre total de personnes dans le secteur étudié,
- f_{act} représente le type d'activité des occupants,
- f_{soc} caractérise la capacité des personnes à évacuer en cas d'événement indésirable.

Nous avons vu les thèmes *Biens* et *Activités* précédemment, il reste à voir un troisième point essentiel que sont les personnes présentes dans l'objet étudié. La présence de personnes dans un immeuble influence fortement un événement indésirable tant dans son déroulement (les occupants peuvent lutter contre cet événement ou évacuer) que dans ses conséquences. Si l'immeuble est fortement occupé, les conséquences humaines peuvent être très élevées (Kobes et al., 2010). Le paramètre N_{pers} est déterminé à l'aide des densités [pers/m²] fournies pour chaque objet tandis que N_{tot} est obtenu en sommant la valeur N_{pers} pour l'ensemble des objets d'un même secteur.

De ce fait, nous étudions l'importance de la présence de personnes dans un immeuble via le rapport du nombre d'occupants sur le nombre total de personnes dans le secteur étudié. Ensuite, l'activité et la capacité des occupants ou personnes présentes dans le voisinage sont également essentielles et doivent être considérées en cas de survenance d'un événement indésirable. En effet ils influent directement sur le niveau d'acceptabilité A_e et peuvent considérablement augmenter le niveau de risque environnemental au final.

Ces deux paramètres sont évalués à l'aide du tableau 4.21 ci-dessous :

	1	2	3	4
f_{act}	Résidentiel – Nocturne	Immobile – Conscient	Loisirs	Bureau – Actif
f_{soc}	Âgé – Jeune enfant	Adolescent – PMR	Adolescent – Mobile	Adulte – Mobile

Tableau 4.21: Estimation du type d'activité et de mobilité des occupants

4.6 Niveau de protection D_e

L'objectif de cette étape est de déterminer la capacité de l'IGH et de l'environnement à faire face à un événement indésirable par la prise en compte de la structure, des moyens de secours disponibles, des exercices d'évacuation des occupants et des moyens de protection mis en place. Le niveau de protection D_e sera évalué en fonction du niveau de protection de l'environnement D_{env} et de celui de l'IGH D_{IGH}. Nous considérons le fait que les niveaux de protection D_{env} et D_{IGH} ne peuvent qu'améliorer la situation et donc réduire le niveau de risque environnemental final R_e. Il sera donc effectué un produit de D_{env} et de D_{IGH} afin d'obtenir le niveau de protection D_e, formulation (4.14).

Tout comme pour les deux autres paramètres P_e et A_e, l'étude du facteur D_e sera produite pour les objets présents dans chacun des seize secteurs. Nous reprenons de nouveau la liste d'objets vue précédemment et étudions le niveau de protection D_e à partir de la formulation suivante :

$$D_e = \sum_i^n (D_{env.i}) \cdot \sum_i^m (D_{IGH.i}) \qquad (4.14)$$

Pour chaque objet de l'environnement, une évaluation du niveau de protection est considérée séparément. Puis l'ensemble des niveaux de protection des objets présents dans un même secteur seront sommés afin de représenter le niveau de protection global du secteur.

Ensuite une multiplication est effectuée entre les valeurs sommées des niveaux de protection de l'environnement et de ceux de l'IGH. Pour un IGH, selon qu'il y ait différentes activités ou différentes parties d'étages occupés différemment, une distinction entre les divers étages est envisageable. Ces niveaux seront sommés pour l'ensemble de l'IGH. En effet, les moyens mis pour l'évacuation des personnes diffèrent selon les activités présentes : des commerces aux premiers étages puis des bureaux aux étages supérieurs d'un immeuble, il n'est pas exigé les mêmes systèmes de protection et d'évacuation selon les normes nationales. Nous ferons donc la différence entre les activités au sein d'un même IGH.

Un niveau de protection pour l'IGH ou pour l'environnement se détermine comme suit :

$$D_i = \frac{f_{corr} \cdot t \cdot f \cdot r \cdot p \cdot s}{e} \qquad (4.15)$$

Où :

- f_{corr} pour la présence d'un plan d'urgence au sein de l'objet étudié,
  - $f_{corr} = 0.1$ lorsqu'il n'y a pas de plan d'urgence,
  - $f_{corr} = 1$ lorsqu'il existe un plan d'urgence et connu par les occupants,
- t est le temps d'intervention des services d'urgence,
- f est le niveau de préparation à l'évacuation des occupants de l'objet,
- r est le niveau de robustesse de l'objet,
- p détermine le niveau de protection prévu dans l'objet,
- s est la capacité de préservation et de récupération de l'objet,
- e représente le niveau d'exposition global en cas d'événement indésirable.

L'ensemble des paramètres, excepté f_{corr}, sont déterminés à l'aide d'une échelle d'évaluation similaire à celle choisie pour les paramètres du risque acceptable A_e.

La mise en place d'un plan d'urgence et donc d'évacuation est essentielle pour la sauvegarde des personnes lorsqu'une situation d'urgence se présente (CTBUH, 1992 ; Croix-Rouge Française, 1997). Les occupants d'un immeuble doivent connaître les chemins d'évacuation ainsi que les lieux de sauvegarde et de sécurité lorsqu'il n'est pas possible d'évacuer entièrement du premier coup l'immeuble. Lorsque cet immeuble est isolé, requérant un temps d'intervention des services d'urgence plus important, des plans d'urgence devront être mis en place et mis en pratique annuellement. Cette situation est d'autant plus critique pour les IGH vu que les seules possibilités d'évacuation se feront par les circulations verticales. Un mémoire de fin d'études, réalisé par Laura Schiettecatte (2012), a mis en évidence certaines difficultés d'évacuation pour les IGH quand un grand nombre de personnes sont présentes. Le nombre de circulations verticales ou la modification des largeurs des circulations verticales favorisent fortement le niveau de sécurité global de l'IGH. Il a pu être montré que le décalage temporel dans l'évacuation des personnes entre étages n'aide pas sensiblement à la réduction du temps d'évacuation. Kobes et al. (2010) ont aussi mis en évidence l'importance des chemins d'évacuation pour la sécurité d'un immeuble en cas de scénarios incendie au niveau de l'évacuation des occupants.

Le facteur f_{corr} a été mis en place afin de pénaliser le niveau de protection en cas d'absence de plan d'urgence. Si un plan a été prévu, ce facteur de correction est unitaire. Il est essentiel que pour tout immeuble où un grand nombre de personnes sont présentes, un plan d'évacuation et d'urgence soit développé et appliqué. En effet, si un tel plan existe mais n'est pas connu par les occupants ou ne fait pas l'objet d'exercices annuels, nous pouvons considérer que ce plan ne favorise pas la sécurité globale de l'objet étudié.

Évacuer un immeuble en un minimum de temps est la première étape pour sécuriser rapidement les occupants, le temps d'évacuation étant un facteur essentiel. Plus le temps d'évacuation est long, plus le risque d'accroissement du nombre de victimes augmente. Pour ce faire, une bonne préparation est requise. Le facteur de préparation des occupants permet d'évaluer cette préparation et la bonne réaction des occupants face à un événement indésirable quelconque. Ce niveau de préparation est critique lorsque le temps d'intervention des services d'urgence est important. Le temps d'intervention t et le niveau de préparation f sont évalués à l'aide du tableau suivant :

	1	2	3	4
t	> 30 min	15-20 min	10-15 min	< 10 min
f	Méconnaissance des lieux, évacuation difficile, panique	Évacuation difficile, mauvaise préparation	Bonne préparation, évacuation correcte	Très bien préparé, évacuation dans le calme

Tableau 4.22: Estimation du temps d'intervention et du niveau de préparation des occupants

Après ces deux paramètres de préservation des occupants, trois autres paramètres sont étudiés au niveau de la structure de l'objet étudié, des systèmes de protection prévus et de la capacité de l'objet à se préserver, ainsi que de récupérer suite à l'événement. Un dimensionnement structural ou une conception architecturale de type para-sismique peut réduire fortement les conséquences d'un événement indésirable comme un attentat à l'explosif ou un impact d'un véhicule sur une façade. Ce type d'événement peut amener à un effondrement partiel ou global de la structure (Menchel, 2009). Cet aspect est considéré à l'aide du paramètre r qui détermine le niveau de robustesse d'une structure face à un accident. Les Eurocodes EN 1990 *Base de calcul des structures* abordent cette notion de manière quantitative : une structure doit être dimensionnée afin de ne pas être endommagée selon un état disproportionné à la cause originelle telle qu'une explosion, un impact accidentel ou la conséquence d'une erreur humaine. Pour rester dans la lignée d'usage de matrice d'évaluation utilisée précédemment, nous recourons à des critères définis pour l'évaluation de la robustesse.

La structure seule ne peut suffire, les moyens de protection p mis en place dans l'immeuble importent pour la réduction du niveau de risque tels qu'un sprinklage, une présence de personnel de sécurité, des pompiers volontaires, etc. Ces dispositifs aident à réduire le niveau de risque global. Les moyens de protection reprennent donc l'ensemble des techniques, procédures et éléments qui préviennent l'apparition d'événements indésirables ou qui en réduisent les conséquences.

Le troisième paramètre propre à l'objet étudié est sa capacité à endurer l'événement et être restauré en cas de destruction partielle ou complète. Cet aspect se présente différemment, selon le domaine d'étude, sous la notion de résilience (Shirali et al., 2012). Nous gardons toutefois le terme de sauvegarde s car la notion de résilience implique la prise en compte de la capacité d'apprendre suite à une expérience, élément plus difficile à déterminer pour un environnement hétérogène.

Les trois paramètres sont déterminés à l'aide du tableau 4.23 suivant :

	1	2	3	4
r	Faible, Maçonnerie, béton non armé	Moyen, Préfabriqué, bois	Élevé, Maçonnerie armée	Très élevé, Béton armé, acier, assemblage
p	Faible, Aucun système d'alerte et d'alarme	Moyen, Systèmes d'alerte et d'alarme	Élevé, Sprinklage, systèmes d'alerte et d'alarme	Très élevé, Sprinklage, personnel, système d'alerte et d'alarme
s	Faible, Récupération faible, aucune restauration	Moyen, Récupération de certaines parties de l'immeuble	Élevé, Restauration envisageable de l'immeuble	Très élevé, Restauration et récupération rapide

Tableau 4.23: Estimation du niveau de robustesse, des systèmes de protection et de sauvegarde

Toutefois, l'ensemble des paramètres vus ci-dessus sera pondéré par le niveau d'exposition au danger pour l'objet face à un événement indésirable. Comme le risque environnemental est proportionnel à la durée d'exposition d'une situation potentiellement dangereuse, nous exprimons le niveau d'exposition au danger suivant le tableau 4.24. Nous attribuons une valeur 1 à une situation rare et la valeur 4 à une exposition permanente.

e	1	2	3	4
	Rare	Occasionnelle	Fréquente	Permanente

Tableau 4.24: Estimation du niveau d'exposition au danger

4.7 Les limites du système

L'étude du risque environnemental d'un IGH est fonction des scénarios choisis ainsi que de l'appréciation des risques particuliers. La méthode développée se base sur des listes d'objets pré-établis et sur des matrices d'évaluation de paramètres affectant le risque global environnemental. Dès lors, la valeur finale dépendra de la précision des informations fournies (Rufat, 2012), ainsi que de l'appréciation du risque pour chacune des sources de danger. A cet effet, il est nécessaire, pour l'étude de risque environnemental, d'avoir une base de données suffisante pour la validation des résultats c'est-à-dire une connaissance géographique des lieux étudiés ainsi que des différences d'altitude de l'environnement présent autour de l'IGH, par exemple. En effet, il est demandé de détailler les dimensions géométriques du bâti voisin ainsi que les usages et les fonctionnalités de ces bâtiments. Ensuite, il doit être envisagé de rassembler un panel d'experts pour la phase d'analyse et d'évaluation des différents paramètres du programme afin de réduire l'incertitude au niveau de la perception des dangers.

L'intérêt de cette méthode est de pouvoir synthétiser la réalité d'un environnement hétérogène en des listes et matrices de risques aptes à simplifier cette complexité : différentes données (géométriques, altitudes et autres), indicateurs, poids et scores sont requis à cette fin.

Or, ces listes pré-établies d'objets potentiellement présents autour de l'IGH ne sont pas exhaustives et ne reprennent qu'un ensemble de bâtiments, structures et espaces couramment présents autour d'IGH en milieu urbain. Il est demandé dès lors à l'utilisateur de compléter, s'il y a lieu, cette liste en fonction de l'environnement étudié.

La précision au niveau du risque global environnemental est fonction de l'introduction des paramètres dans le programme. En raison de la relative complexité du système étudié et du nombre de situations différentes, il ne peut être envisagé d'entrer dans le détail de chaque objet présent dans le voisinage de l'IGH étudié : une certaine tolérance est acceptée, par exemple, vis-à-vis des dimensions géométriques de base qui servent à la détermination des surfaces de plancher. Il est envisageable aussi de ne considérer qu'une densité moyenne de bâtiments (et donc d'occupants) et de ne prendre en compte que les bâtiments spéciaux et/ou exceptionnels tels que des IGH, stations-services, gares, etc.

4.8 Conclusion

Nous avons pu voir tout au long de ce chapitre la méthodologie développée pour l'analyse de risques environnementaux ainsi que les différentes étapes et moyens mis à disposition de l'expert pour procéder à cette analyse. La méthodologie reprend une formulation issue de la méthode FRAME. Cette méthode ne concernait que les études de scénarios d'incendie or, comme nous avons pu le voir aux précédents chapitres, de nombreuses autres situations accidentelles ou naturelles peuvent endommager des IGH. Nous avons donc développé une formulation permettant d'appréhender le risque suivant trois aspects :

- Le niveau de risque potentiel P_e qui reprend l'ensemble des sources de danger auxquels l'IGH et l'objet étudié doivent faire face,
- Le niveau de la protection D_e propre à l'IGH et à l'environnement, ce qui permet de réduire le niveau de risque environnemental lorsque les mesures de protection sont appliquées correctement,
- Le niveau d'acceptabilité du risque A_e, fonction du type d'environnement et d'IGH : la valeur varie suivant trois thèmes qui sont les Biens, les Activités et les Occupants.

L'originalité de la méthode développée est l'intégration d'un ensemble de paramètres propres à l'IGH étudié et à l'environnement présent autour de cet IGH. La méthode a été développée sur base d'une analyse de différents paramètres liés à un IGH et aux objets présents dans le voisinage de cet IGH. Ceux-ci ont été repris pour permettre d'avoir une vision globale de l'environnement et de l'influence qu'ils peuvent avoir sur cet environnement dans le cas d'une étude d'un événement indésirable. Cette méthode a été, de fait, développée sur base d'une approche pragmatique et empirique faisant l'objet d'une phase de validation expliquée au chapitre 6. La formulation du risque environnemental R_e fournit une valeur numérique du risque pour chacun des secteurs délimités par différents niveaux. Il est ainsi évité l'obtention d'une valeur globale de risque qui masquerait des situations considérées comme risque élevée. La méthode développée est une méthode semi-quantitative du risque car des matrices d'évaluation sont utilisées pour la détermination de paramètres et des formulations empiriques ont été développées.

Nous aurons vu comment déterminer les sources de danger, le niveau d'acceptabilité du danger et le niveau de protection tant pour l'IGH que pour l'environnement. La détermination et la caractérisation de l'environnement sont effectuées à l'aide de matrices d'évaluation et de listes pré-définies d'objets tels que les infrastructures, les bâtiments, le génie civil, etc. Un tel choix est parti du constat que chaque analyse d'un IGH et de son environnement est particulière et unique. Afin de prendre en compte cette diversité dans les situations et l'environnement présent autour d'un IGH, la méthode a été développée afin de reprendre un ensemble de paramètres aptes à décrire ces environnements. Ainsi, certains paramètres sont définis selon des aspects géométriques (éléments objectifs de l'étude) tandis que d'autres nécessitent une évaluation par un expert ou un groupe de travail (éléments subjectifs de l'étude). Pour ces derniers éléments, nous proposons un ensemble d'échelles numériques qui permettent, suivant les critères étudiés, d'évaluer les objets pour le risque d'acceptabilité A_e et le niveau de protection D_e. Cette échelle est une première proposition d'évaluation des résultats obtenus qui, rappelons le, sont fort dépendants des valeurs et données introduites par l'utilisateur. Il ne peut être exigée de la méthode et du programme des résultats absolus du risque en raison des différentes limitations exprimées dans ce chapitre : incertitude dans les données, erreur de jugement, perception biaisée du risque, etc.

Au chapitre suivant, il sera fourni les explications du programme développé sur base de la méthode d'analyse des risques environnementaux. Cet outil est nécessaire en raison de la grande diversité des scénarios et des environments envisageables. Ce programme et la méthode développée sont des outils permettant aux utilisateurs, qu'ils soient concepteur ou décideur public, d'évaluer l'impact environnemental d'un IGH sur son voisinage. L'étude du risque environnemental se fera en seconde étape, après le respect au minimum des normes nationales, car les résultats finaux obtenus par la méthode ne peuvent être un justificatif à une malfaçon ou mauvaise conception de l'IGH.

Page intentionnellement laissée vide.

5 Outil implémenté d'analyse des risques environnementaux des IGH

5.1 Introduction

L'objectif de ce chapitre est de fournir une description du fichier de calcul développé sous OpenOffice 3.2. Il y sera traité des choix et hypothèses pris pour le modèle numérique.

Le développement d'un modèle de simulation numérique devient une nécessité quand le nombre de paramètres à étudier ou à déterminer est élevé, ou lorsque ces paramètres interagissent fréquemment à différents niveaux, rendant complexe la compréhension des systèmes étudiés. Pour notre cadre de recherche, l'étude d'un IGH et de son environnement réclame une grande variété de paramètres. Le programme doit donc répondre au besoin principal de simplicité et de compréhension car il doit être accessible à tous. Chaque environnement étudié est unique : il ne se trouve pas le même nombre d'immeubles, de commerces ou de fonctions publiques pour chaque analyse environnementale. En raison de cette complexité et du choix de simplicité dans l'usage du programme, il a été décidé de développer la méthode d'analyse des risques environnementaux dans un fichier de type Excel, en utilisant un logiciel de tableurs. Le programme est développé dans un format de type .xls car il peut être utilisé sur de nombreux environnements informatiques. Le principal avantage de ce type de format est, outre sa capacité à être lu par divers logiciels de tableurs tels que Microsoft Excel ou OpenOffice Calc, que c'est un format connu par un grand nombre d'utilisateurs d'ordinateurs et aisément fonctionnel : peu de prérequis informatiques sont nécessaires pour l'utilisation du fichier développé.

Nous verrons dans ce chapitre quelles sont les données nécessaires requises ainsi que la manière de les introduire dans le programme afin de déterminer le niveau de risque environnemental R_e. Afin de faciliter la lecture de ce chapitre, les captures d'image du programme ont été ajoutées en annexe au point 10.4« Annexe 4 – Captures d'images du programme ». Nous ferons référence à ces images dans le texte lorsque nécessaire.

Le public visé par cet outil inclut les bureaux d'études et de contrôle, les administrations publiques en charge de la mise en place de plans de catastrophes et les services d'urgence. Le panel étant large, l'usage d'un outil sous format .*xls* évite l'installation du programme et des risques d'incompatibilité avec des environnements différents de celui avec lequel le programme a été conçu tels que les fichiers exécutables .*exe*. En outre, le programme peut être rapidement envoyé et modifié par les utilisateurs selon leurs besoins. Il est ainsi évité le principe de la boîte noire qui rend difficile la compréhension du programme. Le tableur peut également être placé sur des serveurs de réseau local ou partagé sur des serveurs virtuels comme par exemple Google Drive ou Dropbox.

5.2 Cahier de charges

Quels ont été les paramètres déterminant le développement du programme ? Celui-ci se doit d'être simple d'usage, accessible par n'importe quel utilisateur, fonctionnel sur n'importe quel type de plateforme et ordinateur. Le temps d'introduction des champs de données doit être le plus rapide possible. L'utilisateur doit en outre pouvoir naviguer aisément dans le programme. Le programme ne doit pas requérir de trop grandes ressources informatiques pour le processus de calcul et ne doit pas être trop volumineux en espace dans un disque dur. Ce dernier point est actuellement un point mineur du fait que les nouvelles machines informatiques peuvent stocker d'importantes ressources ou offrent la possibilité de partager sur des réseaux virtuels les documents.

Les points mis en évidence sont les suivants :

- Simplicité dans le remplissage des données,
- Usage sur des environnements bureautiques divers,
- Accessibilité pour tout type d'utilisateur,
- Modifiable aisément,
- Compréhensible dans l'utilisation et les modifications,
- Langue : Anglais pour une audience large.

Les données demandées se doivent d'être les plus simples possibles et réduites au maximum afin de diminuer le nombre d'erreurs potentielles de la part de l'utilisateur quand il débute son analyse de risques. Ces données sont introduites à l'aide de tableaux avec, en ordonnée, la liste des objets, liste qui peut être remplie selon le souhait de l'utilisateur, et en abscisse, l'ensemble des paramètres à prendre en compte lors de l'étude du risque environnemental.

Le programme fournit des tableaux où sont affichées les différentes valeurs du risque environnemental selon le secteur associé ainsi que des représentations de ces niveaux de risque sur un format graphique polaire avec un centre représentant l'IGH étudié. Sur ce graphique, l'utilisateur retrouve des informations telles que l'orientation suivant les axes cardinaux, les différents périmètres étudiés et les valeurs de risques associés aux secteurs analysés.

Nous ne pouvons fournir une représentation réaliste de courbes de risques à l'aide d'outils tels que les Système d'Information Géographique (SIG). Cette approche, par l'usage d'outils SIG, combine selon Rufat (2012) une vision globale et analytique de l'environnement existant autour de l'IGH. Or, afin d'éviter l'usage d'outils différents qui nécessitent de développer des compétences variées, nous simplifions la représentation graphique par le seul usage du logiciel de tableur.

5.3 Les données requises

Avant de pouvoir entrer les différentes données dans le programme, il est nécessaire de caractériser l'environnement : des outils tels que Google Maps ou Bing Maps permettent une première définition de l'environnement. En effet, il est demandé de lister l'ensemble des bâtiments, infrastructures, structures de génie civil et autres d'un point de vue position, dimensions, fonction et occupation. Nous nommons l'ensemble de ces éléments comme des objets pour la suite du raisonnement.

Dans le cas de cette étude, nous avons utilisé, pour le cas de la Région de Bruxelles-Capitale, les cartes de références *Brussels Urbis®©*. Pour les autres exemples d'IGH, principalement étrangers, quand il n'est pas possible d'obtenir des plans d'urbanisme sous format vectoriel, nous avons travaillé avec des images satellites accessibles librement avec Google Maps de *Google©* et/ou Bing Maps de *Microsoft Corporation©* que nous avons modifié avec le logiciel de dessin *Autocad 2010*. En retravaillant l'image satellite, nous obtenons un plan de quartier utilisable pour la caractérisation de l'environnement.

En effet, il est nécessaire de déterminer géométriquement chacun des objets présents dans l'environnement car ces données sont requises par la suite. Cette étape permet donc de fournir les dimensions géométriques de chaque objet ainsi que leur distance par rapport au centre géométrique du plan représenté par l'IGH. Les fonctions et occupations sont représentées par des codes couleur sur le plan (au choix de l'utilisateur).

Dans le programme, une première liste pré-établie d'informations reprend différents objets (bâtiments, infrastructures, génie civil, transports, etc.) mais elle n'est pas exhaustive et devra être complétée. Il est demandé à l'utilisateur d'identifier l'ensemble des objets de l'environnement en complétant la base de données fournie par la liste pré-établie. Chaque immeuble se décrit suivant sa base (longueur « L » et largeur « l »), son nombre d'étages n, sa position par rapport à l'IGH cible, c'est-à-dire la distance d [m] entre les centres géométriques des deux immeubles, son orientation cardinale (Nord « N », Sud « S », Est « E » et Ouest « O ») et enfin l'altitude. Il est possible de laisser une valeur numérique par défaut pour l'ensemble des objets listés s'il est estimé que la différence d'altitude ne représente pas un réel impact sur l'étude du risque.

Les autres données requises sont liées à l'étude par matrices de risques pour chaque objet de la liste ; cette analyse des objets peut être effectuée indépendamment entre chaque objet.

Il est ainsi demandé de satisfaire à 27 indicateurs pour l'environnement auxquels s'ajoutent 15 indicateurs supplémentaires pour l'IGH. Ces données sont nécessaires pour l'estimation du risque global. Il est important de ne pas avoir trop d'indicateurs à remplir (Rufat, 2012) mais suffisamment pour éviter de simplifier à outrance la réalité du terrain étudié. D'autres champs requis sont l'usage et fonctionnalité de chacun des objets répertoriés présents autour de l'IGH. Ce recensement des fonctionnalités pourra être effectué à l'aide des plans régionaux et plans d'affectation des sols tels que *BruGis®* de la Région de Bruxelles-Capitale, Street View de *Google©*, etc.

5.4 Structure du programme

Nous rappelons que le programme a été développé sur base de la formulation du risque environnemental R_e suivant :

$$R_e = \frac{P_e}{A_e \cdot D_e} \qquad (5.1)$$

Afin de prendre en compte les trois paramètres que sont le niveau de risque potentiel P_e, le niveau d'acceptabilité A_e et le niveau de protection D_e. Sept feuilles de calcul ont été développées au sein du même document *.xls*.

Nous retrouvons donc ces sept étapes représentées à l'Illustration 5.1 :
1. La feuille de calcul *Scenario*,
2. La feuille de calcul *Introduction*,
3. La feuille de calcul *Results*,
4. La feuille de calcul *Risk P_e 1*,
5. La feuille de calcul *Risk P_e 2*,
6. La feuille de calcul *Risk A_e*,
7. La feuille de calcul *Level D_e*.

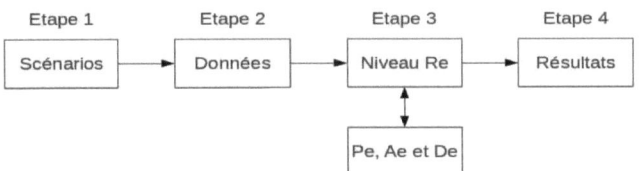

Illustration 5.1: Étapes dans le processus d'analyse du risque à l'aide du programme

Les trois premières feuilles sont destinées à l'utilisateur et les quatre suivantes pour le calcul interne du niveau de risque global. Ces dernières feuilles sont accessibles pour l'utilisateur afin qu'il puisse suivre les différentes étapes de calcul développées dans le programme.

À noter que les feuilles de calcul *Risk P_e 1* et *Risk P_e 2* permettent de déterminer le niveau de risque potentiel P_e pour deux scénarios distincts. Nous pouvons considérer une étude de scénarios consécutifs à l'aide de ces deux scénarios : il est demandé à l'utilisateur d'introduire dans la partie *Introduction* les probabilités d'occurrence pour ces deux scénarios, déterminés à l'aide de la partie *Scenario*. L'utilisateur peut décider de n'étudier qu'un seul scénario : les champs de données du second scénario ne devront pas être remplis pour l'étude.

5.4.1 Étude des scénarios

Pour la première étape, nous évaluons différents scénarios à l'aide de la formulation (5.2) vue au point 4.3.1 concernant les potentielles faiblesses de l'IGH étudié. Cet IGH est considéré selon ses fonctions, sa structure et son environnement immédiat suivant une première analyse des risques et facteurs à risques.

L'objectif réside dans la détermination des scénarios critiques qui devront faire l'objet d'une étude complémentaire à l'étape 2 ou *Introduction* qui sera l'encodage des différentes données caractéristiques de l'environnement et de l'IGH. Pour cette première étape, trois thèmes (Fonctions, Structures et Environnement) sont étudiés en relation avec l'IGH étudié suivant deux catégories de risques prédéterminés (Risques Naturels et Risques Malveillants), voir les sources de danger définies au tableau 4.2, point 4.3.1.

L'évaluation du risque des éléments décrits au tableau 4.3 s'effectue suivant la formulation :

$$R = V \cdot M \cdot F \tag{5.2}$$

L'utilisateur entrera des points entre 1 et 10 avec 1 pour la valeur la plus faible, et 10 pour la valeur la plus importante. Des codes couleurs ont été choisis afin d'identifier aisément les scénarios critiques qui devront faire l'objet d'une étude complémentaire. En effet, suivant le tableau 5.1, une couleur en surbrillance apparaîtra en fonction des résultats pour chaque élément analysé.

Type	Valeur	Couleur
Risque faible	1 à 60	Vert
Risque moyen	61 à 175	Jaune
Risque élevé	> 176	Rouge

Tableau 5.1: Codes couleur pour chaque risque étudié

Une hiérarchisation des scénarios pourra se faire ensuite selon ces codes couleurs et le score final obtenu pour chaque thème.

5.4.2 Introduction des paramètres

L'introduction des données est une étape essentielle dans le processus de détermination du niveau de risque global R_e. Il est pour cela important que cette étape soit simple et claire pour l'utilisateur. Les différents paramètres nécessaires à l'évaluation ont déjà été vus au chapitre précédent. Les dimensions géométriques suivent le Système International d'unités et sont donc en mètre. Les paramètres demandés à l'utilisateur ont été présentés au tableau 4.6 du chapitre précédent.

En premier lieu, pour les facteurs de valeur V et de géométrie G, l'utilisateur donne un score à chacun des paramètres proposés suivant une échelle allant de 0 à 5. Rappelons que la matrice de valeur V détermine le niveau de faiblesse/menace de l'IGH et la matrice de géométrie G évalue le niveau de performance de la construction. Le score final de ces tableaux s'effectue dans les feuilles *Risk P_e 1* et *Risk P_e 2*.

La caractérisation de l'IGH continue avec l'introduction de la hauteur de l'immeuble, de son altitude qui servira de référence par rapport aux autres objets étudiés de l'environnement, des échelles accordées aux quatre périmètres étudiés en fonction de la hauteur de l'IGH, de la présence ou non d'un plan d'urgence pour l'IGH, et enfin des probabilités d'occurrence des deux scénarios choisis en terme de pourcentage. Ces différentes étapes se retrouvent sur l'Illustration 10.2 (page 249).

En deuxième lieu, une liste pré-établie d'objets est développée dans cette même feuille. L'utilisateur introduit, pour chaque objet présent dans cette liste, les données caractéristiques (dimensions, nombre d'étages, position, altitude et orientation) et les évaluations pour chaque paramètre P_e, A_e et D_e. Cette étape se retrouve aux Illustrations 10.3 et 10.4 (pages 250 et 251).

L'utilisateur doit encoder les différentes valeurs aux lignes ombragées grises claires. Toutefois, pour certaines cellules, des valeurs se trouvent déjà remplies par défaut (valant 1) : elles sont introduites pour éviter les divisions par zéro pour certaines opérations numériques effectuées dans le document.

Chaque objet de la liste pré-établie a son propre numéro d'identification qui permet, par la suite, d'alerter l'utilisateur lorsque des objets sont manquants dans les autres feuilles du document. En effet, lorsque l'utilisateur décide d'insérer une nouvelle ligne dans la feuille *Introduction*, cette insertion ne s'exécute pas automatiquement dans les autres feuilles du document. Il est donc nécessaire que l'utilisateur introduise lui-même cette nouvelle ligne dans les autres feuilles. Un test logique a été développé afin d'alerter l'utilisateur lorsqu'il manque une ligne grâce au numéro d'identification.

Ainsi, lorsqu'un objet est inséré entre deux lignes identifiés *n* et *n+1*, l'utilisateur doit recopier la mise en page et code de la ligne *n* à cette nouvelle ligne qui devient donc *n+1*, la ligne suivante devenant *n+2*. Or cette nouvelle ligne *n+1* n'est pas reprise dans les autres feuilles. Aux feuilles suivantes, la cellule du numéro d'identification *n+2* apparaît en surbrillance rouge tant que la nouvelle ligne *n+1* n'est pas insérée sur la feuille en cours ainsi qu'aux autres feuilles. Cette opération apparaît à l'Illustration 5.2 où pour l'image de gauche, il est inséré une nouvelle ligne, opération non répétée aux autres feuilles ; l'utilisateur peut constater cette lacune aux autres feuilles par une surbrillance rouge à la ligne n+2 voir l'image de droite de cette même Illustration 5.2. Après correction, la cellule d'identification *n+2* passe enfin en surbrillance vert.

1	Major structures	
2	Telecommunications infrastructures	
3		Facilities for broadcast TV
4		
5		Cable TV
6		Cellular networks
7		Newspaper offices, production and distri
8		Radio stations
9		Satellite base stations
10		Telephone trunking and switching statio

1	Major structures	
2	Telecommunications infrastructures	
3		Facilities for broadcast TV
5		Cable TV
6		Cellular networks
7		Newspaper offices, production and dist
8		Radio stations
9		Satellite base stations
10		Telephone trunking and switching stati

Illustration 5.2: Insertion d'une nouvelle ligne. A gauche, la feuille Introduction et à droite, la feuille Risk Pe 1

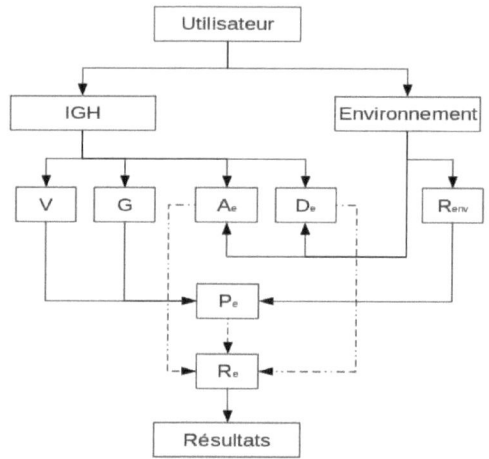

Illustration 5.3: Schématisation du fonctionnement du programme

À partir de la feuille *Introduction*, l'utilisateur suivant le cheminement de l'Illustration 5.3 peut décider de remplir les données propres à l'IGH ou celles propres à l'environnement. Certains paramètres sont uniquement applicables à l'IGH ou à l'environnement, tandis que d'autres sont partagés entre ces deux cadres. Il n'est pas requis de débuter forcément par l'IGH ou de remplir complètement la liste de l'environnement.

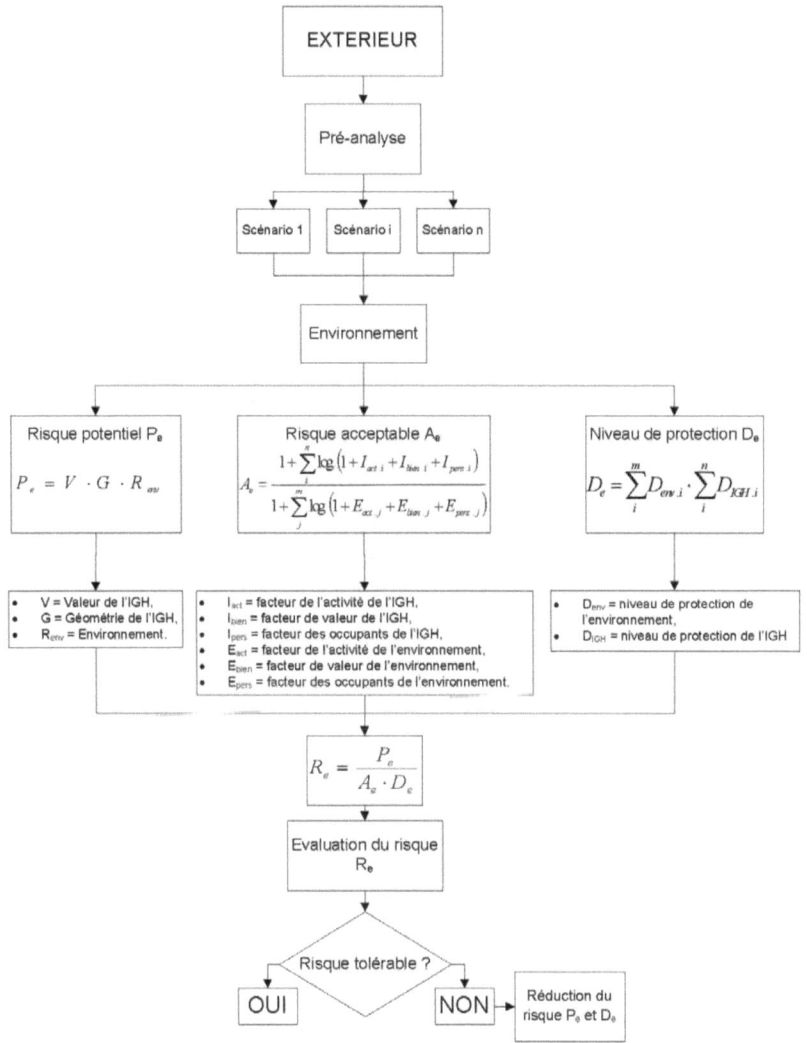

Illustration 5.4: Détermination du niveau de risque R_e

Pour rappel, les formulations pour déterminer R_{env}, A_e, D_e et P_e ont été vues au chapitre 4. L'Illustration 5.4 reprend les différents paramètres utilisés pour la caractérisation du niveau de risque environnemental R_e.

5.4.3 Procédure de calcul du risque potentiel P_e

Dans chaque feuille de calcul (*Risk Pe 1*, *Risk Pe 2*, *Risk Ae* et *Level De*), l'ensemble des données de la feuille *Introduction* se retrouvent de nouveau affichées. Aucune intervention de la part de l'utilisateur n'est requise, exceptée l'insertion de nouvelles lignes de données.

Les quatre feuilles se présentent de la même manière : la liste pré-établie d'objets et un tableau reprenant les données introduites par l'utilisateur dans la feuille *Introduction* comme le représente l'Illustration 10.5 (page 252). Diverses colonnes permettent à l'utilisateur de parcourir les différentes étapes de calcul pour vérification.

L'Illustration 5.5 reprend les quatre étapes pour la détermination du niveau de risque potentiel P_e, le principe reste le même pour la détermination du risque acceptable A_e et du niveau de protection D_e comme le montre l'Illustration 10.6 (page 253).

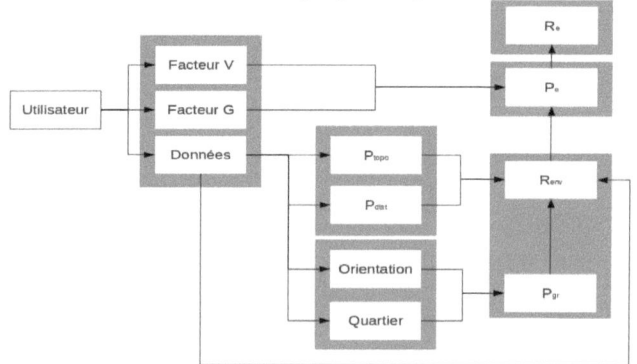

Illustration 5.5: Schéma simplifié de la feuille de calcul du niveau de risque potentiel P_e

Certains paramètres nécessitent d'être calculés de manière automatique au contraire de ceux déjà fournis par l'utilisateur. Ces derniers paramètres ont été présentés aux tableaux 4.6 et 4.7. Les paramètres déterminés par le programme sont : le poids de la distance P_{dist}, le poids des altitudes différentes P_{topo} et l'effet groupe P_{gr}.

Nous pouvons décrire le processus du calcul du risque potentiel P_e en quatre étapes :

1. Les données introduites dans la feuille *Introduction* sont reprises dans la feuille du risque Potentiel P_e suivant la liste pré-établie des objets. Il n'est pas nécessaire d'afficher de nouveau les différentes informations dans le tableau des objets. Toutefois, par souci de clarté dans l'usage des paramètres aux étapes suivantes, il a été

choisi de procéder ainsi. L'utilisateur peut donc se rattacher aux informations données lorsqu'il désire vérifier les différentes opérations numériques.
2. La seconde étape consiste, en premier lieu, au calcul du poids de la distance P_{dist}, et du poids de la différence d'altitude P_{topo} entre les deux immeubles étudiés (IGH et objet). Ensuite, chaque objet de la liste, auquel on a fourni une distance et une orientation cardinale par rapport à l'IGH étudié, se verra attribuer un numéro d'identification suivant le secteur auquel il appartient.
   - L'étude de P_{dist} se fait à l'aide de l'équation (5.3) et P_{topo} via l'équation (5.4). Pour ce dernier paramètre, comme il est indépendant pour chaque objet, le calcul s'effectue automatiquement dans une colonne appelée P_{alt}. Quatre colonnes reprenant les quatre niveaux de périmètre sont présentes dans la feuille. L'Illustration 10.5 présente le test effectué au niveau de la distance pour chacun des objets. Comme le poids de la distance est calculé automatiquement, le résultat est affiché dans chacune de ces colonnes dès que la distance d entre l'IGH et l'objet est inférieur ou égal au niveau défini à l'avance (voir le tableau 5.2). Le résultat de ce test est utilisé plus tard pour la détermination des secteurs.

$$P_{dist} = e^{\frac{H^2}{d^2}} \qquad (5.3)$$

$$P_{topo} = \frac{alt_{IGH}}{alt_{obj}} \qquad (5.4)$$

Niveau	1	2	3	4
P_{dist}	P_{dist} si $d \leq \frac{H}{2}$	P_{dist} si $d \leq H$	P_{dist} si $d \leq 2H$	P_{dist} si $d \leq 3H$

Tableau 5.2: Étude de la distance pour chaque objet de la liste

   - L'identification du secteur auquel l'objet appartient se fait en deux parties : la première est la reconnaissance de l'orientation cardinale et de la distance fournies par l'utilisateur. À chaque orientation *i* ou distance *j*, un code d'identification *ij* est enfin assigné pour chaque objet. La deuxième partie, à l'aide du code *ij*, est l'assignation d'un numéro d'identification du secteur auquel appartient l'objet étudié. Ce processus est présenté à l'Illustration 5.6.

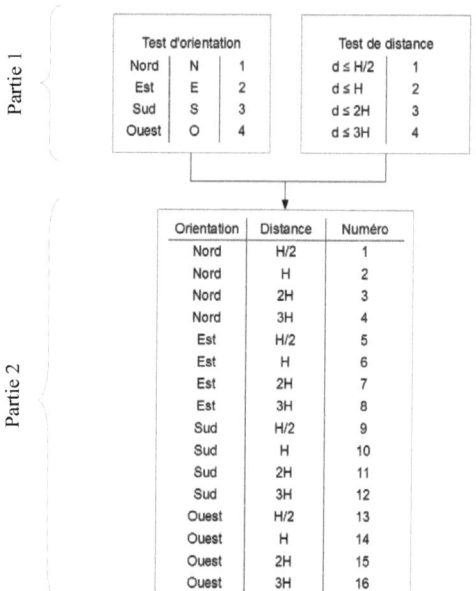

Illustration 5.6: Identification du secteur

3. La troisième étape est la détermination du niveau d'effet groupe P_{gr}, formulation (5.5). Pour chaque secteur, l'ensemble des surfaces de base des objets présents S_{obj} seront sommées et ramenées sur la surface de ce secteur S_{quart}. Cette étape n'est possible qu'après l'identification de l'ensemble de tous les objets présents dans un même secteur. Ce paramètre sera ensuite employé dans la formulation du niveau de risque environnemental R_{env} pour chacun des secteurs.

$$P_{gr} = \frac{\sum_{i}^{n} S_{obj}}{S_{quart}} \quad (5.5)$$

4. La quatrième et dernière étape est le calcul du niveau de risque potentiel P_e qui reprend les valeurs obtenues pour les facteurs V et G. Une matrice (4x4), tableau 5.3, est obtenue selon l'orientation cardinale et les niveaux choisis. Cette matrice sert d'étape intermédiaire avant la multiplication avec les autres paramètres pour la détermination du niveau global de risque environnemental R_e.

Niveau		Nord	Est	Sud	Ouest
1	H/2	P_{e1}	...	...	P_{e13}
2	H				...
3	2H				...
4	3H	P_{e4}	...	...	P_{e16}

Tableau 5.3: Matrice du risque potentiel P_e

5.4.4 Procédure de calcul du risque acceptable A_e

Dans cette section, nous verrons le principe de fonctionnement de la page de calcul pour le niveau de risque acceptable A_e. Ce principe ne diffère pas de celui pour le calcul du risque potentiel P_e vu précédemment. Tout comme pour le niveau de risque potentiel, chaque objet est étudié selon son secteur. L'Illustration 5.7 reprend les différentes étapes requises pour la détermination du niveau de risque acceptable A_e.

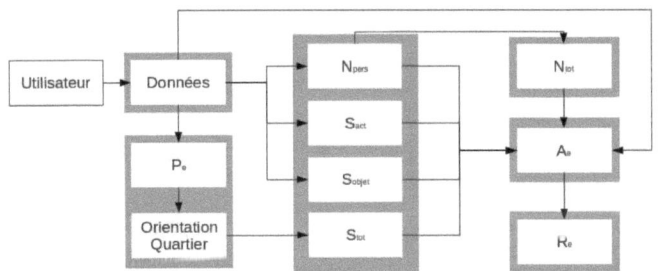

Illustration 5.7: Schéma simplifié de la feuille de calcul du niveau de risque acceptable A_e

Les calculs sur cette feuille sont intégralement automatisés : l'utilisateur ne devra en rien interagir avec la feuille excepté en cas d'introduction de nouvelles lignes de données. L'utilisateur peut contrôler les informations précédemment introduites via le tableau de données, voir l'Illustration 10.7 (page 254), pour chaque objet selon les trois thèmes étudiés : activités, biens et occupants.

Lorsque l'utilisateur introduit ses données dans la feuille *Introduction*, certains paramètres devront être calculés numériquement tandis que d'autres sont repris de la feuille de risque P_e comme les numéros d'identification des objets pour chacun des secteurs. L'ensemble des dimensions géométriques et poids accordés par l'utilisateur sont repris de cette feuille *Introduction*. Alors que les surfaces (S_{act}, S_{objet} et S_{tot}) et le nombre de personnes (N_{pers} et N_{tot}) par objet ou par secteur doivent être déterminés automatiquement. Les données sont ensuite utilisées directement, pour chaque objet de la liste, dans la formulation de détermination du niveau de risque acceptable A_e et ce pour chaque secteur.

Nous pouvons distinguer trois étapes sur l'Illustration 5.7 :

1. La première est la reprise des informations utiles des feuilles *Introduction* et niveau de risque P_e pour l'étude du niveau de risque acceptable. Les paramètres requis auprès de l'utilisateur ont été vus aux tableaux 4.6 et 4.7. D'autres nécessitent d'être déterminés automatiquement, objet de la 2e étape.
2. Les paramètres, calculés automatiquement, sont : les surfaces de base de chaque objet en terme de bien S_{objet} et d'activité S_{act} [m²], les surfaces de chaque secteur S_{tot} [m²], le nombre de personnes dans chaque objet N_{pers} [/] et dans le secteur en question N_{tot} [/]. Ces étapes sont montrées à l'Illustration 10.8 (page 255).
3. La troisième et dernière étape est la détermination du niveau de risque acceptable. Une matrice du risque acceptable (4x4) sera obtenue comme pour le risque potentiel P_e.

Pour commencer, les données introduites dans la feuille *Introduction* sont de nouveau affichées sur la feuille *Risk A_e* afin de permettre de suivre les différentes étapes de calcul sur cette même feuille. Ces données seront directement utilisées pour le calcul de A_e à l'étape 3.

Ensuite, en second lieu, les surfaces S_{objet} et S_{act} sont déterminées à l'aide des paramètres fournis par l'utilisateur : longueur L [m], largeur l [m] et nombre d'étages n [/]. Ces surfaces, S_{objet} et S_{act}, concernent l'aire totale pour chaque objet par rapport respectivement aux facteurs de *Bien* et d'*Activités*. Rappelons qu'un objet peut être un immeuble de bureaux, un bâtiment des services publics, un cinéma, etc. Cet objet est défini par un nombre n d'étages et une surface de base pour les étages caractérisée par deux paramètres : la longueur L et largeur l.

$$Surface = L \cdot l \cdot n \tag{5.6}$$

Nous devons, pour l'étude des rapports de surface d'un objet sur son environnement, prendre en compte les surfaces de chacun des secteurs. Ces secteurs sont déterminés selon leur distance par rapport à l'IGH. Or une opération d'identification de chacun des objets par rapport à son secteur a déjà eu lieu au niveau de la feuille de calcul du risque potentiel P_e. Nous reprenons les résultats directement pour chaque objet de la liste. Ensuite, à partir de leur identifiant, nous associons les aires de secteur selon le tableau 5.4.

Secteurs	Distance	Aire
1, 5, 9, 13,	H/2	$\dfrac{\pi \cdot \left(\dfrac{H}{2}\right)^2}{4}$
2, 6, 10, 14,	H	$\dfrac{\pi \cdot (H)^2 - \pi \cdot \left(\dfrac{H}{2}\right)^2}{4}$
3, 7, 11, 15,	2H	$\dfrac{\pi \cdot (2H)^2 - \pi \cdot (H)^2}{4}$
4, 8, 12, 16,	3H	$\dfrac{\pi \cdot (3H)^2 - \pi \cdot (2H)^2}{4}$

Tableau 5.4: Calcul des aires des secteurs

Un dernier point doit encore être effectué : la détermination du nombre de personnes N_{pers} par objet et le nombre de personnes N_{tot} présentes dans chaque secteur. Le nombre de personnes N_{pers} dans un immeuble est déterminé à l'aide de densités d [pers/m²] prédéfinies et des surfaces S_{objet} [m²] pour chaque objet. Le tableau 5.5 fournira les densités selon le type de fonction de chaque objet ; l'utilisateur peut toutefois modifier ces densités utilisées dans la formulation (5.7) et adapter les valeurs pour correspondre au nombre réel de personnes présentes dans l'immeuble. L'ensemble des personnes dans chacun des objets (N_{pers}) d'un même secteur sont ensuite sommées pour obtenir le nombre N_{tot} par secteur, formulation (5.8).

$$N_{pers} = d \cdot S_{obj} \qquad (5.7)$$

$$N_{tot} = \sum_i^n N_{pers} \qquad (5.8)$$

Fonction	Densité [pers/m²]
Environnement (par défaut)	0.03
Infrastructures de télécommunication	0.003 – 0.1
Centrales de production d'électricité	0.003 – 0.03
Installations de gaz et pétrole	0.003 – 0.03
Institutions financières et banquaires	0.1
Réseaux de transport	0.003 – 0.6 – 3
Réseaux d'abduction	0.003 – 0.03
Services publics	0.1
Services d'urgence	0.03 – 0.1
Installations agricoles	0.003
Installations industrielles, de production et de commerce	0.05 – 0.1 – 0.3
événements et attractions	1.5
Systèmes de soins de santé	0.1
Sites symboliques et politiques	0.1 – 1.5
Etablissements publics/privés	0.5 – 1.5
Installations de loisir	0.6 – 1.5
Résidentiel	0.05

Tableau 5.5: Valeurs de densités (De Smet, 2008)

Enfin, lorsque les surfaces et nombres de personnes ont été obtenues numériquement, nous pouvons procéder au calcul du niveau de risque acceptable A_e pour chaque secteur. Une matrice (4x4), tableau 5.6, est déterminée selon l'orientation cardinale et les niveaux choisis.

Niveau		Nord	Est	Sud	Ouest
1	H/2	A_{e1}	...	...	A_{e13}
2	H		...	...	
3	2H		...	...	
4	3H	A_{e4}	...	...	A_{e16}

Tableau 5.6: Matrice du risque acceptable A_e

5.4.5 Procédure de calcul du niveau de protection D_e

Le dernier élément à étudier est le niveau de protection de l'IGH et de l'environnement, c'est-à-dire l'ensemble des objets présents autour de l'IGH. Rappelons que ce niveau de protection est défini comme un produit des niveaux de protection de l'environnement et ceux de l'IGH.

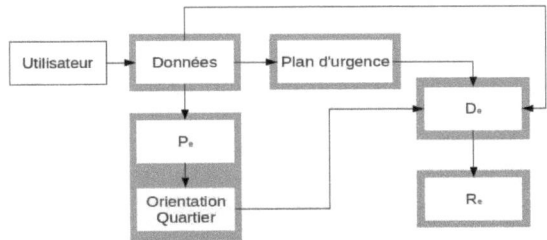

Illustration 5.8: Schéma simplifié de la feuille de calcul du niveau de protection D_e

La feuille de calcul D_e ne nécessite aucune intervention de la part de l'utilisateur excepté lorsque de nouveaux objets doivent être introduits manuellement dans chacune des feuilles du programme. L'ensemble des paramètres nécessaires ont déjà été introduit par l'utilisateur dans la base de données *Introduction*, voir l'Illustration 10.9 (page 256). L'unique test effectué sur la feuille *Level De* est de vérifier si un plan d'urgence existe ou non pour l'IGH et pour chacun des objets listés. La vérification est effectuée à l'aide d'un test logique suivant les informations fournies par l'utilisateur dans les données :

Réponse de l'utilisateur	Valeur f_{corr}
YES	1
NO	0,1

Tableau 5.7: Test de logique pour la valeur de f_{corr}

La valeur du niveau de protection est calculée pour chaque secteur comme le représente l'Illustration 10.10 (page 257). Dès lors, le numéro d'identification obtenu à l'étape du risque potentiel P_e est repris pour chacun des objets. Cela permet donc de fournir une valeur D_e pour chaque secteur. L'Illustration 5.8 reprend les étapes nécessaires à l'obtention de la valeur D_e.

Finalement, une matrice (4x4) est obtenue selon l'orientation cardinale et les niveaux choisis pour chacun des secteurs étudiés.

Niveau		Nord	Est	Sud	Ouest
1	H/2	D_{e1}	...	...	D_{e13}
2	H	...			...
3	2H	...			...
4	3H	D_{e4}	...	...	D_{e16}

Tableau 5.8: Matrice du niveau de protection D_e

5.4.6 Résultats

L'importance d'une bonne compréhension et d'une facilité dans l'emploi des résultats impliquent que les valeurs du risque environnemental pour les différents scénarios soient clairement exprimées. L'objectif est donc de permettre une facilité de lecture dans les résultats afin de retrouver rapidement les valeurs à risque selon le secteur étudié. Les représentations graphiques sont des outils répondant à ces critères.

Les données résultantes des différentes opérations numériques sortent sous la forme d'une matrice, illustrée au tableau 5.9 ci-dessous. Il y est repris les seize secteurs étudiés selon les quatre orientations cardinales ainsi que la distance entre l'IGH étudié et la limite de chacun des périmètres: H/2, H, 2H et 3H. Comme nous étudions deux scénarios, deux termes risques potentiels P_{ei} sont déterminés suivant les probabilités d'occurrence de chacun des scénarios étudiés. Le risque acceptable A_e et le niveau de protection D_e ne changent pas pour ces deux scénarios. Au final, deux valeurs de risque environnemental R_{ei} sont déterminées et sommées de cette manière :

$$R_e = P_{occ1} \cdot R_{e1} + P_{(occ2|occ1)} \cdot R_{e2} \tag{5.9}$$

	Nord				Est				Sud				Ouest			
Secteur	1-1	2-2	3-3	4-4	1-5	2-6	3-7	4-8	1-9	2-10	3-11	4-12	1-13	2-14	3-15	4-16
Périmètre	H/2	H	2H	3H	H/2	H	2H	3H	H/2	H	2H	3H	H/2	H	2H	3H
P_{e1} :																
P_{e2} :																
A_e :																
D_e :																
R_{e2} :																
R_{e2} :																
R_e :																

Tableau 5.9: Matrice des résultats du niveau de risques environnemental R_e

Nous représentons l'ensemble de ces données, dans le document Excel, par des graphiques de type « Radar » ou en « Araignée ». Ce type de graphique représente les valeurs de chaque catégorie, dans notre cas les valeurs pour chaque même périmètre, le long d'un axe distinct qui commence au centre du graphique et se termine sur l'anneau extérieur. En d'autres termes, nous représentons l'ensemble des valeurs de chaque secteur « i-j », avec i l'identification du périmètre et j l'identification du numéro de secteur avec au centre du graphique l'IGH étudié. Pour chaque périmètre, quatre valeurs différentes de R_e sont obtenues suivant les quatre secteurs définis selon les axes cardinaux (Nord N, Sud S, Ouest O et Est E). L'Illustration 5.9 reprend les niveaux de risque environnemental final R_e suivant un cas d'étude du WTC7.

Le principal avantage de ce type de représentation est de pouvoir superposer un plan urbanistique simplifié de l'environnement et le graphique obtenu. Les secteurs et périmètres à risque sont aisément repérables par cette superposition.

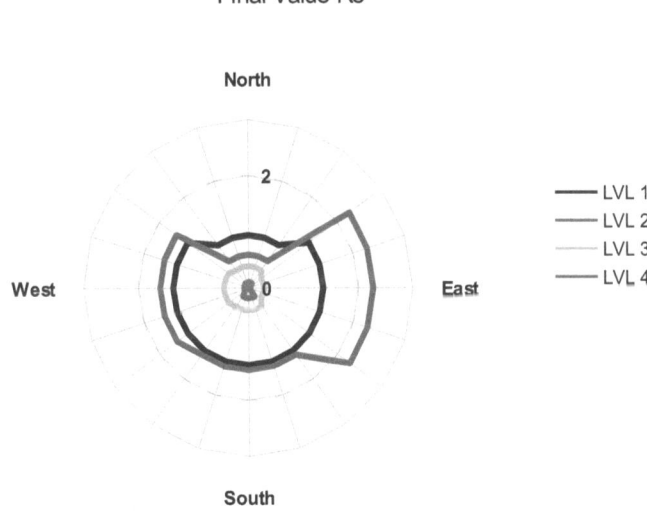

Illustration 5.9: Schéma type du risque environnemental R_e

Trois graphiques de ce type sont proposés à l'utilisateur : la valeur final R_e résultat des deux scénarios considérés, le risque environnemental R_{e1} dû au scénario 1 et le risque environnemental R_{e2} dû au scénario 2. Ce choix de représenter les valeurs intermédiaires et finales donne à l'utilisateur la possibilité de se rendre compte de l'importance de ses choix pour chacun des scénarios envisagés et de voir ensuite leurs combinaisons.

5.5 Discussion

Les limites du programme développé sur un format Excel sont que l'ensemble des calculs ne peuvent être effectués dynamiquement. Comme ils sont effectués statiquement, il n'est donc pas possible d'étudier sur une période donnée différents scénarios ou d'analyser l'évolution de l'ensemble des conséquences d'un scénario sur un IGH et son environnement. Cet aspect peut toutefois être envisagé en programmation orientée objet au sein du fichier *.xls* qui permettrait d'effectuer des calculs dynamiques sur différentes périodes. Nous n'avons pas pris cette option en raison des objectifs précités au point 5.2.

Comme nous partons de listes d'objets pré-établis modifiables par l'utilisateur, une limite discutée au chapitre 3 concernant celles-ci, plus subjective et probable, est la possibilité que le contrôle d'un environnement par des listes peut diminuer l'imagination de l'utilisateur. Ce dernier peut se restreindre à cette seule liste.

L'échelle utilisée est celle d'un quartier autour de l'IGH. Dès lors, la précision dans la détermination du niveau final du risque est fonction du détail des objets introduits et de la caractérisation de l'environnement. Nous travaillons à l'échelle du bâtiment et des infrastructures construites. Par facilité dans l'exécution du processus de caractérisation de cet environnement, nous n'avons pas pris en compte le mobilier urbain par exemple dans la liste des objets à considérer. L'utilisateur doit être conscient de ce type de limite lorsqu'il débute cette caractérisation de l'environnement.

Une dernière difficulté rencontrée avec ce type de logiciel de tableurs est que toute modification, sans exercice de programamtion, dans une feuille de calcul comme l'introduction d'une nouvelle ligne ou colonne n'est pas automatiquement répercutée dans les autres feuilles du programme. Il est donc nécessaire que l'utilisateur sélectionne l'ensemble des feuilles faisant l'objet d'une potentielle modification puis insère sa nouvelle ligne de données et copie enfin le format de la ligne précédente.

Un autre élément, ressorti après l'analyse des cas d'étude au chapitre suivant, est que lorsque l'utilisateur introduit des données non adéquates ou erronées, il doit être prévu des fonctions d'alertes directement lors de l'introduction dans la base de données. D'autres fonctions d'alerte devraient être pensés lorsque les calculs automatisées intermédiaires fournissent des valeurs exagérement trop importantes ou trop faibles. Cette situation est survenue lors de l'étude de sensibilité au point 6.2.1

suivant. Ces fonctions peuvent être conçus sur base d'une comparaison des résultats intermédiaires entre eux.

En outre, pour réduire les possibilités d'erreur lors de l'introduction des données, des listes déroulantes pourraient être implémentées dans le programme. Cet aspect est assez rapidement applicable et permettrait de faciliter l'utilisation de ce programme.

5.6 Conclusion

Le développement d'un programme d'analyse de risque doit satisfaire à plusieurs points qui sont une rapidité d'usage, une simplicité dans la compréhension de son fonctionnement, une utilisation facile et peu gourmande en ressources. Le choix s'est porté sur un développement d'un fichier .xls à l'aide d'un logiciel de tableurs. En effet, la plupart des machines informatiques comprennent un logiciel de tableurs faisant parti intégrante des offres de logiciels bureautiques tant pour un usage domestique que professionnel. Avec cela, le type de fichier choisi est un des formats les plus couramment utilisés ou lus par la plupart des logiciels de tableurs. En raison de son usage largement répandu, ce type de logiciel ne nécessite que fort peu de prérequis dans son usage quand des feuilles de calcul doivent être remplies : l'utilisateur ne doit introduire que des données numériques ou certaines caractères alphabétiques.

Le programme a été adapté au choix du logiciel de tableurs car, malgré certaines contraintes telles que l'impossibilité d'effectuer des calculs en dynamique, sa clarté dans la gestion des données introduites reste son point fort. L'utilisateur peut à tout moment modifier ses données et voir le résultat immédiat sans devoir relancer le processus de calcul. En effet, les fonctions utilisées dans le programme sont des fonctions logiques ou des fonctions de calcul numérique. Une autre difficulté réside dans le fait que l'utilisateur doive modifier, au cas où il introduit de nouvelles lignes dans la base de données, les différentes feuilles de calcul.

Par la nature même des feuilles du tableur, toutes les étapes de calcul pour chacun des objets de liste pré-établie sont visibles par l'utilisateur. Il peut donc vérifier ces étapes intermédiaires. En raison du format tableau de données, les résultats finaux du risque environnemental apparaîssent au fur et à mesure de l'enregistrement des données. Cela permet de constater l'effet direct des modifications sur les résultats finaux.

Nous avons pu découvrir les différents tests et procédures utilisées pour la mise en pratique des formulations développées au précédent chapitre. Divers tests et cas d'étude ont été produits mais, comme précisé en introduction de ce chapitre, il aurait été impossible de pouvoir tester l'ensemble des cas d'étude et combinaison de paramètre. En outre les objets et éléments présents dans un environnement changent pour chaque cas d'étude. Nous avons donc procédé à une série de tests qui ont permis de valider certains points du modèle et mis en perspective certaines difficultés. Le programme peut encore être amélioré et nécessite un travail en profondeur via la programmation VBA au sein du document *xls*. L'intérêt était, par ce programme développé sur Excel, de pouvoir tester rapidement et efficacement les importantes bases de données. Un programme entièrement programmé a son intérêt pour de futurs développements. Nous verrons au chapitre suivant les modèles simples et réels qui ont permis la validation de la méthode proposée au précédent chapitre et développée numériquement dans ce chapitre.

6 Études de cas

6.1 Introduction

Nous testerons, dans ce chapitre, différents hypothèses et scénarios afin de valider le programme. Nous débuterons avec une étude de sensibilité des différents paramètres demandés auprès de l'utilisateur. Ensuite des cas d'études simples seront développés puis nous ferons tourner le programme sur deux cas réels d'IGH : la Torre Windsor à Madrid et l'immeuble WTC7 à New York. Ces deux immeubles sont intéressants car, pour le premier, il a été partiellement détruit par un incendie accidentel tandis que le deuxième a été complètement détruit suite aux attentats du 11 Septembre 2001.

Nous avons, pour les deux cas d'études à Madrid et New York, utilisé les images satellites de Google Maps© que nous avons retravaillées afin d'obtenir un plan à l'échelle de chaque quartier d'un point de vue urbanistique. La recherche de caractérisation de chaque quartier autour de l'IGH a été complétée par un contrôle visuel à l'aide d'outils tels que Street View de Google© et des photos aériennes de type « Bird's Eye » de Bing Maps©. Ce dernier outil permet de consulter des vues aériennes de villes sous un angle de vue de 45° tandis que l'outil Street View offre la possibilité de contrôler visuellement le type d'activité présent au niveau des rez-de-chaussée des immeubles par exemple.

L'objectif de ce chapitre est de démontrer la variabilité des paramètres tels que l'emplacement des immeubles, la différence d'altitude entre ceux-ci ou encore l'impact d'un groupe d'immeubles dans un même secteur afin de déterminer leurs conséquences sur la valeur finale de R_e. Plutôt qu'une investigation exhaustive de toutes les combinaisons de scénarios, ce qui est inabordable vu le nombre élevé de cas à traiter, une analyse ciblée de l'influence des principaux paramètres a été menée sur des cas théoriques. Ensuite, nous continuerons sur l'étude d'IGH afin de confronter l'échelle d'acceptabilité du risque proposée au tableau 4.9 avec la réalité des événements.

6.2 Cas théoriques

Nous débuterons par une étude de sensibilité des trois thèmes développés avec la formulation du risque environnemental : le risque potentiel P_e, le risque acceptable A_e et le niveau de protection D_e. Nous montrerons ensuite trois cas d'étude théoriques d'un environnement fictif avec, pour chaque cas, un même IGH considéré et un même type d'objet. Un environnement bâti non décrit n'est pas considéré, c'est-à-dire que nous ne mettons pas de valeur par défaut pour les densités de quartier. Les seuls paramètres qui changent, sont le nombre d'objets présents, leur distance, leur orientation pour prendre en compte l'effet groupe et leurs altitudes. Nous considérons les objets et IGH comme des immeubles de bureaux représentant un risque moyen et ayant les caractéristiques données aux tableaux 6.1, 6.2 et 6.3.

L'objectif de ces premiers tests est de valider le modèle proposé et de pouvoir s'assurer que les valeurs obtenues correspondent à l'échelle d'acceptabilité du risque envisagée précédemment, tableau 4.9.

	IGH	Objet
Hauteur [m]	100	25
Largeur [m]	25	15
Longueur [m]	25	15
Nombre d'étages	30	10

Tableau 6.1: Dimensions de l'IGH et des objets considérés

Les données utilisées pour les paramètres de valeur V et de géométrie G applicables à l'IGH sont les suivantes :

Valeur V			Score
	Visibilité	Connu localement	3
	Usage	Moyen	3
	Accessibilité	Contrôlé	3
	Mobilité	Immobile	5
	Substances dangereuses	Aucunes	0
	Dommages collatéraux	Risque moyen	3
	Population présente	501-1000	3
Géométrie G			
	Année de construction	Après 2005	1
	Structure	Favorable	0

Études de cas

Continuité verticale	Permanente	0
Éléments structuraux	Noyaux, murs	0
Architecture	Compact	0
Méthodes de construction	Acier et béton armé	0

Tableau 6.2: Paramètres de l'IGH considéré

Nous donnons ci-dessous les différentes valeurs et poids accordés pour chaque paramètre requis dans la feuille *Introduction* nécessaire pour les étapes intermédiaires. Nous avons pris l'option de prendre les mêmes poids pour l'IGH étudié et pour les objets considérés.

Paramètre		Score
Risque potentiel P_e [uniquement Objet]	F1	3
	P_{cible}	3
	P_{grav}	3
Risque acceptable A_e – Activités	f_{act}	3
	f_{econ}	3
Risque acceptable A_e – Biens	f_{act}	3
	f_{econ}	3
	f_{soc}	3
Risque acceptable A_e – Occupants	Densité	0,1
	f_{act}	3
	f_{soc}	3
Niveau de protection D_e	e	3
	t	1
	f	2
	r	3
	p	2
	s	2
	f_{corr}	1

Tableau 6.3: Poids accordés à l'IGH et aux objets considérés

6.2.1 Étude de sensibilité des paramètres

Afin de connaître la variabilité potentielle des paramètres dans les différentes formulations développées, nous reprenons l'ensemble des paramètres requis auprès de l'utilisateur et présentés au tableau 4.7. Il est procédé à une variation numérique de ces différentes valeurs.

Nous partons d'une situation de base décrite aux tableaux 6.2 et 6.3 : étude d'un IGH avec dans son voisinage quatre objets situés dans quatres secteurs distincts.

Secteurs	1	2	3	4
Distance IGH-Objet [m]	40	80	150	250

Tableau 6.4: Distance pour chacun des objets considérés

Nous avons étudié différentes situations avec les paramètres P_{cible}, P_{grav}, F_i, E_{act}, E_{bien}, E_{pers} et D_e. Comme premier scénario de sensibilité pour le paramètre P_{cible}, nous testons trois situations : une *optimiste*, une *normale* et une *pessimiste*. Ce principe est reproduit pour chacun des autres paramètres testés. Les modifications sont principalement apportées aux poids de l'objet présent dans le voisinage de l'IGH et placé dans quatre secteurs distincts (tableau 6.4).

Nous considérons comme situation *optimiste* toute modification de paramètre entraînant une réduction exagérée des valeurs finales R_e par rapport à une situation existante dite *normale*. Pour notre cas d'étude fictif, les valeurs considérées vaudront 1. Tandis qu'une situation *pessimiste* consiste à introduire des valeurs de paramètres entraînant une augmentation exagérée des valeurs finales R_e par rapport à la situation *normale*. Il est considéré des valeurs maximales de 4 ou 5 suivant les paramètres étudiés. Nous considérons enfin une situation *normale*, suivant les valeurs fournies aux tableaux 6.2 et 6.3, qui serve de base de comparaison avec les deux autres situations. Nous avons opté pour cette estimation des différents poids en considérant deux immeubles standards qui ne présente pas de danger particulier.

Nous allons considérer trois modifications essentielles pour chacun des trois termes de la formulation du risque environnemental R_e : tout d'abord au niveau du risque potentiel P_e, puis au niveau du risque acceptable A_e et enfin au niveau de la protection D_e. Nous commençons par des modifications aux valeurs numériques des paramètres du facteur P_e. Ce processus d'étude de chaque paramètre indépendamment des autres permet d'analyser leur influence et impact dans les résultats finaux R_e.

Études de cas

	\multicolumn{4}{c}{Secteur}	\multicolumn{4}{c}{Pourcentage [%] de différence entre le scénario considéré et la situation normale}
Secteur	1	2	3	4	1	2	3	4
Situation normale	1.11	0.12	0.01	0				
Modification de P_{cible}								
Scén. optimiste : $P_{cible}=1$	0.95	0.06	0	0	86	50	0	100
Scén. pessimiste : $P_{cible}=5$	1.19	0.14	0.01	0	107	117	100	100

Tableau 6.5: Modifications des valeurs de R_e avec P_{cible}

En partant de la situation dite normale, lorsqu'on modifie le facteur P_{cible} pour considérer le scénario optimiste, nous pouvons réduire le risque R_e sensiblement pour le premier secteur et fortement pour les autres secteurs. Dans le cas du cas scénario pessimiste, l'augmentation du risque R_e est assez faible pour les deux premiers secteurs, voir nulle pour les deux derniers secteurs. Cela s'explique par le fait qu'un seul paramètre est modifié dans la formulation (6.1) ; l'augmentation ou la réduction résultante, induite par la modification du paramètre, est amortie par la formulation logarithmique.

Nous pouvons procéder pareillement pour les paramètres P_{grav} et F_i car ils interviennent indépendamment dans la formule du risque potentielle P_e, plus précisément dans la formulation du risque environnemental R_{env} comme suit.

$$R_{env}=\sum_{i}^{n} \left(\log(1+P_{dist.i} \cdot P_{cible.i} \cdot P_{gr.i} \cdot P_{grav.i} \cdot P_{topo.i} \cdot F_i)\right) \quad (6.1)$$

Le deuxième cas d'étude consiste en la modification simultanée des poids P_{grav}, P_{cible} et F_i suivant les deux scénarios optimiste et pessimiste. Les poids P_{dist}, P_{topo} et P_{gr} ne sont pas modifiés car ils ont déjà été calculés suivant des paramètres géométriques fournis par l'expert.

Études de cas

Secteur	1	2	3	4	Pourcentage [%] de différence entre le scénario considéré et la situation normale			
					1	2	3	4
Situation normale	1.11	0.12	0.01	0				
Modification de P_{cible}, P_{grav} et F_i								
Scén. optimiste : $P_{cible}=P_{grav}=F_i=1$	0.62	0.01	0	0	56	8	0	100
Scén. pessimiste : $P_{cible}=P_{grav}=F_i=5$	1.34	0.21	0.03	0	121	175	300	100

Tableau 6.6: Modifications des valeurs de R_e avec P_{grav}, P_{cible} et F_i

La modification des trois poids simultanément, en considérant que l'expert en charge de l'étude évalue les sources potentielles de danger de manière « optimiste », réduit fortement les valeurs finales de R_e. Cependant l'ordre de grandeur des variations de ces valeurs n'altère pratiquement pas l'évaluation et le choix des mesures à prendre par la suite. Il en est de même pour le scénario pessimiste où l'expert augmente intentionnellement les poids au niveau du risque potentiel pour l'objet étudié. Les valeurs finales obtenues sont plus importantes que celles initiales. Toutefois leur évaluation ne serait pas si différente de la situation initiale normale.

Nous pouvons, à présent, étudier l'influence des modifications apportées aux poids des paramètres utilisés dans la formulation du risque acceptable A_e.

Nous considérons directement ici les modifications simultanées des poids propres pour chacun des paramètres E_{pers}, E_{act} et E_{bien}. Nous envisageons que soit la situation soit exagérément considérée comme optimiste soit comme pessimiste. Nous pouvons constater que les valeurs obtenues diffèrent de peu de la situation initiale. Nous avons opté pour la modification globale de chacun des thèmes développés dans A_e qui sont les Occupants, les Biens et les Activités. Tout comme pour la première partie de l'étude de sensibilité au niveau de P_e, les modifications apportées sont plus sensibles lorsque ce sont un groupe de paramètres qui sont mal estimés.

Études de cas

					Pourcentage [%] de différence entre le scénario considéré et la situation normale			
Secteur	1	2	3	4	1	2	3	4
Situation normale	1.11	0.12	0.01	0				
Modification de E_{pers}								
Scén. optimiste : $f_{act}=f_{soc}=1$	0.81	0.08	0.01	0	73	67	100	100
Scén. pessimiste : $f_{act}=f_{soc}=4$	1.19	0.13	0.01	0	107	108	100	100
Modification de E_{act}								
Scén. optimiste : $f_{act}=f_{econ}=1$	0.81	0.08	0.01	0	73	67	100	100
Scén. pessimiste : $f_{act}=f_{econ}=4$	1.19	0.13	0.01	0	107	108	100	100
Modification de E_{bien}								
Scén. optimiste : $f_{act}=f_{econ}=f_{soc}=1$	0.67	0.06	0.01	0	60	50	100	100
Scén. pessimiste : $f_{act}=f_{econ}=f_{soc}=4$	1.24	0.13	0.01	0	112	108	100	100

Tableau 6.7: Modifications des valeurs de R_e avec chacun des paramètres du risque acceptable A_e

Il est considéré à présent le cas où l'ensemble des paramètres, pour le risque acceptable, soient modifiés exagérément au tableau suivant. Il est considéré que les trois thèmes Occupants, Biens et Activités soient tous mal évalués simultanément.

					Pourcentage [%] de différence entre le scénario considéré et la situation normale			
Secteur	1	2	3	4	1	2	3	4
Situation normale	1.11	0.12	0.01	0				
Modification de E_{pers}, E_{act} et E_{bien}								
Scén. optimiste : $f_i=1$	0.34	0.05	0.01	0	31	42	100	100
Scén. pessimiste : $f_i=4$	1.39	0.16	0.01	0	125	133	100	100

Tableau 6.8: Modifications des valeurs de R_e avec les paramètres du risque acceptable A_e

Il en ressort de ce cas test que la réduction du risque est assez forte mais reste globalement dans les mêmes critères d'évaluation que pour la situation dite normale. Pour le cas pessimiste, le constat est équivalent : les modifications exagérées n'affectent que peu les conclusions en comparaison à la situation dite normale.

Nous pouvons, à présent, étudier le comportement des paramètres du facteur D_e aux modifications apportées. Il est testé le cas où l'ensemble des paramètres dudit thème sont modifiés simultanément : soit l'expert considère de manière trop optimiste et la situation en réduisant exagérément les valeurs des paramètres, soit il estime une situation pessimiste en augmentant artificiellement le niveau de danger et en réduisant les différents paramètres de protection.

Secteur	1	2	3	4	Pourcentage [%] de différence entre le scénario considéré et la situation normale			
					1	2	3	4
Situation normale	1.11	0.12	0.01	0				
Modification de D_e								
Scén. optimiste : e=1 et autres=4	0.01	0	0	0	1	0	0	100
Scén. pessimiste : e=4 et autres=1	71.22	7.43	0.54	0.17	6416	6192	5400	/
Scén. intermédiaire : param.=2	0.56	0.06	0	0	50	50	0	100

Tableau 6.9: Modifications des valeurs de R_e avec les paramètres du niveau de protection D_e

En raison de la formulation même du niveau de protection D_e, toute modification apportée à l'un des paramètres ou groupe de paramètres influence directement les résultats finaux de R_e. L'utilisateur doit être de ce fait conscient de l'importance du choix des poids assignés aux paramètres. À cet effet, il peut être envisagé d'implémenter des fonctions d'alerte dans le programme afin de le prévenir au cas où une combinaison de paramètre excède la moyenne générale des autres valeurs présentes dans le programme.

En conclusion de ces premières études de sensibilité, nous avons pu constater que globalement le choix des poids n'influence que peu les valeurs finales du risque environnemental R_e. L'exception à ce constat a été identifiée avec l'étude des paramètres du niveau de protection D_e où toute modification importante du groupe de paramètres influence fortement les valeurs finales. Cela s'explique par le choix d'une formulation différente de celles utilisées pour le risque potentiel P_e et le risque acceptable A_e. Le niveau de protection se caractérise par un fonction de produits de paramètres : dès lors le produit de valeurs maximales ou minimales se répercutent directement aux valeurs R_e. Il doit être envisagé, afin de prévenir ce genre de situation particulière, de mettre en place dans le programme des fonctions d'alerte qui se déclencheraient lorsque un groupe de valeurs extrémales sont introduites. L'utilisateur sera ainsi averti des conséquences de ses choix et peut poursuivre, s'il le désire, en toute connaissance de cause.

6.2.2 Cas 1 : un IGH isolé sans environnement bâti

Ce cas ne peut se présenter concrètement car il est impossible d'imaginer un IGH construit sans avoir au minimum des infrastructures présentes dans son voisinage. Ce cas permet de bien vérifier qu'on ait au final une valeur nulle du risque environnemental R_e.

	North				East				South				West			
	1-1	2-2	3-3	4-4	1-5	2-6	3-7	4-8	1-9	2-10	3-11	4-12	1-13	2-14	3-15	4-16
Distance H	50	100	200	300	50	100	200	300	50	100	200	300	50	100	200	300
distance factor	0.5	1	2	3	0.5	1	2	3	0.5	1	2	3	0.5	1	2	3
Pe 1 =	0	0	0	0	0	0	0	0	0	0	0	0	0	0	0	0
Pe 2 =	0	0	0	0	0	0	0	0	0	0	0	0	0	0	0	0
Ae =	3.1	5.24	8.08	10.79	3.1	5.24	8.08	10.79	3.1	5.24	8.08	10.79	3.1	5.24	8.08	10.79
De =	16	16	16	16	16	16	16	16	16	16	16	16	16	16	16	16
Re 1 =	0	0	0	0	0	0	0	0	0	0	0	0	0	0	0	0
Re 2 =	0	0	0	0	0	0	0	0	0	0	0	0	0	0	0	0
Re =	0	0	0	0	0	0	0	0	0	0	0	0	0	0	0	0

Tableau 6.10: Résultats du risque environnemental pour le cas 1

Nous introduisons dans le programme les valeurs requises pour l'IGH selon le tableau 6.3 et trouvons bien, au tableau 6.10, une valeur R_e égale à zéro pour chaque secteur considéré. En effet, comme aucune source de risque potentielle ne se trouve dans le voisinage, le paramètre dédié à l'environnement R_{env} sera nul ainsi que R_e. Il se trouve, toutefois, des valeurs pour le risque acceptable A_e et le niveau de protection D_e qui sont uniquement dues à l'IGH considéré.

6.2.3 Cas 2 : un IGH isolé avec un seul objet présent

Nous considérons la présence d'un unique bâtiment dans le voisinage de l'IGH. Cet objet reprend les descriptions données au tableau 6.1. Les résultats des différents tests sont donnés au tableau 6.12. Les mêmes poids de biens, activités et occupants ont été repris pour les objets et l'IGH étudié afin qu'ils n'influencent pas les réponses finales R_e. Enfin nous ne considérons qu'un seul scénario d'étude et ne faisons pas de combinaison de risques.

Tout d'abord, la variation de la distance de l'IGH sera opérée afin de démontrer l'influence de la distance dans le niveau du risque environnemental, cas d'études A-B-C-D du tableau 6.12. Ensuite, l'impact de la différence d'altitude entre l'objet étudié et l'IGH sera considéré. En tout premier lieu, l'objet est placé à une altitude supérieure à l'IGH et ensuite les distances seront modifiées entre les deux immeubles, cas d'études E-F-G-H. Nous procédons de manière inverse pour les cas d'études I-J-K-L où l'IGH est disposé à une altitude supérieure à l'immeuble objet et voit sa distance avec l'objet varier.

Études de cas

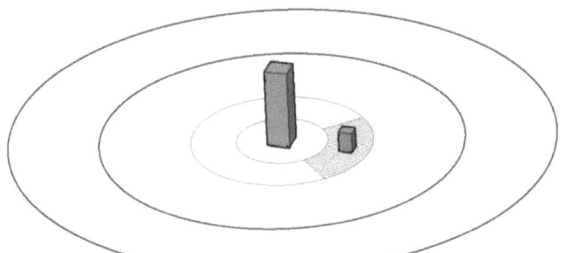

Illustration 6.1: Étude d'un objet seul dans son secteur

Les distances de test envisagées entre l'immeuble objet et l'IGH sont de 40, 80, 150 et 250 m. L'immeuble objet se situe donc dans les quatre secteurs consécutifs définis suivant la hauteur de l'IGH, voir le tableau 6.11. L'orientation cardinale n'aura pas d'influence sur la valeur du risque environnemental car nous ne considérons qu'un seul objet à la fois pour chaque variation de paramètre. L'Illustration 6.1 reprend, à titre indicatif, le cas d'étude B où l'immeuble objet se trouve au 2e niveau.

Niveau x	H/2	H	2H	3H
d [m]	50	100	200	300

Tableau 6.11: Définition des quatre niveaux

Nous étudions ensuite l'impact de la mise en altitude d'un immeuble par rapport à l'autre tout en faisant varier leur inter-distance. En premier lieu, nous plaçons l'objet à une altitude de 10 m et l'IGH à 1 m, cas d'études E-F-G-H du tableau 6.12. En second lieu, l'IGH est placé à une altitude de 10 m et l'objet à 1 m, cas d'études I-J-K-L du tableau 6.12.

Cas	A	B	C	D	E	F	G	H	I	J	K	L
d [m]	40	80	150	250	40	80	150	250	40	80	150	250
Altitude Objet [m]	1	1	1	1	10	10	10	10	1	1	1	1
Altitude IGH [m]	1	1	1	1	1	1	1	1	10	10	10	10
P_e	64,1	15,45	2,94	1,45	44,15	3,48	0,34	0,16	84,1	34,01	14,02	8,99
A_e	0,9	2,08	5,47	8,77	0,9	2,08	5,47	8,77	0,9	2,08	5,47	8,77
De	64	64	64	64	64	64	64	64	64	64	64	64
R_e	1,11	0,12	0,01	0	0,77	0,03	0	0	1,46	0,26	0,04	0,02

Tableau 6.12: Variations des paramètres pour un objet présent dans le voisinage

Études de cas

Les niveaux de protection de l'IGH et de l'objet ne changent pas tout au long de l'étude car les paramètres ont été fixés pour les deux immeubles. Nous pouvons constater l'influence des paramètres P_e et A_e dans les résultats finaux de R_e suivant les trois séries étudiées.

Comme premier constat, nous identifions que le niveau d'acceptabilité, au tableau 6.12, augmente pour les quatre cas des trois séries (ABCD, EFGH et IJKL). Cela s'explique par le seul paramètre de la surface des secteurs qui change avec la formulation du risque acceptable A_e. Rappelons que le risque acceptable est fonction d'un rapport du niveau d'acceptabilité de l'IGH au numérateur et du niveau d'acceptabilité de l'environnement au dénominateur de la fonction (6.2), ceci a été démontré au point 4.5. Dès lors, comme la part du risque environnemental dû à l'environnement est proportionnellement plus faible que celle de l'IGH pour le cas présent (en raison de la plus petite taille de l'immeuble objet par rapport à l'IGH), le niveau de risque acceptable croît. Un secteur n'ayant qu'un seul objet voit son niveau d'acceptabilité final du risque A_e augmenter avec la distance d'éloignement due aux aires croissantes.

Le tableau 6.13 illustre le propos des augmentations des aires des secteurs qui réduisent les valeurs intermédiaires des A_e pour l'IGH et pour l'environnement. Nous avons repris pour chacun des secteurs leurs surfaces, les valeurs de niveau d'acceptabilité intermédiaires pour l'IGH et pour l'environnement (l'immeuble objet dans notre cas). Nous multiplions le coefficient de pondération pour chaque valeur finale A_e obtenue par la formulation (6.2) suivant le secteur étudié. Ce facteur de pondération a été vu au point 4.5.

$$A_e = \frac{1 + \sum_{i}^{n} \log\left(1 + I_{act.i} \cdot I_{bien.i} \cdot I_{pers.i}\right)}{1 + \sum_{j}^{m} \log\left(1 + E_{act.j} \cdot E_{bien.j} \cdot E_{pers.j}\right)} \quad (6.2)$$

Cas	Rayon [m]	Aire [m²]	IGH - A_e	Env. - A_e	Coef. Pond..	A_e
A, E, I	50	1963,5	5,25	2,49	0,5	0,9
B, F, J	100	5890,5	4,3	1,55	1	2,08
C, G, K	200	23562	3,09	0,5	2	5,47
D, H, L	300	39270	2,65	0,25	3	8,77

Tableau 6.13: Influence des aires de secteurs dans le niveau de risque acceptable

Pour les cas d'études ABCD, au tableau 6.12, nous constatons que, lorsque l'objet s'éloigne, le risque potentiel P_e diminue fortement. Cela s'explique principalement par l'importance accordée au poids de la distance P_{dist} et le choix de la fonction associée à ce paramètre.

Le choix de la fonction (6.3) comme formulation pour la détermination du poids de la distance a été effectué suite à différents tests présentés au point 4.4. Nous présentons, de nouveau, ces quatre fonctions pour constater l'influence qu'elles ont sur le niveau de risque environnemental final P_e et donc R_e. Le tableau 6.14 reprend les valeurs R_e obtenues selon le type de fonction choisie. La première fonction (6.3) est la seule qui permette d'accentuer fortement le poids de la distance et d'agir directement sur la valeur finale R_e alors que les fonctions (6.4) et (6.5) ne le permettent pas. A noter que la fonction (6.6), fonction exponentielle accentue le poids au fur et à mesure que l'on s'éloigne de l'IGH ce qui n'est pas le but recherché.

$$P_{dist} = e^{\frac{H^2}{d^2}} \tag{6.3}$$

$$P_{dist} = e^{\frac{H}{d}} \tag{6.4}$$

$$P_{dist} = e^{\frac{1}{d}} \tag{6.5}$$

$$P_{dist} = e^{d} \tag{6.6}$$

Secteurs	d [m]	$P_{dist}=e^{\frac{H^2}{d^2}}$	$P_{dist}=e^{\frac{H}{d}}$	$P_{dist}=e^{\frac{1}{d}}$	$P_{dist}=e^{d}$
1, 5, 9, 13	25	2,58	0,77	0,22	3,94
1, 5, 9, 13	50	0,77	0,48	0,21	7,71
2, 6, 10, 14	75	0,13	0,1	0,05	4,9
2, 6, 10, 14	100	0,09	0,09	0,05	6,53
3, 7, 11, 15	150	0,01	0,01	0,01	3,69
3, 7, 11, 15	200	0,01	0,01	0,01	4,93
4, 8, 12, 16	250	0	0	0	3,84
4, 8, 12, 16	300	0	0	0	4,61

Tableau 6.14: Influence du type de fonction P_{dist} dans le niveau de risque environnemental R_e

Nous poursuivons notre étude à la deuxième situation envisagée qui est la mise en altitude de l'immeuble objet par rapport à l'IGH. Aux cas d'études E-F-G-H du tableau 6.12, le choix a été de placer l'objet à une hauteur de 10 m et le niveau de rez-de-chaussée de l'IGH à 1 m.

Nous pouvons constater que le risque environnemental R_e est plus faible, quand l'immeuble objet est à une altitude supérieure à l'IGH, comparativement au cas où cet objet se trouve à la même altitude que l'IGH. Le poids du paramètre altitude a bien eu un effet positif dans la réduction du risque R_e.

Tandis que, lorsque l'IGH se trouve à une altitude supérieure à celle de l'objet, cas d'études I-J-K-L du tableau 6.12, le risque environnemental R_e est supérieur par rapport à la situation initiale. Le risque final R_e diminue toutefois avec la distance.

Le tableau 6.15 synthétise cette influence de l'altitude entre les deux immeubles étudiés. Nous pouvons interpréter les résultats comme suit : la mise en hauteur de l'IGH a un impact significatif sur son environnement et ce au-delà des limites imposées du système. Au contraire de la seconde situation, lorsque l'IGH est situé en fond de vallée, par exemple, l'impact est assez rapidement réduit. Nous pouvons imaginer que lorsqu'un IGH subit un événement indésirable, tel qu'une explosion (de gaz par exemple), les effets de la déflagration seront limités par l'encaissement de l'immeuble dans une vallée. Au contraire, lorsque l'IGH se trouve au sommet d'une colline, les projectiles peuvent atteindre des constructions éloignées bien plus facilement.

Cas	$alt_{IGH} < alt_{Env}$	$alt_{IGH} = alt_{Env}$	$alt_{IGH} > alt_{Env}$
A, E, I	0,77	1,11	1,46
B, F, J	0,03	0,12	0,26
C, G, K	0	0,01	0,04
D, H, L	0	0	0,02

Tableau 6.15: Comparaison des résultats de R_e selon l'altitude entre les deux objets

Nous venons de voir l'impact de certains paramètres liés à la distance et l'altitude entre un IGH et un seul immeuble objet présent dans le voisinage. Nous verrons par la suite l'impact de plusieurs objets présents dans le voisinage de l'IGH.

6.2.4 Cas 3 : un IGH isolé avec plusieurs objets présents

Nous allons étudier, ici, l'impact de la présence d'un certain nombre d'objets présents dans un même secteur. Nous testerons deux situations distinctes : la première est l'étude du secteur du troisième niveau, la deuxième concerne l'étude du secteur du premier niveau. Nous ferons varier le nombre de 1 à 10 objets dans chaque secteur.

Tout d'abord, nous commençons l'étude du troisième niveau et plaçons différents immeubles, répondant aux critères du tableau 6.1. Rappelons que la notion P_{gr} est la prise en compte d'un environnement densément bâti. Ce paramètre est le rapport de l'ensemble des surfaces de base de chaque objet présent dans le secteur sur la surface dudit secteur. Au maximum la valeur de P_{gr} vaudra 1 lorsque tout le secteur est « rempli » d'objets. Dans le cas présent nous prenons donc en compte l'effet du vide et du non bâti qui réduit le risque global.

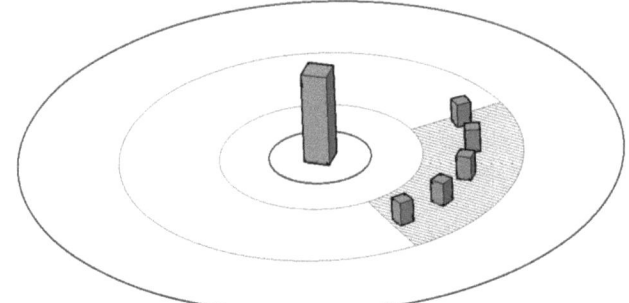

Illustration 6.2: Étude de plusieurs objets dans leur secteur

Cas	A	B	C	D	E	F	G
d [m]	150	150	150	150	150	150	150
Nombre d'objets	1	2	3	4	5	6	10
P_{gr}	0,01	0,02	0,03	0,04	0,05	0,06	0,1
P_e	2,94	10,25	20,62	33,31	47,87	63,97	140,16
A_e	5,47	4,19	3,45	2,97	2,64	2,39	1,81
D_e	64	128	192	256	320	384	640
R_e avec P_{gr}	0,01	0,02	0,03	0,04	0,06	0,07	0,12
R_e sans P_{gr}	0,09	0,12	0,15	0,17	0,19	0,21	0,28
% entre les R_e (avec et sans P_{gr})	11,1	16,7	20	23,5	31,6	33,3	42,9

Tableau 6.16: Variations des paramètres pour un objet présent dans le voisinage, 3ᵉ secteur

Lorsque nous plaçons un certain nombre d'objets au troisième secteur, nous pouvons constater au tableau 6.16 la conséquence de la prise en compte ou non de l'effet P_{gr} sur les valeurs finales de R_e. Nous réitérons l'expérience en disposant de la même manière les objets ici au premier secteur, voir le tableau 6.17. La valeur R_e est inférieure lorsque nous prenons en compte P_{gr} par rapport au cas où nous n'en tenons pas compte. En effet nous estimons que le facteur P_{gr} ne peut excéder la valeur 1 qui est la situation d'une surface de secteur entièrement « remplie » par les objets. Dès lors, la présence d'un grand nombre d'objets présents dans un même secteur est sanctionnée au contraire des situations d'objets isolés.

La principale conclusion de ce premier test réside dans l'augmentation du niveau de risque environnemental R_e en correspondance avec le nombre d'objets présent dans le secteur. La différence entre les deux séries de R_e, suivant la prise en compte de P_{gr}, s'amenuise avec l'augmentation du nombre d'objets.

Cas	A	B	C	D	E	F	G
d [m]	40	40	40	40	40	40	40
Nombre d'objets	1	2	3	4	5	6	10
P_{gr}	0,11	0,23	0,34	0,46	0,57	0,69	1
P_e	64,1	140,24	220,92	304,56	390,39	477,97	840,98
A_e	0,9	0,53	0,38	0,29	0,24	0,2	0,13
D_e	64	128	192	256	320	384	640
R_e avec P_{gr}	1,11	2,07	3,03	4,1	5,08	6,22	9,97
R_e sans P_{gr}	1,44	2,44	3,41	4,47	5,4	6,48	9,97
% entre les R_e	77,1	84,8	88,9	91,7	94,1	96	100

Tableau 6.17: Variations des paramètres pour un objet présent dans le voisinage, 1er secteur

Nous procédons ensuite au deuxième test avec l'étude de la variation du nombre d'objets pour le premier secteur. Le tableau 6.17 nous fournit ainsi les valeurs finales de R_e pour chacune des situations envisagées. Rappelons que le fait d'obtenir des valeurs R_e égales pour le cas des 10 objets entre la prise en compte ou non du P_{gr} s'explique par le fait que la valeur P_{gr} est égale à 1. La somme des aires de base de chacun des objets est, à ce moment, soit égale soit supérieure à l'aire du secteur (ce qui n'est possible que dans le cas où un objet se trouve à la limite entre deux secteurs). Pour cette dernière situation, un test est effectué évitant d'obtenir une valeur P_{gr} supérieure à 1.

Comme pour le premier test, nous pouvons constater une augmentation croissante de la valeur R_e suivant le nombre d'objets présents dans ce premier secteur. La faible différence entre les valeurs R_e, suivant la prise en compte de l'effet groupe P_{gr}, s'explique par le fait que la surface du secteur est plus petite que celle du troisième secteur et que donc la surface est rapidement « remplie » par les objets.

A noter les valeurs de R_e très élevées, au-delà des limites sur l'échelle proposée au tableau 4.9. Il devra être envisagé, par exemple, de modifier les systèmes de protection de l'IGH afin de réduire très fortement le risque final. Le choix des poids pour chaque paramètre est essentiel car nous verrons que, pour les cas études d'IGH suivants, la modification de certaines valeurs peut influencer fortement la valeur finale R_e.

La différence de valeurs entre les deux secteurs étudiés, pour le cas de 10 immeubles objets, est due à la densité de construction et à la proximité immédiate de l'IGH. Nous obtenons une valeur de risque environnemental R_e assez élevée, au-delà des limites admissibles proposées. Ainsi le tableau 4.9 se limitait à une valeur R_e = 4,5 or nous obtenons une valeur de 9,97 pour notre cas test. Si l'environnement est existant et ne peut être modifié, il est nécessaire de se concentrer sur l'IGH. Cela peut se faire en modifiant les paramètres de protection tels que les systèmes de sprinklage ou les dimensions des cages d'escalier. Nous augmentons la valeur du niveau de protection D_e et donc réduisons la valeur R_e. Ce sera montré pour les cas d'études suivants.

Lorsqu'il est possible d'intervenir sur l'environnement, il peut être envisagé de créer des plans d'évacuation et d'intervention communs à l'ensemble des secteurs concernés par ces risques élevés. Ainsi, nous pouvons imaginer l'instauration de périmètres de sécurité pour lesquels chaque nouvelle construction devra satisfaire à des conditions plus strictes en terme de sécurité afin de ne pas augmenter le risque trop fortement par sa présence.

6.3 Torre Windsor

L'IGH Torre Windsor constitue un cas d'étude très intéressant car il a subi un incendie dévastateur dont les conséquences sont bien documentées. L'incendie n'a fait aucune victime mais a provoqué de gros dégâts structurels. Les conséquences immédiates, durant l'incendie, furent le blocage durant près de vingt heures du quartier, ce qui engendra d'importants problèmes de circulation car de grands axes routiers sont présents dans le voisinage de l'immeuble. L'IGH se trouve dans un quartier hétérogène puisque nous pouvons y retrouver dans son voisinage immédiat un centre commercial, un quartier d'affaires au Nord, du résidentiel à l'Est et un ministère public au Sud de la tour !

Illustration 6.3: IGH Windsor (Janberg, 2012)   *Illustration 6.4: IGH Windsor (González Olaechea, 2012)*

L'objectif de ce cas d'étude est de déterminer le niveau de risque *a posteriori* de l'immeuble suite à un scénario incendie et de pouvoir comparer si ce niveau est réaliste avec le niveau d'échelle proposé. Ensuite, les possibilités qui permettent de réduire le niveau de risque environnemental R_e seront investiguées.

Les informations collectées ont été obtenues via différents articles de presses, sites internet et blogs (Bailey, 2012 ; BBC1, 2012 ; BBC2, 2012 ; Dave, 2012 ; Emporis, 2012 ; ENR, 2012 ; Structurae, 2012).

6.3.1 Informations de base

Rénovation	La façade de l'IGH a été rénovée en 2004, un nouvel escalier de secours extérieur a été ajouté et les étages supérieurs ont été rénovés.
Événement	Le 12 février 2005, aux alentours de minuit, un feu est détecté au 21ᵉ étage se propageant rapidement à tous les étages. L'incendie provoqua l'effondrement partiel de la structure, au niveau des parties métalliques des étages supérieurs.
Causes	L'incendie était le résultat d'un défaut électrique durant la rénovation de l'IGH
Statut	L'immeuble a été entièrement détruit par le feu. Importants effondrements de plancher au-dessus du 17ᵉ étage.
Démolition	La destruction de l'immeuble a été prévue début mars 2005 pour une durée d'un an. La démolition effective débuta le 26 février 2005. Les coûts de destruction s'élèvent à 17,5 millions d'euros et les travaux ont duré 12 mois.
Pertes du bien	72 millions €
Quartier	C'était le premier gratte-ciel du quartier Azca à Madrid
Voisinage	L'immeuble avait une partie structurale souterraine commune avec le centre commercial voisin Corte Ingles.
Nouveau projet	Les propriétaires de l'immeuble espèrent rebâtir un IGH similaire par la taille sur le site

6.3.2 Caractéristiques de l'immeuble

Localisation	Calle Raimundo Fernández Villaverde 65, 28046, AZCA, Madrid, Espagne
Type	Bureau
Construction	1975-1979
Destruction	12 février 2005
Hauteur	106 m
Dimensions	40 m x 26 m
Nombre d'étages	3 sous-sols et 29 niveaux
Propriétaires	Asón Inmobiliaria
Architecte	Iñigo Ortiz & Enrique León Arquitectos, Alas Casariego Arquitectos
Structure	Noyau en béton armé (BA) avec des planchers de type dalle gaufrée qui sont soutenus par des colonnes BA et poutres métalliques. Des colonnes métalliques font le pourtour des limites de l'immeuble et qui n'ont pas été protégées contre le feu, à partir du 17ᵉ étage.
Façade	Entièrement recouverte de panneau de verres réfléchissants
Résistance au feu	Système de protection passif, pas de sprinklage

6.3.3 Description de l'IGH et de l'incendie

La structure des 16 premiers étages se compose d'un noyau et de colonnes en béton armé (BA). La structure périphérique est constituée de colonnes métalliques et en BA. Aux étages supérieurs, c'est-à-dire du 17ᵉ au 28ᵉ étage, toutes les colonnes périphériques sont métalliques.

Avant que ne survienne l'incendie, la protection incendie fut entièrement revue aux étages en-dessous du 17e étage excepté le 9e et 15e étage. Lorsque le feu s'est propagé aux étages inférieurs, les colonnes périphériques récemment protégées, ont tenu face à l'incendie. Seules celles du 9e et 15e étage ont entièrement voilé à cause des chaleurs engendrées par l'incendie. Ces instabilités n'ont pas entraîné d'effondrement généralisé du bâtiment : les descentes des charges appliquées aux colonnes périphériques voilées ont été redistribuées aux voiles BA internes de la cage.

L'incendie de l'IGH Windsor débuta à 23h au 21e étage, le feu se propagea rapidement dû au manque d'écran anti-feu extérieur entre les façades vitrées et les planchers des étages. L'incendie dura entre 18 et 20 heures. L'incendie se serait déclaré suite à un court-circuit électrique.

Conçu et construit dans les années septante, l'IGH a été élevé selon des méthodes de construction traditionnelles. D'importantes rénovations étaient en cours lorsque le feu s'est déclenché. Une partie du programme de rénovation était de remettre aux normes incendies les différentes installations de prévention et de protection de l'immeuble.

La défaillance structurale de certains étages survint avec le déversement de quelques colonnes périphériques ce qui résulta en l'effondrement des planchers de certains étages.

Études de cas

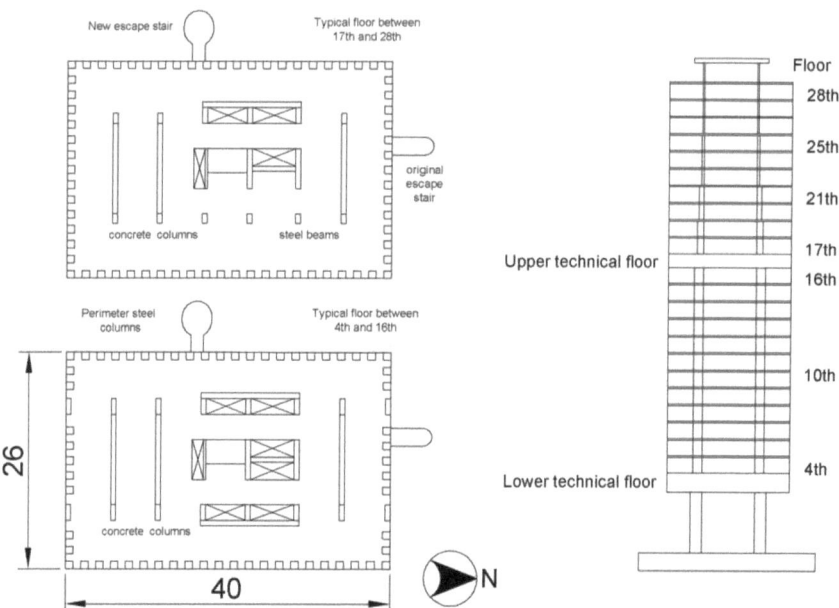

Illustration 6.5: Plans de deux étages types ainsi que d'une coupe transversale

L'immeuble a un noyau avec deux rangées de colonnes en béton armé alignées sur la direction Nord-Sud suivant les parois latérales du noyau, voir l'Illustration 6.5. La structure développée au dessus du rez-de-chaussée est caractérisée par deux étages de transition au 3e et 17e étages qui reprennent les techniques spéciales. Un étage type se compose de dalles gaufrées (280 mm d'épaisseur), d'un noyau central en béton armé, de colonnes internes en béton armé et de colonnes métalliques périphériques de profilé en I (h = 360 mm). A l'origine les colonnes périphériques et les poutres métalliques internes ont été conçues sans la moindre protection incendie. Suivant les normes espagnoles de 1970, il n'était pas requis de systèmes de protection tels que le sprinklage ou le recouvrement ignifuge des colonnes métalliques.

L'immeuble devait subir un programme de rénovation étalé sur trois ans quand le feu survint. Les principales actions incluaient l'installation de :

- de protection incendie aux colonnes métalliques périphériques,
- un système sprinkler.

Les principaux facteurs conduisant au développement rapide du feu étaient :

- le manque de mesures efficaces de protection et de prévention contre le feu tel que les systèmes de sprinklage,
- les étages paysagers de plus de 1000 m²,
- l'échec des mesures de compartimentage vertical entre chaque étage via les façades ou les ouvertures dans les planchers.

Après cette brève description de l'IGH, nous pouvons décrire l'environnement présent autour de l'IGH. Nous avons listé l'ensemble des objets que nous estimions pertinents au tableau 10.2 du chapitre 10.5. L'ensemble des immeubles, constructions particulières, ouvrages de génie civil et autres présents dans un rayon de 318 m, soit trois fois la hauteur de l'IGH, sont numérotés, identifiés et catalogués selon leurs fonctions, emplacements et dimensions géométriques. Ces dimensions sont déterminées à l'aide de plans retravaillés et des informations collectées via Google Maps et Bing Maps. L'Illustration 6.6 montre le type d'environnement autour de l'immeuble : c'est un milieu urbain densément construit avec de nombreuses infrastructures présentes de type grands-routes, tunnel, métro, etc. Les images aériennes et satellites, 6.6 et 6.7, ont été prises après la destruction de l'immeuble.

Illustration 6.6: Vue aérienne du quartier étudié autour de l'ancien site de l'IGH (Google Maps, 2012)

Illustration 6.7: Vue « Bird's Eye » de Bing Maps avec une représentation de l'IGH (Bing Maps, 2012)

Nous ne pouvons visualiser l'IGH vu qu'il a été entièrement abattu. Nous avons donc retravaillé les différentes vues collectées pour représenter un plan urbanistique de l'environnement qui nous intéresse comme le représente les Illustrations 6.8 et 6.9. Sur ces deux images, nous avons référencé l'ensemble des objets puis placé les niveaux d'étude qui serviront pour la détermination du niveau de risque. Lorsque nous ne prenons pas en compte des immeubles construits, nous assignons une valeur de densité d'occupation par défaut afin de ne pas considérer des surfaces construites comme vierges. Ainsi les ensembles de logements construits à l'Ouest de l'IGH ne sont pas référencés et sont juste considérés par défaut.

Études de cas

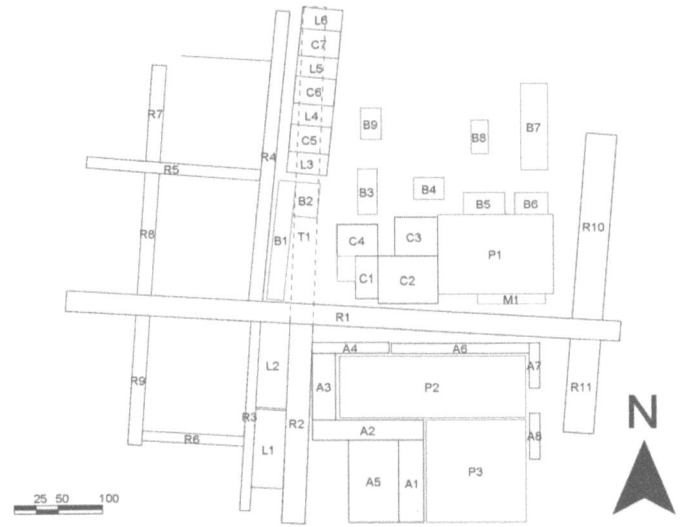

Illustration 6.8: Représentation graphique de la situation existante

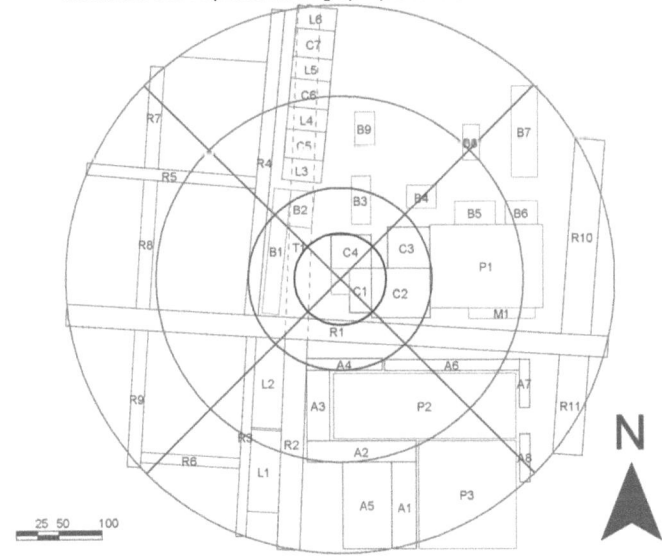

Illustration 6.9: Représentations des niveaux et les différents secteurs étudiés.

Nous avons utilisé le type de codes suivants pour identifier les différents objets dans l'environnement. Ce type de référencement est utilisé pour le deuxième cas d'étude.

Études de cas

A	Services publics et Administrations
B	Immeuble de bureaux
C	Immeuble de commerce, service
E	Enseignement
Eg	Église
L	Immeuble de logement, résidentiel
M	Métro
P	Parking
R	Route
T	Tunnel

Tableau 6.18: Dénomination des objets

Nous pouvons identifier un Ministère du Développement (*Ministerio de Fomento*) au Sud de l'IGH qui représente une source de risques potentielle et des centres commerciaux à proximité immédiate de l'IGH. En effet, dans les années 2000, des attentats à l'explosif sont survenus à Madrid et orchestrés par l'organisation basque ETA ou plus récemment, le 11 Mars 2004, par des groupuscules islamistes. Le ministère peut donc représenter une cible potentielle pour de telles attaques. Nous étudierons toutefois le risque accidentel d'un incendie impliquant une explosion d'une conduite de gaz touchée lors de la phase de rénovation de l'IGH. En effet, lorsque nous déterminons les scénarios critiques à l'aide de l'outil préliminaire présent dans le programme, nous trouvons que les scénarios critiques concernent les scénarios incendie et explosion. Nous pouvons ensuite compléter les différents champs requis à la feuille *Introduction*, ce qui nous mènera à la feuille *Results* qui fournit les graphiques pour chacun des secteurs à l'Illustration 6.9.

6.3.4 Analyse du risque environnemental

Lorsque nous remplissons la feuille *Introduction* pour la détermination du ou des scénarios critiques à considérer, les principaux scénarios qui ressortent concernent l'incendie, suivis de ceux impliquant des explosions malveillants ou accidentels. Les risques que nous considérons ici sont l'incendie et les explosions pour l'IGH Windsor. En effet, l'IGH Windsor a été conçu sans systèmes de protection (sprinklage) ou de prévention (écran pare-feu). Nous combinerons donc ces deux scénarios pour obtenir la valeur finale du risque environnemental pour chacun des secteurs. Les différents poids introduits pour déterminer les scénarios à considérer se retrouvent en annexe au point 10.6.1.

En analysant le contexte historique de l'IGH et celui de son intégration dans son environnement, nous pouvons compléter les différents tableaux de la feuille *Introduction*. Nous ne reprenons pas l'ensemble des poids et paramètres donnés pour les objets, ils sont fournis en annexe au point 10.6.2. Le choix des valeurs pour les différents poids a été effectué sur base d'une évaluation visuelle suivant le type d'activité, la possibilité d'un grand nombre de personnes présentes, de la distance entre ces objets et l'IGH. Nous fournissons uniquement les paramètres choisis pour l'IGH aux tableaux suivants.

	IGH
Hauteur [m]	106
Largeur [m]	20,8
Longueur [m]	30
Nombre d'étages	32

Tableau 6.19: Dimensions de l'IGH Windsor

Les données utilisées pour les paramètres de valeur V et de géométrie G applicables à l'IGH sont donnés au tableau 6.20. Les points ont été évalués suivant les informations collectées qui correspondent aux critères présentés dans les matrices d'évaluation vues au point 4.4.

			Score
Valeur V			
	Visibilité	Connu localement	3
	Usage	Moyen	2
	Accessibilité	Contrôlé	3
	Mobilité	Immobile	5
	Substances dangereuses	Aucunes	0
	Dommages collatéraux	Risque moyen	3
	Population présente	501-1000	3
Géométrie G			
	Année de construction	Avant 1976	5
	Structure	Non Favorable	2
	Continuité verticale	Permanente	0
	Éléments structuraux	Noyaux, murs	0
	Architecture	Compact	0
	Méthodes de construction	Acier et béton armé	0

Tableau 6.20: Paramètres de l'IGH

Les autres paramètres requis, concernant l'IGH, sont donnés au tableau 6.21. Ils ont été estimés, de nouveau, sur base des informations collectées qui ont permis de juger, par exemple, du type d'activité présent dans l'immeuble, le niveau de protection et des lacunes en terme de robustesse contre l'incendie pour certaines parties de la structure. Nous avons considéré la probabilité d'un incendie engendrant une explosion qui endommage fortement l'environnement. Pour cela nous avons pris une probabilité de survenance de cet incendie à 90% de chance [scénario 1] et que ce même événement engendre une explosion avec une possibilité de 40% de chance de survenance [scénario 2].

Paramètres			Score
Risque acceptable A_e Activités		$-f_{act}$	3
		f_{econ}	3
Risque acceptable A_e – Biens		f_{act}	3
		f_{econ}	4
		f_{soc}	3
Risque acceptable A_e Occupants		– Densité	0,1
		f_{act}	5
		f_{soc}	5
Niveau de protection D_e		e	4
		t	4
		f	3
		r	1
		p	1
		s	3
		f_{corr}	1
Scénario 1		%	90
Scénario 2		%	40

Tableau 6.21: Poids accordés à l'IGH

Quand les différents tableaux sont remplis dans la feuille *Introduction*, nous pouvons passer à la feuille suivante *Results* afin d'obtenir les valeurs de Risque Environnemental, représentées à l'Illustration 6.10, pour chacun des secteurs étudiés.

Études de cas

	North				East				South				West			
	1-1	2-2	3-3	4-4	1-5	2-6	3-7	4-8	1-9	2-10	3-11	4-12	1-13	2-14	3-15	4-16
Distance H	53	106	212	318	53	106	212	318	53	106	212	318	53	106	212	318
distance factor	0.5	1	2	3	0.5	1	2	3	0.5	1	2	3	0.5	1	2	3
$Pe_1 =$	804.55	411.56	835.7	221.12	1114.69	540.57	458.9	441.53	63.46	701.12	964.28	647.56	63.46	243.76	63.46	160.39
$Pe_2 =$	804.55	367.8	858.35	221.12	1114.69	540.57	528.9	441.53	63.46	701.03	964.28	647.56	63.46	221.6	63.46	160.39
$Ae =$	0.61	0.65	0.55	1.49	0.66	0.51	1.86	1.03	3.41	0.66	0.75	1.69	3.41	0.97	9.33	2.83
$De =$	669.6	2208.6	5945.4	3869.1	669.6	1317.6	2382.75	4417.2	21.6	579.15	2303.1	3021.3	21.6	1115.1	21.6	64.8
$Re_1 =$	1.97	0.29	0.26	0.04	2.52	0.8	0.1	0.1	0.86	1.83	0.56	0.13	0.86	0.23	0.31	0.87
$Re_2 =$	1.97	0.26	0.26	0.04	2.52	0.8	0.12	0.1	0.86	1.83	0.56	0.13	0.86	0.2	0.31	0.87
$Re =$	2.56	0.36	0.34	0.05	3.28	1.05	0.14	0.13	1.12	2.38	0.73	0.16	1.12	0.28	0.41	1.14

Tableau 6.22: Valeurs de Risque Environnemental – Situation initiale

Comme premier constat, les valeurs critiques se trouvent principalement aux deux premiers niveaux autour de l'IGH. C'est-à-dire à proximité des principaux immeubles où se concentrent de nombreuses personnes ou des fonctionnalités essentielles au quartier. Au Nord et à l'Est de l'immeuble, les principaux lieux à risques sont donc les centres commerciaux présents autour de l'IGH et le ministère public. La distance joue un rôle essentiel dans la réduction du niveau de risque environnemental R_e, ce qui se ressentira principalement au-delà des niveaux 1 et 2.

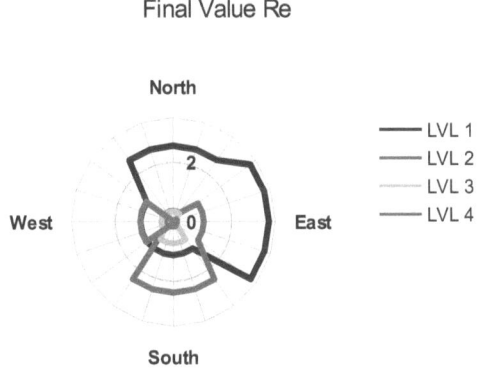

Illustration 6.10: Représentation graphique R_e

Les valeurs du tableau 6.22 sont obtenues pour le cas de deux scénarios consécutifs : nous avons imaginé qu'un incendie survienne dans l'IGH suite au chantier de rénovation et engendre une explosion de gaz endommageant le voisinage immédiat. Les explosions de gaz peuvent provoquer d'importants dommages humains et matériels. Ce type d'événement est déjà survenu à Ghislenghien, Belgique, en 2004 (Vantroyen et al., 2004) et, plus récemment, à San Bruno, USA, en 2010 (Hunnicutt et Burke, 2010). Ces deux événements se caractérisent par une explosion d'une conduite de gaz dans un environnement industriel pour le premier cas et dans un environnement suburbain pour le deuxième cas. Ces événements malheureux ont entraîné des pertes en vies humaines et engendré de nombreux dégâts dans leur voisinage.

Nous obtenons des valeurs de risque négligeable voire faible pour les secteurs des niveaux 3 et 4 tandis que, pour les secteurs « 1-1 », « 1-5 » et « 2-10 », nous obtenons des valeurs de risque moyen à élevé. Nous restons toutefois en-dessous de la limite de 4,5 de risque inacceptable du tableau 4.9 qui exprime un impact considérable sur l'environnement. Quand nous analysons ces résultats obtenus, ils expriment une certaine part de réalité : l'emplacement d'un IGH à proximité de centres commerciaux avec des structures souterraines communes et la présence d'un grand nombre de personnes rendent la situation risquée. Le risque obtenu est élevé mais peut être toléré, le temps que des mesures de protection soient étudiées et adaptées pour l'IGH.

Afin de réduire le risque environnemental, nous tentons différentes solutions réalistes qui modifient au minimum l'environnement existant. Il peut être envisagé, en premier lieu, de se concentrer sur le niveau de protection p de l'IGH par exemple. Nous constaterons une réduction du niveau de risque assez sensible comme l'illustre le tableau 6.23.

	North				East				South				West			
	1-1	2-2	3-3	4-4	1-5	2-6	3-7	4-8	1-9	2-10	3-11	4-12	1-13	2-14	3-15	4-16
Distance H	53	106	212	318	53	106	212	318	53	106	212	318	53	106	212	318
distance factor	0.5	1	2	3	0.5	1	2	3	0.5	1	2	3	0.5	1	2	3
P_{e1} =	804.55	411.56	835.7	221.12	1114.69	540.57	458.9	441.53	63.46	701.12	964.28	647.56	63.46	243.76	63.46	160.39
P_{e2} =	804.55	367.8	858.35	221.12	1114.69	540.57	528.9	441.53	63.46	701.03	964.28	647.56	63.46	221.6	63.46	160.39
A_e =	0.61	0.65	0.55	1.49	0.66	0.51	1.86	1.03	3.41	0.66	0.75	1.69	3.41	0.97	9.33	2.83
D_e =	2008.8	6625.8	17836.2	11607.3	2008.8	3952.8	7148.25	13251.6	64.8	1737.45	6909.3	9063.9	64.8	3345.3	64.8	194.4
R_{e1} =	0.66	0.1	0.09	0.01	0.84	0.27	0.03	0.03	0.29	0.61	0.19	0.04	0.29	0.08	0.1	0.29
R_{e2} =	0.66	0.09	0.09	0.01	0.84	0.27	0.04	0.03	0.29	0.61	0.19	0.04	0.29	0.07	0.1	0.29
R_e =	0.85	0.12	0.11	0.02	1.09	0.35	0.05	0.04	0.37	0.79	0.24	0.05	0.37	0.09	0.14	0.38

Tableau 6.23: Valeurs du risque environnemental – Cas 1

Nous avons modifié la valeur p dans le niveau de protection D_e, tableau 6.24. Cette modification exprime le cas d'une rénovation des systèmes de protection incendie tels que le sprinklage, une signalisation d'évacuation efficace, l'ajout d'une nouvelle cage d'escalier, etc. En effet, l'IGH avant sa destruction complète ne satisfaisait aucunement aux règles de sécurité incendie puisqu'il n'existait aucun système de protection actif ou passif tel qu'une couche ignifuge sur les colonnes métalliques. Nous envisageons donc la situation où l'IGH aurait été entièrement rénové. Nous obtenons, au final, des valeurs R_e acceptables et faibles. Ces résultats sont intéressants car ils permettent de supposer que, si la rénovation avait abouti, l'IGH aurait pu ne pas être détruit par l'incendie et les désagréments d'un quartier entièrement bloqué auraient été évités.

Études de cas

	Avant	Après
e	4	4
t	4	4
f	3	3
r	1	1
p	1	3
s	3	3
f_{corr}	1	1

Tableau 6.24: Poids modifié du niveau de protection de l'IGH

Nous envisageons de modifier un autre paramètre : celui du niveau d'exposition e de l'IGH face aux événements imprévisibles. Ainsi, ces événements peuvent être dus à l'être humain ou, pour notre cas d'étude, suite à un incendie accidentel. Nous pouvons envisager soit des mesures particulières de surveillance et de contrôle au niveau des entrées de l'immeuble tels que les portiques métalliques, soit la présence d'un personnel de sécurité (Craighead, 2009). Ce type de mesures peut réduire le niveau d'exposition de l'IGH. Nous pouvons estimer de réduire de moitié le niveau d'exposition et atteindre un niveau moyen comme illustré au tableau 6.25.

	Avant	Après
e	4	2
t	4	4
f	3	3
r	1	1
p	1	1
s	3	3
f_{corr}	1	1

Tableau 6.25: Poids modifié du niveau de l'exposition de l'IGH

Lorsque nous modifions ce niveau d'exposition, nous trouvons au tableau 6.26 les valeurs finales R_e. Comparativement aux modifications apportées aux mesures de protection, nous obtenons des valeurs de R_e sensiblement moins importantes que celles trouvées pour le premier cas d'étude. Les valeurs de risque sont essentiellement acceptables et quelques valeurs de risques dites faibles. Les résultats sont intéressants car ils expriment qu'il n'est pas nécessaire d'effectuer forcément une importante rénovation complète fort coûteuse pour réduire le risque environnemental. Toutefois ce type d'intervention ne peut qu'intervenir à court terme car il reste préférable de rendre un immeuble aux normes de

Études de cas

sécurité incendie afin de réduire les risques. Nous pouvons enfin imaginer de combiner les deux situations : systèmes de protection et de contrôle, cas d'étude suivant.

	North				East				South				West			
	1-1	2-2	3-3	4-4	1-5	2-6	3-7	4-8	1-9	2-10	3-11	4-12	1-13	2-14	3-15	4-16
Distance H	53	106	212	318	53	106	212	318	53	106	212	318	53	106	212	318
distance factor	0.5	1	2	3	0.5	1	2	3	0.5	1	2	3	0.5	1	2	3
$Pe_1 =$	804.55	411.58	835.7	221.12	1114.69	540.57	458.9	441.53	63.46	701.12	964.28	647.56	63.46	243.76	63.46	160.39
$Pe_2 =$	804.55	367.8	858.35	221.12	1114.69	540.57	528.9	441.53	63.46	701.03	964.28	647.56	63.46	221.6	63.46	160.39
$Ae =$	0.61	0.65	0.55	1.49	0.66	0.51	1.86	1.03	3.41	0.66	0.75	1.69	3.41	0.97	9.33	2.83
$De =$	1339.2	4417.2	11890.8	7738.2	1339.2	2635.2	4765.5	8834.4	43.2	1158.3	4606.2	6042.6	43.2	2230.2	43.2	129.6
$Re_1 =$	0.98	0.14	0.13	0.02	1.26	0.4	0.05	0.05	0.43	0.92	0.28	0.06	0.43	0.11	0.16	0.44
$Re_2 =$	0.98	0.13	0.13	0.02	1.26	0.4	0.06	0.05	0.43	0.92	0.28	0.06	0.43	0.1	0.16	0.44
$Re =$	1.28	0.18	0.17	0.02	1.64	0.52	0.07	0.06	0.56	1.19	0.36	0.08	0.56	0.14	0.2	0.57

Tableau 6.26: Valeurs du risque environnemental – Cas 2

	Avant	Après
e	4	2
t	4	4
f	3	3
r	1	1
p	1	3
s	3	3
f_{corr}	1	1

Tableau 6.27: Poids modifiés des niveaux d'exposition et de protection de l'IGH

Nous envisageons ensuite de consécutivement réduire l'exposition de l'IGH par la présence accrue d'un personnel de sécurité, formé aux situations d'urgence, et l'amélioration des systèmes de protection. Le tableau 6.27 reprend les points modifiés concernant l'IGH.

Nous obtenons au tableau 6.28 des valeurs de R_e qui correspondent toutes à la catégorie de risques acceptable, inférieures à 1. C'est-à-dire que les paramètres exprimant le niveau de protection global D_e et acceptable A_e ont réduit les valeurs de risque environnemental R_e au niveau du risque dit acceptable.

	North				East				South				West			
	1-1	2-2	3-3	4-4	1-5	2-6	3-7	4-8	1-9	2-10	3-11	4-12	1-13	2-14	3-15	4-16
Distance H	53	106	212	318	53	106	212	318	53	106	212	318	53	106	212	318
distance factor	0,5	1	2	3	0,5	1	2	3	0,5	1	2	3	0,5	1	2	3
$Pe_1 =$	804,55	411,58	835,7	221,12	1114,69	540,57	458,9	441,53	63,46	701,12	964,28	647,56	63,46	243,76	63,46	160,39
$Pe_2 =$	804,55	367,8	858,35	221,12	1114,69	540,57	528,9	441,53	63,46	701,03	964,28	647,56	63,46	221,6	63,46	160,39
$Ae =$	0,61	0,65	0,55	1,49	0,66	0,51	1,86	1,03	3,41	0,66	0,75	3,41	0,97	9,33	2,83	
$De =$	4017,6	13251,6	35672,4	23214,6	4017,6	7905,6	14296,5	26503,2	129,6	3474,9	13818,6	18127,8	129,6	6690,6	129,6	388,8
$Re_1 =$	0,33	0,05	0,04	0,01	0,42	0,13	0,02	0,02	0,14	0,31	0,09	0,02	0,14	0,04	0,05	0,15
$Re_2 =$	0,33	0,04	0,04	0,01	0,42	0,13	0,02	0,02	0,14	0,31	0,09	0,02	0,14	0,03	0,05	0,15
$Re =$	0,43	0,06	0,06	0,01	0,55	0,17	0,02	0,02	0,19	0,4	0,12	0,03	0,19	0,05	0,07	0,19

Tableau 6.28: Valeurs du risque environnemental – Cas 3

Nous allons ensuite vérifier s'il est possible d'intervenir sur le niveau de risque environnemental en choisissant d'agir uniquement sur l'environnement au lieu de l'IGH. Nous reprenons la situation initiale avec les valeurs de comparaison du tableau 6.22. De là, nous tenterons de trouver les éléments dans l'environnement qui peuvent réduire le risque R_e. Il sera considéré, dans un premier temps, que nous pouvons améliorer la formation et l'éducation des occupants des bâtiments du Ministère, des différents immeubles de bureaux et de logements présents dans le voisinage. Nous ne prenons pas en compte les centres commerciaux et les immeubles à fonction commerciale : la diversité et la fluctuation des occupants présents dans ces immeubles ne permettent pas d'offrir une formation efficiente et durable pour tous. Seules des mesures de protection telles qu'un nombre suffisant de sorties d'évacuation ou de chemins balisés, peuvent réellement être appliquées efficacement.

Nous modifions le niveau de formation f des occupants comme illustré au tableau 6.29. Rappelons que nous entendons par niveau de formation, la notion de participation et d'entraînement aux exercices d'évacuation. Cette formation peut aussi comprendre toute sensibilisation aux situations critiques par un comportement adapté.

	Avant	Après
e	2	2
t	3	3
f	3	4
r	3	3
p	3	3
s	3	3
f_{corr}	1	1

Tableau 6.29: Poids modifié du niveau de la formation des immeubles voisins

Comme nous pouvons le constater sur le tableau 6.30 par rapport au tableau 6.22, les valeurs obtenues du risque environnemental R_e ont seulement été modifiées pour quelques secteurs. En effet, cela s'explique par le fait que les modifications au niveau de la formation n'ont été effectuées que sur une partie de l'ensemble des objets présents dans l'environnement. En outre, il est peu probable que nous puissions agir sur le niveau de formation de l'ensemble des immeubles et donc des occupants. Dans une situation hypothétique où l'État imposerait la mise en place d'une formation commune pour l'ensemble des occupants des immeubles voisins à l'IGH, il n'est pas certain du résultat et du réel intérêt par les occupants pour cette formation.

	North				East				South				West			
	1-1	2-2	3-3	4-4	1-5	2-6	3-7	4-8	1-9	2-10	3-11	4-12	1-13	2-14	3-15	4-16
Distance H	53	106	212	318	53	106	212	318	53	106	212	318	53	106	212	318
distance factor	0.5	1	2	3	0.5	1	2	3	0.5	1	2	3	0.5	1	2	3
Pe 1 =	804.55	411.58	835.7	221.12	1114.69	540.57	458.9	441.53	63.46	701.12	964.28	647.56	63.46	243.76	63.46	160.39
Pe 2 =	804.55	367.8	858.35	221.12	1114.69	540.57	528.9	441.53	63.46	701.03	964.28	647.56	63.46	221.6	63.46	160.39
Ae =	0.61	0.65	0.55	1.49	0.66	0.51	1.86	1.03	3.41	0.86	0.75	1.69	3.41	0.97	9.33	2.83
De =	669.6	2937.6	7160.4	4719.6	669.6	1317.6	2929.5	5875.2	21.6	761.4	3032.1	3993.3	21.6	1479.6	21.6	64.8
Re 1 =	1.97	0.22	0.21	0.03	2.52	0.8	0.08	0.07	0.86	1.4	0.42	0.1	0.86	0.17	0.31	0.87
Re 2 =	1.97	0.19	0.22	0.03	2.52	0.8	0.1	0.07	0.86	1.4	0.42	0.1	0.86	0.15	0.31	0.87
Re =	2.56	0.27	0.28	0.04	3.28	1.05	0.11	0.09	1.12	1.81	0.55	0.12	1.12	0.21	0.41	1.14

Tableau 6.30: Valeurs du risque environnemental – Cas 4

Nous allons modifier le niveau d'exposition au danger de l'ensemble des immeubles voisins, c'est-à-dire que nous passerons à un niveau d'exposition de 2 pour tous les objets présents dans l'environnement. Lorsque nous étudions un immeuble ou un centre commercial par exemple, le niveau d'exposition au danger peut être réduit par la présence d'un personnel formé aux situations d'urgence comme présenté pour l'étude du cas 2, tableau 6.26. Quand il s'agit d'une route ou d'un axe de communication, ce niveau d'exposition sera réduit par une campagne de promotion et de sensibilisation à la sécurité comme, par exemple, les campagnes BOB en Belgique. Rendre les personnes sensibles aux problématiques de sécurité, aide à la réduction du niveau du risque environnemental R_e. Le tableau 6.31 montre l'impact d'une telle prise en compte de la sécurité par les utilisateurs et occupants de chaque objet de l'environnement.

	North				East				South				West			
	1-1	2-2	3-3	4-4	1-5	2-6	3-7	4-8	1-9	2-10	3-11	4-12	1-13	2-14	3-15	4-16
Distance H	53	106	212	318	53	106	212	318	53	106	212	318	53	106	212	318
distance factor	0.5	1	2	3	0.5	1	2	3	0.5	1	2	3	0.5	1	2	3
Pe 1 =	804.55	411.58	835.7	221.12	1114.69	540.57	458.9	441.53	63.46	701.12	964.28	647.56	63.46	243.76	63.46	160.39
Pe 2 =	804.55	367.8	858.35	221.12	1114.69	540.57	528.9	441.53	63.46	701.03	964.28	647.56	63.46	221.6	63.46	160.39
Ae =	0.81	0.65	0.55	1.49	0.66	0.51	1.86	1.03	3.41	0.86	0.75	1.69	3.41	0.97	9.33	2.83
De =	5961.6	13251.6	51742.8	31476.6	5961.6	11793.6	21465	28568	129.6	6787.8	20444.4	20347.2	129.6	6690.6	129.6	518.4
Re 1 =	0.22	0.05	0.03	0	0.28	0.09	0.01	0.02	0.14	0.16	0.06	0.02	0.14	0.04	0.05	0.11
Re 2 =	0.22	0.04	0.03	0	0.28	0.09	0.01	0.02	0.14	0.16	0.06	0.02	0.14	0.03	0.05	0.11
Re =	0.29	0.06	0.04	0.01	0.37	0.12	0.02	0.02	0.19	0.2	0.08	0.02	0.19	0.05	0.07	0.14

Tableau 6.31: Valeurs du risque environnemental – Cas 5

Pour chaque secteur, les valeurs finales du risque environnemental R_e sont toutes inférieures à 1 ce qui correspond à un niveau de risque acceptable. L'action de réduire le niveau d'exposition pour l'ensemble des objets, permet de réduire très fortement les valeurs finales du risque R_e mais il est peu probable de pouvoir agir de cette manière aussi efficacement pour tous les objets. A ce niveau d'action, seuls les pouvoirs publics peuvent agir mais il est peu pensable que cela se fasse à une si grande échelle d'intervention. Quelques interventions ponctuelles, pour les objets sensibles, permettraient de réduire sensiblement le risque.

Rappelons les différents cas d'études envisagés :
- Cas 1 : modification du niveau de protection de l'IGH,
- Cas 2 : modification du niveau d'exposition au danger de l'IGH,
- Cas 3 : combinaison des cas 1 et 2 pour l'IGH,
- Cas 4 : modification du niveau de formation des occupants de certains objets de l'environnement,
- Cas 5 : modification du niveau d'exposition au danger pour l'ensemble des objets de l'environnement.

	Nord				Est				Sud				Ouest			
	1-1	2-2	3-3	4-4	1-5	2-6	3-7	4-8	1-9	2-10	3-11	4-12	1-13	2-14	3-15	4-16
Cas 0	2.56	0.36	0.34	0.05	3.28	1.05	0.14	0.13	1.12	2.38	0.73	0.16	1.12	0.28	0.41	1.14
Cas 1	0.85	0.12	0.11	0.02	1.09	0.35	0.05	0.04	0.37	0.79	0.24	0.05	0.37	0.09	0.14	0.38
Cas 2	1.28	0.18	0.17	0.02	1.64	0.52	0.07	0.06	0.56	1.19	0.36	0.08	0.56	0.14	0.2	0.57
Cas 3	0.43	0.06	0.06	0.01	0.55	0.17	0.02	0.02	0.19	0.4	0.12	0.03	0.19	0.05	0.07	0.19
Cas 4	2.56	0.27	0.28	0.04	3.28	1.05	0.11	0.09	1.12	1.81	0.55	0.12	1.12	0.21	0.41	1.14
Cas 5	0.29	0.06	0.04	0.01	0.37	0.12	0.02	0.02	0.19	0.2	0.08	0.02	0.19	0.05	0.07	0.14

Tableau 6.32: Comparaison des valeurs du risque environnemental pour les différentes situations

6.3.5 Conclusion

En conclusion de ce premier cas d'étude d'un IGH, nous avons pu tester différentes options résumées au tableau 6.32. L'objectif de chaque intervention était de réduire le risque environnemental du scénario original incendie envisagé pour l'IGH (Cas 0) et donc diminuer l'impact de cet IGH sur son environnement. Sur l'Illustration 6.11, nous avons superposé les courbes de risques obtenues pour ce cas 0 et la représentation graphique 3D des principaux objets étudiés. Cette image permet d'identifier rapidement les objets critiques tels que les centres commerciaux à proximité de l'IGH ou l'ensemble d'immeubles de bureaux à l'Ouest.

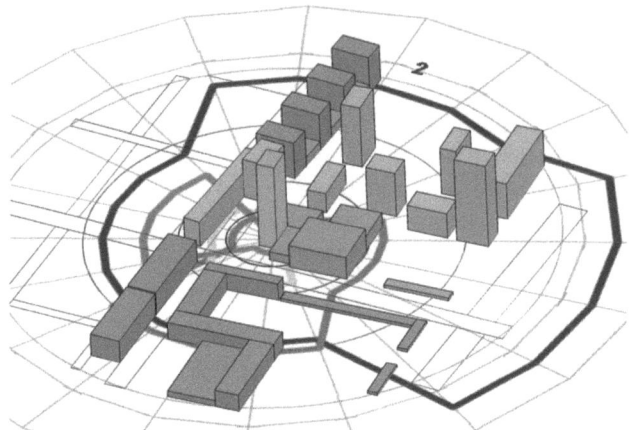

Illustration 6.11: Représentation graphique de l'environnement et des courbes de risques pour l'IGH Windsor

Le cas initial 0 consistait en l'étude d'un scénario incendie qui engendre un deuxième scénario d'une explosion affectant l'environnement voisin. Les résultats obtenus restent dans l'ordre de grandeur d'un risque moyen à élevé. Nous n'avons pas obtenu de valeurs dites non acceptables qui exprimeraient un risque immédiat pour l'environnement voisin à l'IGH. Toutefois une valeur supérieure à une valeur unitaire nécessite la mise en place de protections ou de politiques de prévention. Certaines solutions ont donc été proposées afin de réduire les valeurs R_e de manière globale pour l'ensemble des secteurs mais elles ont peu de chance d'être appliquées. En effet, elles nécessiteraient l'intervention des pouvoirs publics sur l'ensemble du quartier ce qui n'est pratiquement plus envisageable à l'heure actuelle en raison des coûts économiques engendrés par de telles interventions.

Il est donc plus intéressant de combiner certaines approches entre elles tant au niveau de l'IGH que pour certains secteurs de l'environnement. Cela permettrait d'agir efficacement à coût réduit et éviterait une intervention généralisée sur l'ensemble du quartier qui aurait peu de chance d'aboutir concrètement. Ainsi, ces propositions pourraient se résumer aux points suivants :

- Modification des systèmes de protection incendie de l'IGH,
- Amélioration de la formation des occupants voir à créer des unités de personnes formées à gérer les situations de crise par une intervention en premier lieu sur l'incendie quand c'est encore possible ou par une aide à l'évacuation,

- Lorsque certains secteurs se révèlent trop risqués, ponctuellement des politiques de prévention peuvent être appliquées aux immeubles problématiques : formation des occupants et mise en place de plans d'urgence particuliers.

6.4 WTC 7

Le *WTC 7* était un Immeuble de Grande Hauteur new-yorkais détruit suite à l'attentat du 11 Septembre 2001. Sa perte est due à un incendie initié par des projectiles incendiaires projetés d'une des deux tours WTC lors de leur effondrement. L'incendie n'a fait aucune victime car l'immeuble a été entièrement évacué lorsque les avions percutèrent les WTC 1 et 2. Le WTC 7 a subit des dégâts structurels généralisés à l'ensemble de l'immeuble ce qui entraîna son effondrement. L'IGH se trouvait dans un quartier hétérogène assez dense puisque nous pouvons y trouver un ensemble de gratte-ciel, des immeubles d'appartements, une université, etc.

Illustration 6.12: WTC7, immeuble de gauche (Smith, 2012)

Tout comme pour l'IGH Windsor, l'objectif de ce cas d'étude est de déterminer le niveau de risque *a posteriori* de l'immeuble suite à un scénario incendie et de pouvoir comparer si ce niveau est réaliste avec le niveau d'échelle proposé. Ensuite, il sera envisagé différentes possibilités qui permettent de réduire le niveau de risque environnemental R_e.

Les principales sources d'information utilisées pour l'analyse de l'IGH WTC 7 sont celles fournies par le rapport suite au 11 septembre 2001 rédigé par le NIST (2008) complétées par celles données sur les différents sites internet et articles de presses (Emporis, 2012 ; Gilsanz, 2012 ; NIST, 2012).

6.4.1 Informations de base

Localisation	Lower Manhattan, New York, États-Unis
Événement	Le 11 Septembre 2001, l'IGH a été endommagé par des débris des WTC 1 et 2 effondrées. Un incendie généralisé dans l'immeuble entraîna son effondrement.
Nouveau projet	Un nouveau WTC 7 a été reconstruit en 2006 sur le site même de l'ancien.
Causes	L'incendie et l'effondrement étaient le résultat de projectiles incendiaires.
Statut	L'immeuble a été entièrement détruit.
Type	Bureau

6.4.2 Caractéristiques de l'immeuble

Construction	1983-1987
Destruction	11 Septembre 2001
Hauteur	186 m
Dimension	101 m x 43 m (de forme trapézoïdale)
Nombre d'étages	47
Propriétaires	Seven World Trade Company et Silverstein Development Corporation, General Partners.
Architecte	Emery Roth & Sons
Structure	La structure comprenait des colonnes, planchers dalles et éléments de transfert.
Résistance au feu	Des systèmes de protection passif et actif étaient présents ainsi que de systèmes d'alertes et de détection. Une couche ignifuge appliquée aux parties métalliques.

6.4.3 Description de l'IGH et de l'incendie

Le WTC 7 avait une forme trapézoïdale irrégulière : approximativement de 100 m de long pour la façade Nord et de 75 m de long pour la face Sud, le tout pour une largeur de 44 m. Les Illustrations 6.13 et 6.14 reprennent les dimensions générales de l'immeuble. Il se trouvait sous l'immeuble une sous-station électrique *Con Edison* de deux niveaux, voir l'Illustration 6.13.

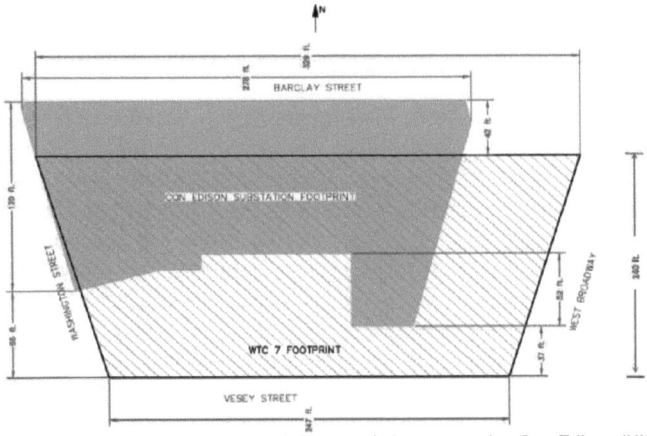
Illustration 6.13: Dimensions géométriques du WTC 7 et de la sous-station Con Edison (NIST, 2008)

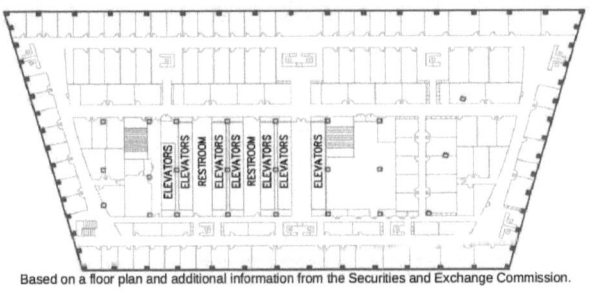
Based on a floor plan and additional information from the Securities and Exchange Commission.
Illustration 6.14: Plan d'un étage type, le 11ᵉ étage (NIST, 2008)

Le WTC 7 comprenait en quatre parties (NIST, 2008) :

- Les quatre premiers niveaux étaient des halls pouvant accueillir différentes fonctions telles que des espaces de conférence, cafétéria, etc.
- Les étages 5 et 6 étaient des étages techniques tandis que le 7ᵉ participait à la stabilité générale de l'immeuble à l'aide de poutres treillis .
- Les étages 7 à 45 étaient destinés à la location, structurellement similaires, voir l'Illustration 6.14, sauf pour les étages 22 et 23 qui étaient renforcés par une poutre de rive.
- Les étages 46 et 47 étaient dimensionnés pour reprendre les charges spéciales telles que les tours de refroidissement et les réservoirs d'eau.

L'incendie du WTC 7 a été initié suite aux impacts de débris projetés par l'effondrement du WTC 1 qui se trouvait approximativement à 110 m au sud de l'IGH. Les débris ont causé des dommages structuraux à l'enveloppe Sud-Ouest entre les étages 7 et 17. L'incendie débuta comme tout incendie dans un Immeuble de Grande Hauteur : il grandit et se développe rapidement suivant les combustibles potentiels présents (matériels de bureautiques, papeteries, etc.). Si un réservoir d'eau pour les systèmes de sprinkler automatique avait été présent aux étages concernés par le départ de feu et si le système avait agi comme conçu, le développement de l'incendie aurait été tout autre. Celui-ci aurait certainement été contrôlé puis circonscrit. Le feu s'est toutefois développé sur tous les plateaux provoquant le déversement des colonnes intérieures. Cela a eu pour conséquence de provoquer un effondrement partiel de la structure d'un plancher qui emporta plusieurs autres étages à la suite. Cet effondrement partiel vertical provoqua le déversement des colonnes périphériques en raison d'une redistribution des charges sur les colonnes périphériques.

L'incendie a donc induit un effondrement partiel qui provoqua une dispersion des dommages locaux à la structure du bâtiment : un événement initial, d'élément à élément, résultant finalement à l'effondrement global du bâtiment.

Il n'a pas été dénombré de blessés ni de victimes car les 4.000 occupants présents dans l'immeuble ont réagi rapidement suite aux impacts des avions sur les deux tours WTC. Les occupants ont rapidement commencé à évacuer.

La conception de l'immeuble suivait les normes new-yorkaises de 1968 : New York City Building Code ou NYCBC (NIST, 2008). Il était prévu deux sources d'eau pour l'alimentation des systèmes d'extinction automatique pour l'étage 21 et supérieurs : des citernes d'eau et l'alimentation générale urbaine d'eau. Tandis que pour les étages inférieurs au 21e étage, il n'était prévu qu'une seule source d'eau se faisant par l'alimentation générale urbaine d'eau. En effet, le code NYCBC prévoit que, pour les 20 premiers étages d'un IGH, l'alimentation des sources d'eau primaires et de back-up se fassent uniquement via le réseau général de la ville. Or la chute des tours WTC endommagea les canalisations d'amenée d'eau, et vu qu'il n'était pas prévu de réservoirs d'eau comme pour les étages aux-dessus du 21e étage, l'incendie n'a pu être contrôlé par les systèmes de sprinklage présents.

L'impact des débris projetés sur la façade par la chute du WTC 1 n'a eu que peu d'effets sur l'effondrement du WTC 7. Les colonnes périphériques de l'immeuble ont pu reprendre les charges des colonnes endommagées par les projectiles.

Après cette brève description de l'IGH, nous décrivons ci-dessous l'environnement présent autour de l'IGH. Nous avons donc listé l'ensemble des objets que nous estimions pertinents de répertorier au tableau 10.3 du chapitre 10.5. L'ensemble des immeubles, constructions particulières, ouvrages de génie civil et autres présents dans un rayon de 558 m, soit trois fois la hauteur de l'IGH, sont numérotés, identifiés et catalogués selon leurs fonctions, emplacements et dimensions géométriques. Ces dimensions sont déterminées à l'aide de plans retravaillés et des informations collectées sur Internet. Les illustrations 6.15 et 6.17 montrent le type d'environnement autour de l'immeuble : c'est un milieu urbain densément construit avec de nombreuses infrastructures présentes de type grands routes, tunnel, métro, etc. Les images ont été prises en 2012 et ne représentent plus exactement la situation originale envisagée avec la présence du complexe des WTC.

L'étude des différents scénarios se basera sur la présence des six WTC existants avant les attentats du 11 Septembre 2001.

Illustration 6.15: Vue aérienne du quartier étudié autour de l'IGH (Google Maps, 2012)

Études de cas

Illustration 6.16: Vue « Bird's Eye » de Bing Maps avec une représentation de l'IGH (Bing Maps, 2012)

Nous ne pouvons visualiser l'IGH ni l'ensemble des bâtiments WTC vu qu'ils ont tous été entièrement détruits. Nous avons donc retravaillé les différentes vues collectées en un plan urbanistique de l'environnement qui nous intéresse, Illustrations 6.17 et 6.18. Sur ces deux images, nous avons référencé l'ensemble des objets puis placé les niveaux d'étude qui servent pour la détermination du niveau de risque. Lorsque nous ne prenons pas en compte des immeubles construits, nous assignons une valeur de densité d'occupation par défaut afin de ne pas considérer des surfaces construites comme vierges.

Nous avons utilisé le même type de codes utilisés pour la Torre Windsor vu au tableau 6.18 afin d'identifier les différents objets dans l'environnement. Du plan ci-dessous, le complexe World Trade Center représente une importante part de surfaces de bureaux présents dans les périmètres décrits à l'Illustration 6.18. Or nous verrons que le WTC 7 ne représentera pas un risque majeur pour les autres immeubles du complexe WTC présents au sud mais plutôt pour les immeubles présents à l'Est à proximité des premiers niveaux.

Illustration 6.17: Représentation graphique de la situation existante

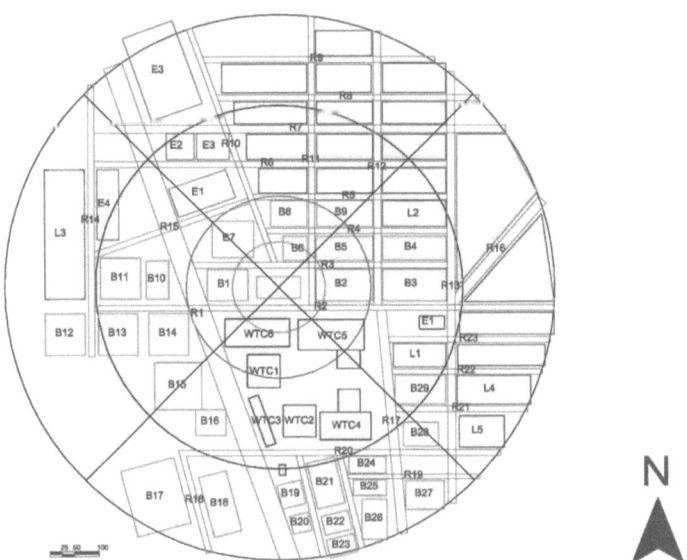
Illustration 6.18: Représentations des niveaux et les différents secteurs étudiés.

Nous avons pu voir en début de ce travail que la ville de New York se positionnait parmi les villes mondiales ayant le plus grand nombre de gratte-ciel et d'IGH. L'environnement présent autour du WTC 7 ne déroge pas à ce constat. De plus, le WTC 7 faisait partie d'un complexe d'immeubles de bureau dont les tours jumelles WTC 1 et 2 représentaient un réel symbole américain. Une des deux tours avait déjà subi un attentat par le passé endommageant son parking souterrain sans trop de dommages structurels pour l'IGH. Les tours jumelles représentaient donc une source de risque pour leur environnement et par conséquent pour notre cas d'étude.

L'environnement est densément construit en IGH or nous verrons que cela n'influence que peu les résultats numériques. En effet, les IGH et objets sont fortement distants entre eux : ils ne sont pas aussi proches comme pourrait l'être un ensemble d'IGH dans un quartier à Hong Kong. En outre, en procédant par sectorisation, les WTC 1 et 2, par exemple, ne sont pas situés dans un même secteur, voir l'Illustration 6.18. Cela influence donc les valeurs finales de R_e.

6.4.4 Analyse du risque environnemental

Lorsque nous remplissons la feuille *Introduction* pour la détermination du ou des scénarios critiques à considérer, les principaux scénarios qui ressortent, concernent l'incendie suivi de ceux impliquant des explosions malveillantes ou accidentelles. Nous nous trouvons dans une situation similaire au cas d'étude précédent à Madrid. Les risques que nous considérons, sont l'incendie et les explosions. Nous combinons donc ces deux scénarios pour obtenir la valeur finale du risque environnemental pour chacun des secteurs. Les différents poids introduits pour déterminer les scénarios à considérer, se retrouvent en annexe au point 10.6.3.

Nous envisageons d'étudier l'IGH dans une situation dite « normale », nous ne prenons pas en compte le contexte du 11 Septembre 2001 comme cas d'étude. En d'autres termes, nous considérons que l'immeuble est normalement occupé par les travailleurs dans une situation journalière de la semaine.

En reprenant le contexte de l'IGH et de son intégration dans son environnement du point précédent, nous pouvons compléter les différents tableaux de la feuille *Introduction*. Nous ne reprenons pas l'ensemble des poids et paramètres donnés pour les objets, ils sont fournis en annexe au point 10.6.4. Le choix des valeurs pour les différents poids a été effectué sur base d'une évaluation visuelle suivant le type d'activité, la possibilité d'un grand nombre de personnes présentes et de la distance entre ces

Études de cas

objets et l'IGH. Nous fournissons les paramètres choisis pour l'IGH aux tableaux 6.33, 6.34 et 6.35.

	IGH
Hauteur [m]	186
Largeur [m]	42,5
Longueurs [m]	107 et 75
Nombre d'étages	47

Tableau 6.33: Dimensions du WTC 7

La forme du WTC 7 est une forme trapézoïdale adaptée à une forme rectangulaire : nous demandons, en effet, uniquement la longueur et largeur de chaque objet. Pour ce faire nous avons trouvé, à partir de la surface du trapèze, soit 3868 m², une surface rectangulaire équivalente ayant une longueur de 88 m et une largeur de 44 m.

Les données utilisées pour les paramètres de valeur V et de géométrie G applicables à l'IGH sont les suivants :

Valeur V			Score
	Visibilité	Très largement connu	5
	Usage	Très élevé	5
	Accessibilité	Contrôlé	3
	Mobilité	Immobile	5
	Substances dangereuses	Aucunes	0
	Dommages collatéraux	Risque élevé	4
	Population présente	> 5000	5
Géométrie G			
	Année de construction	Après 1976	4
	Structure	Favorable	0
	Continuité verticale	Permanente	0
	Éléments structuraux	Structure rigide	1
	Architecture	Compact	0
	Méthodes de construction	Acier et béton armé	0

Tableau 6.34: Paramètres de l'IGH

Les autres paramètres requis, concernant l'IGH, sont donnés au tableau 6.35. Nous nous plaçons dans le cas d'un scénario incendie se déclenchant dans l'IGH qui se propage à la sous-station électrique Con Edison provoquant une explosion en raison des machines présentes et de la possibilité de présence de substances dangereuses dans ce type d'installations. Nous avons donc considéré une probabilité de survenance de cet incendie de 90% de chance [scénario 1] et que cet incendie génère une explosion suivant une probabilité de 40% de chance [scénario 2].

Paramètres		Score
Risque acceptable A_e – Activités	f_{act}	2
	f_{econ}	3
Risque acceptable A_e – Biens	f_{act}	3
	f_{econ}	2
	f_{soc}	3
Risque acceptable A_e – Occupants	Densité	0,06
	f_{act}	4
	f_{soc}	4
Niveau de protection D_e	e	3
	t	2
	f	3
	r	2
	p	2
	s	2
	f_{corr}	1
Scénario 1	%	90
Scénario 2	%	40

Tableau 6.35: Poids accordés à l'IGH

Quand les différents tableaux sont remplis à la feuille *Introduction*, nous pouvons passer à la feuille suivante *Results* afin d'obtenir les valeurs de Risque Environnemental pour chacun des secteurs étudiés. Ces valeurs se retrouvent données au tableau 6.36 suivant.

	North				East				South				West			
	1-1	2-2	3-3	4-4	1-5	2-6	3-7	4-8	1-9	2-10	3-11	4-12	1-13	2-14	3-15	4-16
Distance H	93	186	372	558	93	186	372	558	93	186	372	558	93	186	372	558
distance factor	0,5	1	2	3	0,5	1	2	3	0,5	1	2	3	0,5	1	2	3
Pe 1 =	528,49	581,16	1049,36	224,26	128,82	1649,92	844,45	265,86	128,82	723,8	675,58	994,49	128,82	787,52	703,73	353,58
Pe 2 =	578,85	658,19	1295,08	261,55	166,11	1756	1065,21	303,15	166,11	790,75	812,86	1031,78	166,11	850,85	919,56	390,87
Ae =	0,84	0,76	1,07	3,35	3,55	0,41	0,64	3,42	3,55	0,56	0,9	0,71	3,55	0,72	0,52	1,74
De =	902,4	1766,4	3532,8	915,2	38,4	2355,2	6675,2	3520	38,4	1190,4	2643,2	10419,2	38,4	908,8	4364,8	3500,8
Re 1 =	0,7	0,43	0,28	0,07	0,94	1,71	0,2	0,02	0,94	1,09	0,28	0,13	0,94	1,2	0,31	0,06
Re 2 =	0,76	0,49	0,34	0,09	1,22	1,82	0,25	0,03	1,22	1,19	0,34	0,14	1,22	1,3	0,41	0,06
Re =	0,94	0,59	0,39	0,1	1,37	2,28	0,28	0,03	1,37	1,46	0,4	0,16	1,37	1,61	0,45	0,08

Tableau 6.36: Valeurs de Risque Environnemental – Situation initiale

Comme nous pouvions l'escompter, les valeurs critiques se trouvent principalement dans les deux premiers niveaux autour de l'IGH. La différence de valeurs au périmètre de niveau 2, s'explique par le fait qu'au sud, les immeubles sont, malgré leurs tailles, fortement espacés au contraire des immeubles à l'Est et Ouest.

Nous obtenons donc des valeurs de risque négligeable voire faible pour les secteurs des niveaux 3 et 4 tandis que, pour les secteurs « 1-1 » au Nord, « 1-5 »/« 2-6 » à l'Est, « 1-9 »/« 2-10 » au Sud et « 1-13 »/« 2-14 » à l'Ouest, nous obtenons des valeurs de risque moyen à élevé. Nous restons toutefois en dessous de la limite de 4,5 de risque inacceptable du tableau 4.9. Rappelons que nous étudions le cas de deux scénarios consécutifs qui sont l'étude d'un incendie engendrant une explosion. Les résultats obtenus expriment une certaine part de réalité : l'emplacement du WTC 7 à proximité d'immeubles de bureau ou de logement représente un certain impact sur son environnement immédiat.

La présence des tours jumelles WTC 1 et 2 n'interfère que peu dans l'obtention des valeurs critiques de R_e comme nous pouvons le constater au tableau des résultats 6.36. L'explication envisageable est la présence d'un petit nombre d'immeuble sur une grande surface vierge de construction. Le secteur peut être, dès lors, considéré comme moyennement dense ce qui influence sur les valeurs finales de R_e.

Illustration 6.19: Représentation graphique R_e

L'Illustration 6.19 reprend les valeurs du tableau 6.36 sous format graphique pour mieux représenter l'impact de l'IGH sur son environnement immédiat. Les principales actions de correction doivent être principalement axées sur les deux premiers niveaux autour de l'IGH.

Études de cas

Nous allons dès à présent tester différentes solutions envisageables pour réduire le risque environnemental qui modifient au minimum l'environnement existant. Tout d'abord il est envisagé des solutions propres à l'IGH comme le niveau de protection par exemple. Afin de réduire le risque environnemental, nous pouvons débuter par le niveau de protection p de l'IGH. Nous constatons une réduction du niveau de risque assez sensible, comme l'illustre le tableau 6.37, lorsque nous modifions la seule valeur p dans le niveau de protection D_e, tableau 6.38. Cette modification exprime le cas d'une amélioration des systèmes de protection incendie tels que la mise en place de réservoirs d'eau pour les étages inférieurs.

	North				East				South				West			
	1-1	2-2	3-3	4-4	1-5	2-6	3-7	4-8	1-9	2-10	3-11	4-12	1-13	2-14	3-15	4-16
Distance H	93	186	372	558	93	186	372	558	93	186	372	558	93	186	372	558
distance factor	0.5	1	2	3	0.5	1	2	3	0.5	1	2	3	0.5	1	2	3
Pe 1 =	528.49	581.16	1049.36	224.26	128.82	1649.92	844.45	265.86	128.82	723.81	675.58	994.49	128.82	787.52	703.73	353.58
Pe 2 =	578.85	658.19	1295.08	261.55	166.11	1756	1065.21	303.15	166.11	790.75	812.88	1031.78	166.11	850.85	919.58	390.87
Ae =	0.84	0.76	1.07	3.35	3.55	0.41	0.64	3.42	3.55	0.56	0.9	0.71	3.55	0.72	0.52	1.74
De =	1353.6	2649.6	5299.2	1372.8	57.6	3532.8	10012.8	5280	57.6	1785.6	3964.8	15628.8	57.6	1363.2	6547.2	5251.2
Re 1 =	0.46	0.29	0.19	0.05	0.63	1.14	0.13	0.01	0.63	0.72	0.19	0.09	0.63	0.8	0.21	0.04
Re 2 =	0.51	0.33	0.23	0.06	0.81	1.21	0.17	0.02	0.81	0.79	0.23	0.09	0.81	0.87	0.27	0.04
Re =	0.63	0.39	0.26	0.07	0.91	1.52	0.19	0.02	0.91	0.97	0.27	0.12	0.91	1.08	0.3	0.05

Tableau 6.37: Valeurs du risque environnemental – Cas 1

Nous obtenons, au final, des valeurs R_e acceptables et faibles dans l'ensemble. Une seule valeur pour le secteur Est du deuxième niveau excède la valeur unitaire, mais elle reste à la limite du risque considéré comme moyen, voir le tableau 4.9.

	Avant	Après
e	3	3
t	2	2
f	3	3
r	2	2
p	2	3
s	2	2
f_{corr}	1	1

Tableau 6.38: Poids modifié du niveau de protection de l'IGH

Nous envisageons de modifier ensuite un second paramètre : celui du niveau de l'exposition e de l'IGH. Pour rappel, ce facteur exprime le niveau auquel un IGH fait face aux événements imprévisibles comme des accidents ou attentats dus à l'être humain. Une solution que nous pouvons proposer afin de réduire le risque environnemental, est de renforcer la présence de personnel de sécurité au sein du bâtiment. Nous

Études de cas

pouvons réduire le niveau d'exposition de l'IGH comme illustré au tableau 6.39. Il se trouve déjà des systèmes de protection actif et passif que nous complètons par la présence d'une équipe de sapeur-pompiers formés au sein du personnel de l'IGH.

	Avant	Après
e	3	1
t	2	2
f	3	3
r	2	2
p	2	2
s	2	2
f_{corr}	1	1

Tableau 6.39: Poids modifié du niveau de protection de l'IGH

Les résultats obtenus sont très satisfaisants car nous obtenons des valeurs de risque environnemental toutes inférieures à l'unité. Le tableau 6.40 reprend ainsi ces résultats.

	North				East				South				West			
	1-1	2-2	3-3	4-4	1-5	2-6	3-7	4-8	1-9	2-10	3-11	4-12	1-13	2-14	3-15	4-16
Distance H	93	186	372	558	93	186	372	558	93	186	372	558	93	186	372	558
distance factor	0.5	1	2	3	0.5	1	2	3	0.5	1	2	3	0.5	1	2	3
$Pe\,1=$	528.49	581.16	1049.36	224.26	128.82	1649.92	844.45	265.86	128.82	723.81	675.58	994.49	128.82	787.52	703.73	353.58
$Pe\,2=$	578.85	658.19	1295.08	261.55	166.11	1756	1065.21	303.15	166.11	790.75	812.88	1031.78	166.11	850.85	919.58	390.87
$Ae=$	0.84	0.76	1.07	3.35	3.55	0.41	0.64	3.42	3.55	0.56	0.9	0.71	3.55	0.72	0.52	1.71
$De=$	2707.2	5299.2	10598.4	2745.6	115.2	7065.6	20025.6	10560	115.2	3571.2	7929.6	31367.0	113.2	2726.4	13094.4	10502.4
$Re\,1=$	0.23	0.14	0.09	0.08	0.31	0.57	0.07	0.01	0.31	0.36	0.09	0.04	0.31	0.4	0.1	0.02
$Re\,2=$	0.25	0.16	0.11	0.03	0.41	0.61	0.08	0.01	0.41	0.4	0.11	0.05	0.41	0.43	0.14	0.02
$Re=$	0.31	0.2	0.13	0.03	0.46	0.76	0.09	0.01	0.46	0.49	0.13	0.06	0.46	0.54	0.15	0.03

Tableau 6.40: Valeurs du risque environnemental – Cas 2

Comparativement à la modification effectuée pour le premier cas, nous parvenons à réduire plus fortement les valeurs R_e qui sont considérés comme acceptables. La présence d'une équipe affectée à la surveillance de l'IGH est une possibilité parmi d'autres. Cela se fait à moindre coût par rapport aux possibles interventions sur l'environnement que nous verrons par la suite. Nous pouvons imaginer ensuite de combiner les cas 1 et 2 : citernes d'eau (modification du paramètre p) et présence de personnel d'urgence (modification du paramètre e). Le choix des paramètres pour cette situation est représenté au tableau 6.41.

	Avant	Après
e	3	1
t	2	2
f	3	3

Études de cas

r	2	2
p	2	3
s	2	2
f_{corr}	1	1

Tableau 6.41: Poids modifiés des niveaux de protection et d'exposition de l'IGH

Nous obtenons au tableau 6.42 des valeurs de R_e correspondant toutes à la catégorie du risque acceptable, inférieures à 1. Les modifications apportées ne concernent que l'IGH, c'est-à-dire que les coûts de modification sont uniquement à charge du propriétaire de l'IGH. Nous pouvons, à présent, étudier quels sont les éléments au niveau de l'environnement permettant de réduire le risque environnemental.

	North				East				South				West			
	1-1	2-2	3-3	4-4	1-5	2-6	3-7	4-8	1-9	2-10	3-11	4-12	1-13	2-14	3-15	4-16
Distance H	93	186	372	558	93	186	372	558	93	186	372	558	93	186	372	558
distance factor	0,5	1	2	3	0,5	1	2	3	0,5	1	2	3	0,5	1	2	3
Pe 1 =	528,49	581,16	1049,36	224,26	128,82	1649,92	844,45	265,86	128,82	723,81	675,58	994,49	128,82	787,52	703,73	353,58
Pe 2 =	578,85	658,19	1295,08	261,55	166,11	1756	1065,21	303,15	166,11	790,75	812,88	1031,78	166,11	850,85	919,58	390,87
Ae =	0,84	0,76	1,07	3,35	3,55	0,41	0,64	3,42	3,55	0,56	0,9	0,71	3,55	0,72	0,52	1,74
De =	4060,8	7948,8	15897,6	4118,4	172,8	10598,4	30036,4	15840	172,8	5356,8	11894,4	46886,4	172,8	4089,6	19641,6	15753,6
Re 1 =	0,15	0,1	0,06	0,02	0,21	0,38	0,04	0	0,21	0,24	0,06	0,03	0,21	0,27	0,07	0,01
Re 2 =	0,17	0,11	0,08	0,02	0,27	0,4	0,06	0,01	0,27	0,26	0,08	0,03	0,27	0,29	0,09	0,01
Re =	0,21	0,13	0,09	0,02	0,3	0,51	0,06	0,01	0,3	0,32	0,09	0,04	0,3	0,36	0,1	0,02

Tableau 6.42: Valeurs du risque environnemental – Cas 3

Nous reprenons la situation initiale avec les valeurs de comparaison du tableau 6.36. Les éléments, permettant la réduction du risque environnemental pour chaque secteur, vont être analysés. Le premier facteur est celui du niveau de formation et d'éducation des occupants de l'ensemble des immeubles présents dans le quartier. Toutefois nous ne modifions pas le niveau donné pour l'Université présente dans l'environnement. En effet, tout comme pour les centres commerciaux de l'IGH Windsor, la diversité et la fluctuation des occupants présents dans ces immeubles ne permettent pas d'offrir une formation efficiente et durable.

Les modifications dans le niveau de formation f seront effectuées pour arriver au poids maximum de 4 pour le reste des immeubles du quartier. Nous pouvons constater au tableau 6.43 que les valeurs du risque environnemental pour certains secteurs ont globalement diminué. Les modifications apportées ne concernent en effet qu'une partie des objets présents dans l'environnement, les voiries de communication et de transport ne sont pas modifiées dans le cas présent. En outre, ce type d'amélioration ne peut être envisageable que si les pouvoirs publics acceptent de former ou de proposer des formations communes pour l'ensemble des occupants des immeubles concernés. Or il n'est pas

Études de cas

certain que cela puisse se réaliser concrètement.

	North				East				South				West			
	1-1	2-2	3-3	4-4	1-5	2-6	3-7	4-8	1-9	2-10	3-11	4-12	1-13	2-14	3-15	4-16
Distance H	93	186	372	558	93	186	372	558	93	186	372	558	93	186	372	558
distance factor	0,5	1	2	3	0,5	1	2	3	0,5	1	2	3	0,5	1	2	3
Pe 1 =	528,49	581,16	1049,36	224,26	128,82	1649,92	844,45	265,86	128,82	723,81	675,58	994,49	128,82	787,52	703,73	353,58
Pe 2 =	578,85	658,19	1295,08	261,55	166,11	1756	1065,21	303,15	166,11	790,75	812,88	1031,78	166,11	850,85	919,58	390,87
Ae =	0,84	0,76	1,07	3,35	3,55	0,41	0,64	3,42	3,55	0,56	0,9	0,71	3,55	0,72	0,52	1,74
De =	1190,4	2342,4	6412,8	1779,2	38,4	3123,2	10995,2	6976	38,4	1574,4	3507,2	13875,2	38,4	1196,8	5804,8	6380,8
Re 1 =	0,53	0,33	0,15	0,04	0,94	1,29	0,12	0,01	0,94	0,82	0,21	0,1	0,94	0,91	0,23	0,03
Re 2 =	0,58	0,37	0,19	0,04	1,22	1,37	0,15	0,01	1,22	0,9	0,26	0,1	1,22	0,99	0,3	0,04
Re =	0,71	0,44	0,21	0,05	1,34	1,71	0,17	0,02	1,34	1,1	0,3	0,13	1,34	1,22	0,33	0,04

Tableau 6.43: Valeurs du risque environnemental – Cas 4

Pour notre dernier cas d'étude, nous allons modifier le niveau d'exposition au danger pour l'ensemble des immeubles voisins à l'IGH. L'ensemble des immeubles se verront assigner une valeur d'exposition de 1. Concrètement, cette situation se présentera par la présence d'un personnel formé aux situations d'urgence pour les immeubles privés ou publics. Tandis que pour les axes de communication, le niveau d'exposition est réduit par des campagnes de sensibilisation à la sécurité auprès des navetteurs et utilisateurs de ces axes de communication. Le tableau 6.44 suivant montre l'intérêt d'une telle modification. Nous prenons pour hypothèse que ces campagnes de sensibilisation fonctionnent parfaitement et qu'elles modifient le comportement des occupants et usagers.

	North				East				South				West			
	1-1	2-2	3-3	4-4	1-5	2-6	3-7	4-8	1-9	2-10	3-11	4-12	1-13	2-14	3-15	4-16
Distance H	93	186	372	558	93	186	372	558	93	186	372	558	93	186	372	558
distance factor	0,5	1	2	3	0,5	1	2	3	0,5	1	2	3	0,5	1	2	3
Pe 1 =	528,49	581,16	1049,36	224,26	128,82	1649,92	844,45	265,86	128,82	723,81	675,58	994,49	128,82	787,52	703,73	353,58
Pe 2 =	578,85	658,19	1295,08	261,55	166,11	1756	1065,21	303,15	166,11	790,75	812,88	1031,78	166,11	850,85	919,58	390,87
Ae =	0,84	0,76	1,07	3,35	3,55	0,41	0,64	3,42	3,55	0,56	0,9	0,71	3,55	0,72	0,52	1,74
De =	1766,4	3494,4	7027,2	1792	38,4	5248	9280	3545,6	38,4	3494,4	6976	20800	38,4	1779,2	8691,2	5235,2
Re 1 =	0,36	0,22	0,14	0,04	0,94	0,77	0,14	0,02	0,94	0,37	0,11	0,07	0,94	0,61	0,16	0,04
Re 2 =	0,39	0,25	0,17	0,04	1,22	0,82	0,18	0,03	1,22	0,4	0,13	0,07	1,22	0,66	0,2	0,04
Re =	0,48	0,3	0,19	0,05	1,34	1,02	0,2	0,03	1,34	0,49	0,15	0,09	1,34	0,82	0,22	0,05

Tableau 6.44: Valeurs du risque environnemental – Cas 5

Nous obtenons des valeurs de risque environnemental, pour chaque secteur, considérées comme risque acceptable car inférieures à 1,5. L'action de réduire le niveau d'exposition pour l'ensemble des objets, permet de réduire très fortement les valeurs de R_e mais à quel coût ? En effet, il est peu probable de pouvoir agir aussi globalement pour l'ensemble des objets présents dans le quartier. Une solution serait d'intervenir de manière ponctuelle aux secteurs critiques afin de réduire le risque environnemental à moindre coût.

Rappelons les différents cas d'études envisagés :

– Cas 1 : modification du niveau de protection de l'IGH,

- Cas 2 : modification du niveau d'exposition au danger de l'IGH,
- Cas 3 : combinaison des cas 1 et 2 pour l'IGH,
- Cas 4 : modification du niveau de formation des occupants de certains objets de l'environnement,
- Cas 5 : modification du niveau d'exposition au danger pour l'ensemble des objets de l'environnement.

	Nord				Est				Sud				Ouest			
	1-1	2-2	3-3	4-4	1-5	2-6	3-7	4-8	1-9	2-10	3-11	4-12	1-13	2-14	3-15	4-16
Cas 0	0.94	0.59	0.39	0.1	1.37	2.28	0.28	0.03	1.37	1.46	0.4	0.18	1.37	1.61	0.45	0.08
Cas 1	0.63	0.39	0.26	0.07	0.91	1.52	0.19	0.02	0.91	0.97	0.27	0.12	0.91	1.08	0.3	0.05
Cas 2	0.31	0.2	0.13	0.03	0.46	0.76	0.09	0.01	0.46	0.49	0.13	0.06	0.46	0.54	0.15	0.03
Cas 3	0.21	0.13	0.09	0.02	0.3	0.51	0.06	0.01	0.3	0.32	0.09	0.04	0.3	0.36	0.1	0.02
Cas 4	0.71	0.44	0.21	0.05	1.34	1.71	0.17	0.02	1.34	1.1	0.3	0.13	1.34	1.22	0.33	0.04
Cas 5	0.48	0.3	0.19	0.05	1.34	1.02	0.2	0.03	1.34	0.49	0.15	0.09	1.34	0.82	0.22	0.05

Tableau 6.45: Comparaison des valeurs du risque environnemental pour les différentes situations

6.4.5 Conclusion

En conclusion de ce deuxième cas d'étude d'un IGH, nous avons pu tester différentes options résumées au tableau 6.45. L'objectif de chaque intervention était de réduire le risque environnemental suite à un incendie dans l'IGH (Cas 0) et d'obtenir un niveau d'impact sur son environnement. Les valeurs de risque environnemental R_e obtenues pour le scénario original sont restées dans une échelle de grandeur satisfaisante et ne nécessitent pas de mesures d'urgence. Elles impliquent, toutefois, d'étudier des mesures de réduction comme nous avons pu le voir au cours de cette étude. Nous avons représenté avec l'Illustration 6.20 l'environnement graphique 3D des objets présents et les courbes de risques obtenues pour le cas 0. Les secteurs les plus sensibles sont ceux à l'Ouest et à l'Est en raison de la forte concentration d'immeubles dans des mêmes secteurs.

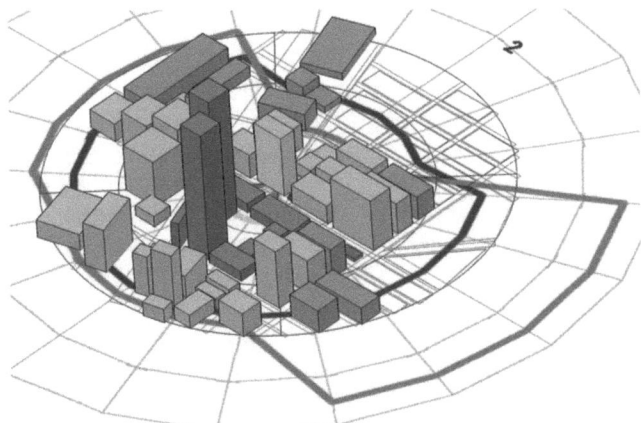

Illustration 6.20: Représentation graphique de l'environnement et des courbes de risques pour le WTC 7

Les éléments permettant la réduction du niveau de risque environnemental R_e sont de deux genres : les premiers concernent l'IGH uniquement et les seconds l'environnement. Toutefois ces dernières solutions, tout en permettant de réduire les valeurs R_e globalement pour l'ensemble des secteurs, ont peu de chance d'être appliquées car elles nécessitent l'intervention des autorités publiques sur l'ensemble du quartier, ce qui n'est pratiquement pas envisageable à l'heure actuelle en raison des coûts financiers engendrés par de telles interventions.

Il est donc plus intéressant de combiner certaines approches vues précédemment entre elles tant au niveau de l'IGH que pour certains secteurs de l'environnement. Cela permettrait d'agir efficacement à coût réduit et éviterait une intervention généralisée sur l'ensemble du quartier qui aurait peu de chance d'aboutir concrètement. Nous résumons ces propositions aux quelques points suivants :

- Le niveau de protection de l'immeuble était déjà fort élevé, certaines mesures permettraient d'améliorer celui-ci comme la mise en place d'un réservoir d'eau supplémentaire,
- L'exposition d'un immeuble est un élément pouvant être influencé par la présence accrue de personnel de sécurité ou de systèmes de contrôle renforcé comme les portiques métalliques,
- Quand certains secteurs présentent des valeurs de risques élevés, les pouvoirs publics peuvent envisager renforcer la coopération des unités d'urgence par des exercices grandeur nature impliquant les secteurs concernés par exemple.

6.5 Conclusion

Dans ce chapitre, nous avons pu tester plusieurs cas théoriques qui ont permis de vérifier le comportement du programme pour certaines situations simples que nous avons, ensuite, complexifiées. Le panel de cas test sur des exemples ont permis de vérifier le comportement des paramètres et des échelles numériques proposées suivant les formulations développées au chapitre 4. Ainsi les poids des facteurs tels que la distance, l'altitude ou l'effet de groupe ont pu être montrés et analysés. Ces éléments ont une grosse influence sur l'obtention des résultats comme nous avons pu le constater. Il est donc essentiel d'en être conscient lorsque des choix urbanistiques sont proposés par les pouvoirs publics.

De même, l'étude de sensibilité des différents paramètres a pu mettre en évidence que l'introduction de paramètres exagérées pour un seul objet n'avait que peu d'influence par le choix du type de formulations pour les paramètres P_e et A_e. Nous avons montré, toutefois, que la formulation pour le niveau de protection D_e pouvait influencer fortement les valeurs finales. Une solution à cette difficulté est d'intégrer des systèmes d'alerte dans le programme afin de prévenir l'utilisateur des conséquences de ses choix.

Nous avons ensuite procédé à l'étude de deux cas d'IGH réels qui ont été détruits par le passé : le premier, la Torre Windsor, suite à un incendie accidentel et le second, le WTC 7, suite aux attentats du 11 Septembre 2001. L'impact environnemental de ces immeubles a pu être montré mais nous avons pu constater que le risque induit par ces immeubles restait inférieur à la limite admissible de notre échelle de valeurs de risques. Les plus grandes valeurs obtenues pour certains secteurs restaient inférieures à la limite du risque dit non acceptable, ce qui n'implique pas qu'il ne faille pas prendre des mesures de protection si les immeubles étaient encore présents actuellement. En effet, lorsque des valeurs de risques environnementaux R_e dépassent l'unité, nous nous trouvons dans une situation dite « risquée ». Des mesures devront être considérées afin de réduire ce risque, il n'est pas envisageable de le supprimer, mais seulement de le réduire. Nous avons montré l'influence du niveau de protection et des autres paramètres intervenant dans le niveau de protection quand il s'agissait de réduire le risque à l'aide d'une variation de valeurs.

Nous avons pu constater que les interventions les plus pertinentes restaient liées à l'IGH car source principale de danger. Il est envisageable d'intervenir sur les secteurs identifiés comme critiques suite à leurs valeurs R_e mais le coût et la faible chance de réussite des interventions telles que des campagnes de prévention ou la formation des occupants des immeubles voisins, seraient prohibitifs. Nous avons donc proposé une combinaison d'interventions sur l'IGH, lorsque cet immeuble est existant, telles que la présence de personnels formés aux situations d'urgence et des actions ponctuelles aux secteurs critiques. Quand des nouvelles constructions sont érigées à proximité de l'IGH, suivant de nouveau les secteurs identifiés comme critiques, ils devront satisfaire à un plan de protection propre au secteur. Les mesures imaginées peuvent être issues de l'étude via l'outil d'analyse des risques environnementaux. Dans le cas d'un nouvel IGH et lorsque des situations critiques sont identifiées, des mesures devront être prises lors de la phase de conception même de l'IGH.

7 Conclusions

Les Immeubles de Grande Hauteur ou IGH, comme nous avons pu le voir, sont des constructions intrigantes : elles peuvent tout à la fois fasciner les Hommes et les effrayer, elles sont un défi technologique mais paraissent si faibles face à l'adversité, elles concentrent un très grand nombre de personnes en un seul bâtiment mais sont difficilement évacuables... Ces constructions, depuis plusieurs décennies, sont érigées de par le monde. Elles tendent davantage vers les cieux avec l'évolution des matériaux et techniques de construction. Or elles restent des constructions fragiles face à des événements indésirables naturels ou malveillants.

Nous pouvons retrouver ces immeubles partout dans le monde ; cependant certaines villes en concentrent un certain grand nombre : Hong Kong (1,224 IGH) ou New York (574 IGH) (Emporis, 2012). La Région de Bruxelles-Capitale, quant à elle, se classe au 88e rang des villes du monde ayant le plus grand nombre d'immeubles de plus de 100 m de hauteur (Emporis, 2012) et au 70e rang des villes du monde ayant le plus grand nombre d'immeubles de plus de 35 m (Skyscraper, 2012).

Nous avons pu voir différents événements ou accidents survenant dans les IGH qui, selon leur intensité, ont dégénéré en catastrophes. Ainsi les incendies représentent la plus grande part d'événements indésirables. Ces événements sont redoutés car les IGH ne peuvent être évacués aussi aisément qu'une construction basse traditionnelle. Les services d'urgence ne peuvent ainsi accéder, au-delà des 37 m, aux étages supérieurs car ils sont limités par la longueur de leurs échelles d'intervention. Avec cela, lorsqu'un effondrement partiel ou complet survient, l'environnement proche à l'immeuble peut être fortement touché par les projectiles par exemple. Ainsi, les événements du 11 septembre 2001 ont marqué les esprits quand les deux WTC 1 et 2 se sont effondrées entraînant la destruction partielle voire complète de certains immeubles voisins tels que le WTC 7.

Les IGH sont donc des constructions à risque car elles peuvent facilement endommager leur environnement en cas d'événement indésirable et sont sensibles à ces événements pouvant survenir à proximité. Nous avons pu voir que la législation française s'avère plus stricte au niveau des systèmes et protections mis en place pour les IGH,

Conclusions

outre le fait que des catégories distinguent les immeubles par leurs usages et fonctions. En Belgique, les IGH entrent dans l'unique catégorie des Bâtiments Elevés applicable à tout immeuble de plus de 25 m de hauteur. Les risques présents liés à un IGH nécessitent une réflexion plus approfondie sur les normes en vigueur. En effet, le nombre de sorties d'évacuation, la présence d'un grand nombre de personnes au sein d'un même immeuble, la difficulté d'intervention et d'évacuation, en cas d'événement indésirable, sont des éléments caractéristiques d'un IGH qui augmentent le risque de préjudices plus importants.

Quand survient un événement indésirable dans une construction élevée, plusieurs phénomènes peuvent survenir comme par exemple la libération d'importantes quantités de poussières toxiques comme cela a pu survenir durant les attentats des WTC. Ces poussières ont contaminé l'environnement immédiat et affecté un grand nombre de personnes présentes lors de ces attaques. Or ces libérations toxiques et leurs conséquences sont du même ordre que lorsqu'une industrie classée Seveso subit un accident majeur. La catastrophe survenant dans la petite ville de Seveso affecta les gens proches de l'accident et contamina les sols aux environs. Depuis cet événement et d'autres survenus malheureusement par la suite, l'Union Européenne mit en place des Directives Seveso de plus en plus strictes afin de prévenir ce type d'accident majeur par une suite de procédures écrites, de communication et surtout d'analyse de risques environnementales.

Les IGH ne peuvent, évidemment, pas être considérés comme des sites industriels dangereux mais la procédure d'analyse de risque et l'étude de l'impact d'un tel immeuble sur son environnement sont des éléments adaptables à notre recherche. L'objectif de cette thèse a donc consisté à apporter une nouvelle méthode d'analyse des risques environnementaux associés aux IGH. En particulier, comment appréhender l'impact de la présence d'un IGH sur son environnement a été la principale question de cette recherche. La Directive Seveso ainsi que les nombreux outils objectifs d'analyse de risques à disposition pour les décideurs publics et régulateurs, sont des instruments d'aide à la décision. Alors que dans le cadre d'un IGH, de nombreux paramètres subjectifs sont présents et rendent difficile la perception du risque.

Il a donc été proposé une méthode originale, différente des diverses approches d'analyse de risques existantes (graphiques, probabilistes ou déterministes). Cette méthode a été développée sur base d'une étude d'une formulation existante mais les paramètres ont tous été, dans leur ensemble, développés suivant une approche pragmatique. Nous avons repris la formulation générale de la méthode FRAME (De Smet, 2008) qui définit le risque par trois notions : les sources de risques potentielles, le niveau de risque acceptable et enfin le niveau de protection. Ces trois éléments ont été adaptés dans notre recherche car l'environnement urbain n'est pas comparable à celui d'un compartiment uniquement étudié selon un scénario incendie comme dans la méthode FRAME. Nous avons donc dû développer en premier lieu un outil d'analyse des scénarios envisageables pour un IGH puisqu'il est peu probable de pouvoir étudier l'ensemble des situations critiques pour cet IGH et son environnement. Nous obtiendrons un ou plusieurs scénarios critiques qui devront être abordés et analysés par la suite.

Cet outil de détermination des scénarios critiques a été conçu sur base d'une matrice d'évaluation des faiblesses. Nous avons ensuite développé une méthode semi-quantitative d'analyse des risques environnementaux utilisée pour chacun des scénarios envisagés. Cette méthode se base sur des matrices d'évaluation. Un certain nombre de paramètres ont été nécessaires de déterminer tels que la distance entre l'IGH et chacun des immeubles présents dans le voisinage. L'évaluation des paramètres se fait à l'aide de poids, de matrices d'évaluation ou de critères prédéfinis permettant d'estimer si ces immeubles, par exemple, représentent une source de risque pour l'IGH.

L'intérêt de la méthode proposée est de pouvoir fournir une approche simple de l'analyse du risque environnemental, compréhensible par des experts aussi bien que par des personnes n'ayant que peu de connaissance dans le sujet. En effet, cette méthode et l'outil développé sont à destination de ceux qui sont confrontés à l'étude, le contrôle et la planification d'IGH sur le territoire de la Région de Bruxelles-Capitale. C'est donc bien un outil d'aide à la décision, outil de support pour les décideurs publics, qui permet de vérifier l'impact de la présence d'un IGH sur son environnement.

Afin de répondre à l'objectif de simplicité dans la compréhension et l'usage de la méthode, il a été préféré de développer la méthode dans un tableur de type Excel. Les logiciels de tableur sont très largement répandus sur les matériels informatiques actuels, assurant donc la compatibilité du programme avec l'ensemble du parc informatique existant. De cet outil, nous avons pu valider la méthode, et donc le programme, avec des cas tests simples et des cas d'IGH réels détruits. Nous avons ensuite étudié les possibilités de modification et de correction qui amènent à la réduction du risque environnemental.

Conclusions

La méthode proposée et l'outil développé sont une première approche de l'analyse des paramètres du risque induit par un IGH sur son environnement. L'outil développé et les cas tests effectués ont permis de valider le modèle proposé. Des améliorations peuvent être envisagés ultérieurement. L'outil développé sur Excel pourrait certainement être sujet à des modifications pour le rendre encore plus simple d'usage pour les futurs utilisateurs.

Les principales remarques concernant la méthode est qu'elle ne prend pas en compte les notions de mortalité et ne fournit pas des valeurs de probabilité de survenance pour chaque scénario étudié. La raison étant, pour le dernier point, que l'échelle de comparaison des résultats avec une échelle probabiliste est délicate à communiquer au grand public. Tandis qu'une échelle, comme celle proposée, représente plus facilement des ordres de grandeur pour tout à chacun. Au niveau de la mortalité, nous n'avons pas pris le parti de développer davantage cette notion explicitement car elle est déjà comprise implicitement dans l'aspect de la présence de personnes dans un immeuble. Ainsi, on peut considérer en première approximation que le risque environnemental final augmente lorsqu'un plus grand nombre de personnes se trouvent présentes dans le voisinage de l'IGH étudié.

Le choix de travailler avec un logiciel de tableur peut faciliter la distribution et l'usage du fichier développé auprès du public visé ainsi que la communication de la recherche. Cependant ce type de fichier peut limiter les possibilités d'introduction des données et l'affichage des résultats. En effet, nous travaillons avec un modèle statique où chaque situation devra être encodée par l'utilisateur dans le fichier. En outre, il n'est pas pris en compte une évolution temporelle dans le calcul environnemental même si d'une certaine manière en travaillant sur les paramètres et poids introduits dans la base de données, il est envisageable de s'approcher d'un calcul dynamique.

L'outil et la méthode apportent une première notion du risque environnemental qu'induit un Immeuble de Grande Hauteur sur son environnement. Il sera intéressant de développer davantage le calcul temporel pour intégrer les notions d'évolution urbaine dans le programme car une situation donnée ne restera pas telle quelle après un an, dix ans voir plus... En effet, un quartier urbain ne reste pas continuellement statique : de nouvelles constructions peuvent remplacer de plus anciennes ou d'importantes transformations effectuées au niveau des axes de communication peuvent modifier sérieusement les premières analyses effectuées à un moment donné. Cela peut être pris en compte

Conclusions

soit par un plan annuel de révision des analyses à l'aide du même programme, soit développer un système SIG que le programme utiliserait comme base de données, ces dernières étant alimentées par les services communaux d'urbanisme par exemple. Les notions de robustesse et de résilience ont été évaluées à l'aide de matrice d'évaluation, toutefois il serait intéressant d'étudier davantage ces éléments, car ces paramètres diffèrent singulièrement selon l'immeuble érigé et le contexte urbain existant. Pour l'aspect robustesse, une formulation plus analytique devra être envisagé pour permettre une meilleure caractérisation structurale de l'objet étudié. La notion de résilience devra faire l'objet d'une étude plus poussée pour son intégration dans le programme afin de prendre en compte la capacité d'un quartier ou d'un immeuble à endurer un évènement indésirable.

Le programme développé, dans un fichier .*xls*, a permis de valider la méthode proposée d'analyse des risques environnementaux mais, malgré la facilité d'usage et de compréhension de ce type de fichier, l'interface graphique nécessite un développement complémentaire voir une refonte du programme même dans un environnement de programmation de type VBA : l'utilisateur n'aura affaire qu'à une seule fenêtre où il insérera les données nécessaires et il ne devra plus, par exemple, parcourir l'ensemble de la liste pré-définie des objets. Des listes déroulantes de proposition de critères permettraient de ne plus utiliser les valeurs numériques mêmes des poids pour les différents paramètres, rendant ainsi leur choix plus clair.

8 Glossaire

A_e	Le risque acceptable exprime la comparaison entre l'IGH et son environnement suivant trois thèmes : la présence de personnes, le type d'activité et la valeur des biens. Ces trois points sont évalués à l'aide de poids.
D_e	Le niveau de protection comprend les différentes couches de protection envisageables pour l'IGH et son environnement. Il y est pris en compte tant le niveau de formation des occupants que le temps d'intervention des services d'urgence.
E_{act}	Niveau d'activité pour l'environnement suivant deux facteurs qui sont le flux des occupants et l'importance économique de l'activité.
E_{bien}	Facteur exprimant l'importance des biens dans l'environnement en considérant l'usage et le fonctionnement ainsi que l'importance économique et la présence effective de personnes.
E_{pers}	Niveau exprimant le type d'activité et la capacité des personnes à évacuer en cas d'événement indésirable. Applicable aux objets présents dans l'environnement.
F_i	Probabilité d'occurence qu'un événement indésirable survienne dans un objet de l'environnement suite au scénario considéré dans l'IGH.
H	Hauteur effective de l'IGH.
I_{act}	Niveau d'activité pour l'IGH suivant deux facteurs qui sont le flux des occupants et l'importance économique de l'activité.
I_{bien}	Facteur exprimant l'importance des biens dans l'IGH en considérant l'usage et le fonctionnement ainsi que l'importance économique et la présence effective de personnes.
I_{pers}	Niveau exprimant le type d'activité et la capacité des personnes à évacuer en cas d'événement indésirable. Applicable à l'IGH.
P	Matrice d'évaluation de l'IGH suivant des paramètres descriptifs de son état interne au niveau de son environnement. Cette matrice reprend des critères tels que l'année de construction, le type de structure, la présence ou non d'une continuité structurale, de son architecture et des modes de construction choisis.
P_{cible}	Importance accordée à l'objet présent dans le voisinage de l'IGH d'un point de vue économique ou usage pour l'environnement considéré.
P_{dist}	Poids de la distance entre un objet et l'IGH suivant une formulation exponentielle.
P_e	Le risque potentiel reprend l'ensemble des sources de danger présentes dans l'environnement mais aussi dans l'IGH. Il sera déterminé par des paramètres estimés soit à l'aide de poids soit selon des dimensions géométriques.

Glossaire

P_{gr}	Effet de la présence d'un groupe d'immeubles dans un secteur considéré et donc l'augmentation potentiel du danger par leur présence.
P_{grav}	Expression de la dangerosité potentielle d'un objet ou de l'IGH sur son environnement.
P_{topo}	Prise en compte de l'effet de l'altitude entre l'IGH et l'objet.
R_e	Le risque environnemental s'exprime sous forme d'une fonction de facteurs liant les sources extérieures et intérieures de danger, le niveau d'acceptabilité de la présence de l'IGH dans son environnement et des différents niveaux de protection tant pour l'IGH que pour l'environnement.
R_{env}	Ensemble des sources de danger au niveau de l'IGH et de son environnement caractérisé par des poids fournis par l'expert en charge de l'étude et des éléments descriptifs géométriques.
V	Matrice d'évaluation de l'IGH suivant des paramètres descriptifs de son état externe au niveau de son environnement. Cette matrice reprend des critères de visibilité, d'usage, d'accessibilité, de mobilité, de présence de substances dangereuses, de potentiels dommages collatéraux et de population sur le site.
Altitude	Valeur numérique d'une courbe de niveau pour l'IGH ou pour l'objet étudié.
Analyse de risques	L'analyse de risque est un processus en quatre grandes étapes : l'identification du risque, l'analyse du risque même (compréhension de la nature du risque), son évaluation (niveau de risque) et le choix de mesures basées sur cette évaluation afin de réduire les potentiels dommages.
Conséquence	Tout résultat d'un événement affectant l'objet de l'étude. Une conséquence peut être certaine ou incertaine et avoir des effets positifs ou négatifs.
Critère de risque	Terme de référence pour indiquer qu'un risque est évalué sur base d'un contexte interne et externe à l'objet de l'étude (standards, normes nationales, politiques et autres exigences).
Danger	Toute situation physique ayant un potentiel de dommage pour les humains, les biens, l'environnement ou une combinaison des trois. Le danger est donc toute source de dommage potentiel, d'un préjudice ou de conséquences négatives pour la santé des personnes présentes lors du déclenchement de l'événement indésirable.
Environnement	L'environnement est tout milieu existant matériel autour de l'IGH étudié qui reprend l'ensemble des personnes, des biens et des activités ainsi que l'ensemble des sources de danger potentielles.
Évaluation du risque	L'évaluation du risque est le processus de détermination de la menace que représente le danger. Il est effectué une estimation de la probabilité qu'un effet donné résulte d'une présence spécifique, d'une action particulière ou d'une activité. C'est donc tout processus de comparaison des résultats d'une analyse de risques suivant des critères de risques afin de déterminer si le risque et/ou son niveau est acceptable ou tolérable.
Exploitation du risque	Processus de modification du risque par des mesures de prévention ou de protection en soustrayant la source de danger, en changeant la

Glossaire

	probabilité, les conséquences ou en partageant le risque avec une ou d'autres parties. Toutefois l'exploitation du risque peut engendrer de nouveaux risques ou modifier des risques existants.
Événement	Occurence ou changement d'un ensemble particulier de circonstances. Un événement peut être dû à une ou plusieurs occurences et avoir différentes causes. Il est possible de parler d'incident ou d'accident tandis qu'un événement n'engendrant aucune conséquence est nommé comme un quasi accident.
Identification des risques	Processus d'identification, reconnaissance et description des risques. Cela implique les sources de danger, les événements, leurs causes et leurs conséquences potentielles.
IGH	Un IGH ou Immeuble de Grande Hauteur est tout immeuble satisfaisant à plusieurs critères tels que la hauteur minimum de 50 m, la présence d'ascenseurs, l'impossibilité d'évacuer les occupants par l'extérieur, une présence marquante dans son environnement, un ratio base/hauteur minimum (1/3) et des systèmes de protection spécifiques (par exemple le sprinklage).
Incertitude	Tout état, même partiel, d'une déficience d'information liée à la compréhension ou connaissance d'un événement, ses conséquences ou sa probabilité.
Milieu urbain	Tout milieu se caractérisant par une densité importante d'habitat et par un nombre élevé de fonctions s'organisant en son sein telles que les activités secondaires, tertiaires, sociales et culturelles.
Niveau de risque	Magnitude d'un risque exprimé en terme de combinaison de conséquences et de probabilité.
Objet	Un objet est tout élément présent dans le voisinage proche de l'IGH qui puisse représenter une menace pour l'IGH ou subir les conséquences d'un événement indésirable survenant dans cet IGH.
Plan d'urgence	Présence ou non d'un plan d'urgence dans l'IGH ou l'objet ayant pour objectif l'évacuation coordonnée des occupants de l'immeuble en cas d'événement indésirable et de leur mise en sécurité.
Probabilité	Chance qu'un événement survienne et est ensuite définie, mesurée ou déterminée (qualitativement ou quantitativement). Le plus souvent décrite par des termes mathématiques ou généraux.
Risque	Le risque est l'effet, positif ou négatif, d'une incertitude sur l'objet de l'étude. Ce risque est caractérisé par référence à des événements et conséquences potentiels ou une combinaison des deux. Il est exprimé en terme de combinaison des conséquences d'un événement et sa probabilité d'occurence. Le risque est donc la probabilité de survenance d'un événement spécifique non désiré durant une période déterminée ou suivant des circonstances particulières.
Risque environnemental	Le risque environnemental est toute source de danger due à l'IGH ou à un objet présent dans le voisinage de cet IGH. Cette source de danger présente un impact négatif soit sur cet IGH soit sur l'environnement.
Risque malveillant	Toute source de danger due à l'être humain. Trois catégories peuvent être distinguées : les risques accidentels, intentionnels et de négligence. La première comprend les malfaçons et les erreurs induisant un accident. La deuxième reprend les actes volontaires de destruction ou de préjudice tels que les attentats terroristes. Enfin la troisième reprend

	les actes non-volontaires ou les oublis entraînant un accident.
Risque naturel	Ils reprennent l'ensemble des phénomènes imprévisibles ou difficilement prévisibles non dus à l'Homme et affectent, le plus souvent, un grand nombre de personnes ou un territoire important.
Scénario	Étude spécifique d'un événement indésirable, après identification d'une source de danger, pour caractériser ce risque et le déterminer (qualitativement ou quantitativement). Un ou plusieurs scénarios peuvent être envisagés pour l'étude d'analyse de risques de l'IGH.
Situation d'urgence	Tout événement actuel ou imminent qui menace ou met en danger la vie, les biens ou l'environnement et qui nécessite une réponse adéquate et coordonnée.
Situation catastrophique	Interruption sévère d'un bon fonctionnement d'une société ou d'une communauté engendrant de larges pertes humaines, matérielles, économiques ou environnementales qui excèdent les capacités de cette société ou communauté touchée à gérer cette situation par ses propres moyens.
Secteur	Quart d'une surface d'étude délimitée entre deux niveaux d'études qui sont, eux mêmes, définis par la hauteur H de l'IGH.
Source de danger	Élément qui seul ou en combinaison a le potentiel intrinsèque de représenter un risque. Cette source de danger peut être tangible ou intangible.

9 Bibliographie

Akoeff, V., *Russia remembers 1989 Ufa train disaster*, 2009, page consultée le 7/03/2013, http://en.rian.ru/russia/20090604/155167464.html

Archives d'Architecture Moderne, *L'architecture Art Déco*, Bruxelles 1920 1930, Bruxelles : AAM, 1998

Bailey, C., "The Windsor Tower Fire, Madrid" dans *One Stop Shop in Structural Fire Engineering*, page consultée le 10/04/2012, http://www.mace.manchester.ac.uk/project/research/structures/strucfire/CaseStudy/HistoricFires/BuildingFires/default.htm

Bartolozzi, V., L. Castiglione, A. Picciotto, M. Galluzzo, "Qualitative models of equipment units and their use in automatic HAZOP analysis" dans *Reliability Engineering and System Safety*, n°70, p. 49-57, 2000

BBC News (BBC1), "Madrid skyscraper faces collapse " dans *BBC News*, page consultée le 10/04/2012, http://news.bbc.co.uk/2/hi/europe/4261315.stm

BBC News (BBC2), "Commuter chaos after Madrid blaze" dans *BBC News*, page consultée le 10/04/2012, http://news.bbc.co.uk/2/hi/europe/4263667.stm

Bedford, T., R. Cooke, *Probabilistic Risk Analysis Foundations and Methods*, UK : Cambridge University Press, 2001

Berthier, A., *Évaluation sous l'angle du développement durable de construire des tours à Genève*, Travail de maîtrise, Louvain-la-Neuve : Université Catholique de Louvain, 2007

Bing Maps, *Brusilia*, page consultée le 18/11/2012, be.bing.com/maps/

Bonthron, C., M. Delin, T. Korostenski, J. Lundin, *Fire safety design of a high-rise apartment building – the Swedish case study 2008*, Society of fire protection engineers project report, Stockholm : WSP Fire and Risk Engineering, 2008

Boore, D.M., "The Richter scale : its development and use for determining earthquake source parameters" dans *Tectonophysocs*, septembre 1989, n°166, p. 1-14, 1989

Borgonjon, I., *Guide pour rédiger un rapport de sécurité*, Bruxelles : Ministère fédéral de l'Emploi et du Travail, 2001

Bosher, L., *Hazards and the Built Environment*, New York : Taylor & Francis, 2008.

Boss, M.J., D.W. Day, *Building Vulnerability Assessment*, USA : CRC Press, 2009

Bouillard, Ph., Y. Rammer, *Evaluation globale des risques structurels*, Application aux Immeubles de Grande Hauteur, Bruxelles : Université Libre de Bruxelles, 2001

Burke, R., *Counter-terrorism for emergency responders*, USA : CRC Press, 2007

Bustamante, P., Suède : un train finit sa course dans la façade d'une maison, 2013, page consultée le 7/03/2013, http://www.rtbf.be/info/etcetera/detail_suede-un-train-finit-sa-course-dans-la-facade-d-une-maison?id=7908022

Calvez, M., "Le seuil façonnable d'acceptabilité culturelle du risque" dans *Journées annuelles du comité consultatif national d'éthique pour les sciences de la vie et de la santé*, Paris : HAL-SHS, 2007

Commissie voor de Preventie van Rampen (CPR), *Guideline for quantitative risk assessment*, Purple book, Den Haag : Ministerie van Volkshuisvesting, Ruimtelijke Ordening en Milieubeheer, 2005

Conseil de l'Union Européenne (CUE), *Directive 96/82/CE du Conseil du 9 décembre 1996 concernant la maîtrise des dangers liés aux accidents majeurs impliquant des substances dangereuses*, Bruxelles : Journal officiel des Communautés européennes, 1997

Conseil de l'Union Européenne (CUE), *Directive 2003/105/CE du Parlement et du Conseil du 16 décembre 2003 modifiant la directive 96/82/CE du Conseil concernant la maîtrise des dangers liés aux accidents majeurs impliquant des substances dangereuses*, Bruxelles : Journal officiel de l'Union européenne, 2003

Council on Tall Buildings and Urban Habitat, *Fire Safety in Tall Buildings*, New York : McGraw-Hill, 1992

Council on Tall Buildings and Urban Habitat (CTBUH), page consultée le 01/06/2010, http://www.ctbuh.org/

Craighead, G., *High-Rise Security and Fire Life Safety*, 3e édition mise à jour, Amsterdam : Elsevier, 2009

Crisp, J., "4 Decibels – they get everywherre but what are they?" dans *Introduction to Copper Cabling*, Oxford : Newnes, 2002

Croix-Rouge Française, *Secours en situation d'exception*, Paris : Flammarion, 1997

Dave, P., "Madrid tower designer blames missing fire protection for collapse" dans *New Civil Engineer*, page consultée le 10/04/2012, http://www.nce.co.uk/madrid-tower-designer-blames-missing-fire-protection-for-collapse/532985.article

Demey, T., *Des gratte-ciel dans Bruxelles*, La tentation de la ville verticale, Bruxelles : Badeaux, 2008

De Neef, D., *Accident du 27 mars 2001*, 2013, page consultée le 7/03/2013, http://www.belrail.be/F/actua/archives/index.php?page=crash270301

Department for Communities and Local Government (DCLG), *Tall Buildings – Performance of Passive Fire Protection in Extreme Loadings Events) – An initial Scoping Study*, Londres : Department for Communities and Local Government, 2009

Bibliographie

De Smet, E., *FRAME 2008*, Theoretical basis and technical reference guide, page consultée le 05/04/2010
www.framemethod.net/pdf_files/FRAME2008TRG.pdf

De Smet, E., *FRAME 2011*, Manuel de l'utilisateur, Gand : Erik De Smet, 2011

Direction des risques chimiques (DRC), *Etude de sécurité des procédés*, Un guide pratique pour l'analyse et la maîtrise des risques des procédés chimiques, Bruxelles : Ministère fédéral de l'emploi et du travail, 2001

Direction générale de la Sécurité civile (DGSC), *Arrêté Royal du 7 juillet 1994 fixant les normes de base en matière de prévention contre l'incendie et l'explosion, auxquelles les bâtiments nouveaux doivent satisfaire (M.B. 26.04.1995)*, Bruxelles : SPF Intérieur, 2003

Direction générale de la Sécurité civile (DGSC), *Guide de planification d'urgence pour l'identification et l'analyse des risques au niveau local*, Bruxelles : SPF Intérieur, 2010

Elishakoff, I., *Probabilistic Methods in the Theory of Structures*, New Jersey : John Wiley & Sons, 1983

Eisele, J., E. Kloft, *High-Rise Manual*, Typologie and Design, Construction and Technology, Bâle : Birkhäuser, 2002

Emporis, page consultée le 10/09/2010,
http://www.emporis.com/

Emporis, Edificio Windsor, page consultée le 10/04/2012,
http://www.emporis.com/building/edificiowindsor-madrid-spain

Emporis, Seven World Trade Center, page consultée le 10/04/2012,
http://www.emporis.com/building/seven-world-trade-center-new-york-city-ny-usa2

Encylopaedia Britannica, page consultée le 10/09/2012,
http://www.britannica.com

Engineering News-Record (ENR), *Blaze Ruins One of Madrid's First Towers*, page consultée le 10/04/2012,
http://enr.construction.com/news/buildings/archives/050221.asp

Environmental Protection Agency (EPA), *EPA's Response to the World Trade Center Collapse: Challenges, Successes, and Areas for Improvement*, Washington : Environmental Protection Agency, 2003

EPFL, *Technique d'évaluation du risque sismique*, Lausanne : EPFL, 2000

EurActiv.com, *Le quartier européen à Bruxelles prêt pour une rénovation « spectaculaire »*, page consultée le 26/07/2010,
http://www.euractiv.com/fr/affaires-publiques/quartier-europen-bruxelles-prt-rnovation-spectaculaire/article-180005

Farazmand, A., *Handbook of Crisis and Emergency Management*, New York : CRC, 2001

Federal Emergency Management Agency (FEMA), *Reference Manual to Mitigate Potential Terrorist Attacks Against Buildings*, Washington : FEMA, 2003

Firley, E., J. Gimbal, *La tour et la ville manuel de la grande hauteur*, Paris : Parenthèses, 2011

Frantzen, K.A., *Risk-Based Analysis for Environmental Managers*, USA : Lewis Publishers, 2002

Gilsanz, R., C. Marrion, H.B. Nelson, "5WTC7" dans *WTC7.net*, page consultée le 10/04/2012, http://www.wtc7.net/articles/FEMA/WTC_ch5.htm

González Olaechea, M., "Torre Windsor" dans *Wikipedia*, page consultée le 22/06/2012, http://commons.wikimedia.org/wiki/File:TorreWindsor1.JPG

Grislain-Letrémy, C., *Assurance et prévention des catastrophes naturelles et technologiques / Insurance and Prevention of Natural and Industrial Disasters*, Thèse, Paris : Université Paris-Dauphine, 2012

Guha-Sapir, D., F. Vos, R. Below, S. Ponserre, *Annual Disaster Statistical Review 2011 The numbers and trends*, Belgique : Centre for Research on the Epidemiology of Disasters, 2012

Hasofer, A.M., V.R. Beck, I.D. Bennetts, *Risk Analysis in Building Fire Safety Engineering*, Oxford : Elsevier, 2007

Heynderickx, C., *Rénovation des immeubles de grande hauteur de première génération*, Travail de fin d'étude, Bruxelles : Université Libre de Bruxelles, 2008-2009

Hester, P., "Epistemic Uncertainty Analysis: An Approach Using Expert Judgment and Evidential Credibility" dans *International Journal of Quality, Statistics, and Reliability*, octobre 2012, Vol. 2012, 8p, 2012

Höweler, E., *Gratte-Ciel contemporains*, Paris : Flammarion, 2005

Hunnicutt, T., G. Burke, "San Bruno Pipeline That Exploded Has Been Ranked As 'High-Risk'" dans *Huff Post Los Angeles*, publié le 12/09/2010, page consultée le 7/12/2012 http://www.huffingtonpost.com/2010/09/11/san-bruno-explosion-resid_n_713330.html

Institut national de la statistique et des études économiques (INSEE), *Aire urbaine*, page consultée le 12/11/2012, http://www.insee.fr/fr/methodes/default.asp?page=definitions/aire-urbaine.htm

ISO, *ISO/FDIS 31000*, Risk management – Principles and guidelines, Genève : ISO, 2009, 24pp.

ISO IEC, *Guide 73*, Management du risque – Vocabulaire – Principes directeurs pour l'utilisation des normes, Genève : ISO IEC, 2002, 16pp.

Janberg, N., "Torre Windsor" dans *Structurae*, page consultée le 22/06/2012, http://en.structurae.de/photos/index.cfm?id=4933

Janberg, N., "Hong Kong and Shanghai Bank" dans *Structurae*, page consultée le 18/11/2012, http://fr.structurae.de/photos/index.cfm?id=2461

Jeanroy, M.-M., *La sécurité incendie dans les immeubles de grande hauteur*, 3e édition, Aubervilliers : France-Sélection, 2001

Jencks, C., *Gratte-Ciel*, Paris : Academy Editions, 1980

Jones, D., *Nomenclature for hazard and risk assessment in the process industries*, 2e édition, Warwickshire (UK) : Institution of Chemical Engineers, 2003

Kaiser, J., "Experiences of the Gretener Method" dans *Fire Safety Journal*, n°2, p. 213-222, 1980

Kaplan, S., B.J. Garrick, "On The Quantitative Definition of Risk" dans *Risk Analysis*, Vol.1, n°1, p. 11-27, 1981

Kermisch, C., *Les paradigmes de la perception du risque*, Paris : Lavoisier, 2010

Kervern, G.Y., P. Rubise, *L'archipel du danger*, Paris : Economica, 1991

Kervern, G.Y., *Emergence et histoire des cindyniques déconstruction de la déstruction*, Colloque Intelligence de la Complexité, Espistémologie et Pragmatique, Cerisy, 2005

Kirchsteiger, C., "On the use of probabilistic and deterministic methods in risk analysis" dans *Journal of Loss Prevention in the Process Industries*, n°12, p. 399-419, 1999

Kobes, M., I. Helsloot, B. de Vries, J.G. Post, "Building Safety and human behaviour in fire: A literature review" dans *Fire Safety Journal*, n°45, p. 1-11, 2010

Kontovas, C.A., *Formal Safety Assessment Critical Review and Future Role*, Thèse : National Technical University of Athens, 2005

Lagadec, P., "Seveso, Bhopal... Accident technologique et risque industriel" dans *Prospective et Santé*, n°38, p. 65-70, 1986

Lancaster, J., *Engineering Catastrophes Causes and effects of major accidents*, Cambridge : Abington Publishing, 1997

Lataille, J.I., *Fire Protection Engineering in Building Design*, New York : Elsevier, 2003

Le Journal officiel de la République française (JORF), *Code de la construction et de l'habitation*, page consultée le 01/07/2010, http://legifrance.gouv.fr/affichCode.do?cidTexte=LEGITEXT000006074096

Le Soir. Archives, *Hal : « Le bilan pourrait s'alourdir »*, 2010, page consultée le 7/03/2013, http://archives.lesoir.be/hal-%AB-le-bilan-pourrait-s-alourdir-%BB_t-20100216-00TDRJ.html?queryand=buizingen+accident&firstHit=50&by=10&when=-2&begYear=2010&begMonth=01&begDay=01&endYear=2013&endMonth=03&endDay=06&sort=dateasc&all=382&rub=TOUT&pos=55&all=382&nav=1

Lorber, M., H. Gibb, L. Grant, J. Pinto, J. Pleil, D. Cleverly, "Assessment of Inhalation Exposures and Potential Health Risks to the General Population that Resulted from the Collapse of the World Trade Center Towers" dans *Risk Analysis*, Vol. 27, n°5, p. 1203-1221, 2007

McClean, D., Word Disasters Report 2010 Focus on urban risk, Genève : International Federation of Red Cross and Red Crescent Societies, 2010

MacLeod, D., "London: past terror attacks" dans *theguardian*, 2005, page consultée le 12/11/2012, http://www.guardian.co.uk/uk/2005/jul/07/terrorism.july73

Major Industrial Accidents Council of Canada (MIACC), *Risk-based Land Use Planning Guidelines*, Ottawa : MIACC, 1995, 36pp

Malchaire, J., J.-P. Koob, "Fiabilité de la méthode Kinney d'analyse des risques" dans *Médecine du Travail et Ergonomie*, Vol. 43, n°1, p3-8, 2006

Melchers, R.E., *Structural Reliability analysis and prediction*, 2ᵉ édition, New Jersey : John Wiley & Sons, 1999

Menchel, K., *Progressive Collapse: Comparison of Main Standards, Formulation and Validation of New Computational Procedures*, Thèse, Bruxelles : Université Libre de Bruxelles, 2009

Ministère de l'Intérieur (MI), *Annexes à l'arrêté royal du 19 décembre 1997 modifiant l'arrêté royal du 7 juillet fixant les normes de base en matière de prévention contre l'incendie et l'explosion, auxquelles les bâtiments nouveaux doivent satisfaire*, Bruxelles : Le Moniteur, 1997

Ministère de l'Intérieur (MI), *Loi portant assentiment à l'accord de coopération du 21 juin 1999 entre l'Etat fédéral, les Régions flamande, wallonne et de Bruxelles-Capitale relatif à la maîtrise de dangers liés aux accidents majeurs impliquant des substances dangereuses*, Bruxelles : Le Moniteur, 2001

Monteau, M., M. Favaro, "Bilan des méthodes d'analyse a priori des risques, 1.Des contrôles à l'ergonomie des systèmes" dans *Cahiers de note documentaires*, n°138, p. 91-122, 1990

Monteau, M., M. Favaro, "Bilan des méthodes d'analyse a priori des risques, 2.Principales méthodes de la sécurité des systèmes" dans *Cahiers de note documentaires*, n°139, p. 363-389, 1990

Mortureux, Y., "Arbres des défaillance, des causes et d'événement" dans *Techniques de l'Ingénieur*, CD-Rom, Paris : Weka, 2002

Munich Re, *Statistics and natural hazard risk for 50 selected megacities*, Munich : Munich Re, 2005

National Earthquake Information Center (NEIC), *Earthquake Facts and Statistics*, page consultée le 18/12/2012, http://earthquake.usgs.gov/earthquakes/eqarchives/year/eqstats.php

National Fire Protection Association (NFPA), *NFPA 5000 Building Construction and Safety Code*, Quincy (USA) : NFPA, 2009

N.E.M. Business Solutions, *Risk Analysis Methodologies*, page consultée le 15/07/2010, http://www.cip.ukcentre.com/risk.htm

Netta, L.R., L. Morten, J. Niels, B.J. Sten, "A functional HAZOP methodology" dans *Computers & Chemical Engineering*, n°34, p. 244-253, 2010

New York City Building Code, *Chapter 4 Special detailed requirements based on use and occupancy*, New York : New York City, 2008, p. 41-78

Nicholls, R. J., S. Hanson, C. Herweijer, N. Patmore, S. Hallegatte, J. Corfee- Morlot, J. Chateau, R. Muir-Wood, *Ranking Port Cities with High Exposure and Vulnerability to Climate Extremes*, OECD Environment Working Papers, n°1, 2007

Organisation de Coopération et de Développement Economiques (OCDE), page consultée le 12/11/2012, http://www.oecd.org/fr/

Ostrom, L.T., C.A. Wilhelmsen, *Risk assessment: Tools, Techniques, and Their Applications*, New Jersey : John Wiley & Sons, Hoboken, 2012

Paquot, T., *La folie des hauteurs*, Pourquoi s'obstiner à construire des tours?, Paris : Bourin éditeur, 2008

Parlement de l'Union Européenne (PUE), *Directive 2011/92/UE du Parlement européen et du Conseil du 13 décembre 2011 concernant l'évaluation des incidences de certains projets publics et privés sur l'environnement*, Bruxelles : Journal officiel des Communautés européennes, 2011

Pietersen, C.M., B.F.P. van het Veld, "Risk assessment and risk contour mapping" dans *Journal of Loss Prevention in the Process Industries*, Vol. 5, n°1, p. 60-63, 1992

Pitblado, R., R. Turney, *Risk assessment in the process industries*, 2ᵉ édition, Warwickshire (UK) : Institution of Chemical Engineers, 2001

PrevInfo.net, *Méthode HAZOP et What if*, page consultée le 16/07/2010, http://www.previnfo.net/sections.php?op=viewarticle&artid=38

Purkiss, J.A., *Fire Safety Engineering Design of Structures*, Oxford : Elsevier, 2007

Raisson, V., *2033 Atlas des Futurs du Monde*, Paris : Robert Laffont, 2010

Ramachandran, G., D. Charters, *Quantitative risk assessment in fire safety*, USA : Spon Press, 2011

Raes, J., *Guide de la planification d'urgence pour l'identification et l'analyse des risques au niveau local*, Bruxelles : Service Public Fédéral Intérieur, s.d.

Rasbah, D.J., "Criteria for Acceptability for Use with Quantitative Approaches to Fire Safety" dans *Fire Safety Journal*, n°8, p. 141-158, 1984

Rufat, S., "Spectroscopy of Urban Vulnerability" dans *Annals of the Association of American Geographers*, Vol. 0, n°0, p. 1-21, 2012

Schiettecatte, L., *Méthode d'évaluation du temps d'évacuation dans les immeubles de grande hauteur*, Travail de fin d'études, Bruxelles : Université Libre de Bruxelles, 2011-2012

Service Public Fédéral Belge (SPF), *Amiante*, page consultée le 10/11/2012, http://www.belgium.be/fr/sante/vie_saine/habitat/amiante/

Shah, J.N., D.M. Shaffer, "Risk-Based Approach for Evaluating Safety Events in Large Plants" dans *Process Safety Progress*, Vol 31, n°3, p. 287-290, 2012

Shirali, G.H.A., M. Motamedzade, I. Mohammadfam, V. Ebrahimipour, A. Moghimbeigi, "Challenges in building resilience engineering (RE) and adaptive capacity: A field study in a chemical plant" dans *Process Safety and Environmental Protection*, n°90, p. 83-90, 2012

Skjong, R., E. Vanem, Ø. Endresen, *Risk Evaluation Criteria*, Rapport SAFEDOR D.4.5.2, 2007

Skjong, R., B.H. Wentworth, "Expert Judgment and Risk Perception" dans *Proceedings of the Eleventh (2001) International Offshore and Polar Engineering Conference*, Norway : The International Society of Offshore and Polar Engineers, 2001, p. 537-544

Skyscraper Source Media, *Global Cities & Buildings Database*, page consultée le 29/06/2010
http://skyscraperpage.com/cities/?s=1&c=4&p=0&r=50&10=0

Smith, J., "WTC 7" dans *Wikipedia*, page consultée le 11/04/2012, http://en.wikipedia.org/wiki/File:NYfromWTC_corrected.jpg

SPF Intérieur, *Information publique sur les risques industriels majeurs*, page consultée le 01/02/2009
http://www.seveso.be/code/fr/legi_01.asp

SPW, *Le Plan d'environnement pour le développement durable*, page consultée le 10/08/2012,
http://environnement.wallonie.be/pedd/C0e_5-2b.htm

Structurae, *Tour Windsor*, page consultée le 10/04/2012,
http://fr.structurae.de/structures/data/index.cfm?id=s0007900

Summers, A.E., "Introduction to layers of protection analysis" dans *Journal of Hazardous Materials*, novembre 2003, n°104, p. 163-168, 2003

Sundararajan, C.R., *Probabilistic Structural Mechanics Handbook Theory and Industrial Applications*, USA : Chapman & Hall, 1995

Théberge, M.-C., *Evaluations environnementales, Guide : Analyse de risques d'accidents technologiques majeurs*, Québec : Ministère de l'Environnement, 2002

United States Fire Administration (FA), "Highrise Fires" dans *Topical Fire Reseach Series*, Vol.2, issue 18, 2002, FEMA, 7pp, 2002

United States Fire Administration (FA), *Residential Structure and Building Fires*, Washington : FEMA, 2008

United States Fire Administration (FA), *Fire in the United States*, 15e édition, Washington : FEMA, 2009

United States Geoligical Survey (GSa), *Which eruptions were the deadliest?*, page consultée le 26/09/2012,
http://vulcan.wr.usgs.gov/LivingWith/VolcanicFacts/deadly_eruptions.html

United States Geoligical Survey (GSb), *Large and Deadly Earthquakes This Year*, page consultée le 26/09/2012,
http://earthquake.usgs.gov/earthquakes/eqarchives/year/mag7.php

United States National Institute of Standards and Technology (NIST), *Best Practices for Reducing the Potential for Progressive Collapse in Buildings*, Washington : U.S. Department of Commerce, 2007

United States National Institute of Standards and Technology (NIST), *Final Report on the Collapse of World Trade Center Building 7*, Washington : U.S. Department of Commerce, 2008

United States National Institute of Standards and Technology (NIST), *Questions and Answers about the NIST WTC 7 Investigation (09/17/2010, ARCHIVE, incorporated into 9/19/2011 update)*, page consultée le 10/04/2012,
http://www.nist.gov/public_affairs/factsheet/wtc_qa_082108.cfm

United States Nuclear Regulatory Commission, *Probabilistic Risk Assessment (PRA)*, page consultée le 15/11/2012,
http://www.nrc.gov/about-nrc/regulatory/risk-informed/pra.html

Vantroyen, J.-C., S. Detaille, A. Valée, "Ghislenghien, 30 juillet, 8h 55 Tout a tremblé, puis ce fut l'apocalypse « Les blessés sortaient de l'enfer » Henri Rochart « On aurait dit un paysage de guerre ! » Francis Boileau" dans *Le Soir*, publié le 31/07/2004, page consultée le 7 Novembre 2012.
http://archives.lesoir.be/ghislenghien-30-juillet-8-h-55-tout-a-tremble-puis_t-20040731-Z0PLZU.html?queryand=Ghislenghien&queryor=Ghislenghien&firstHit=0&by=10&when=-2&begYear=2004&begMonth=01&begDay=01&endYear=2005&endMonth=11&endDay=06&sort=dateasc&rub=TOUT&pos=8&all=244&nav=1

Vaughen, B.K., T.A. Kletz, "Continuing Our Process Safety Management Journey" dans *Process Safety Progress*, Vol. 0, n°1, p. 1-6, 2012

Vannier, J.-M., L'accident, page consultée le 7/03/2013, http://cheminfergranville.net/accident.htm

Vesely, W.E., F.F. Goldberg, N.H. Roberts, D.F. Haasl, *Fault Tree Handbook*, Washington : United States Nuclear Regulatory Commission, 1981

Vincent, R., *The « R » Word : Risks Assessment in Perspective*, Pueblo : Sierra Club, 1999

Vinçotte, *Safety surveillance approach during the construction of complex industrial installations*, Rapport technique, Vilvoorde : Vinçotte, 2009

Wantiez, P., "Présentation de la méthode « Kinney » permettant d'évaluer un risque et de déterminer le seuil de justification du coût de l'investissement de protection en considérant la probabilité d'un événement dangereux et de ses conséquences. - Application de la méthode « Kinney » dans le cadre d'un projet de protection incendie par sprinkler. » dans *Sécurité Magazine*, Janvier 1995, Vol., p. 31-36, 1995

Weghuber, M., "Tour du Midi" dans *Structurae*, page consultée le 18/11/2012, http://fr.structurae.de/photos/index.cfm?id=68028

10 Annexes

10.1 Annexe 1 – Listes de risques

La liste proposée ici est issue du Guide de planification d'urgence pour l'identification et l'analyse des risques au niveau local (DGSC, 2010). La liste des risques comporte deux types de risques : les risques naturels N et les risques accidentels ou intentionnels H.

10.1.1 Risques N

Risques géologiques	Tremblement de terre
	Tsunami
	Activité volcanique
	Glissement de terrain
	Coulée de boue
	Glacier / iceberg
Risques météorologiques	Inondation
	Équinoxe
	Sécheresse
	Chute de neige
	Verglas
	Avalanche
	Tempête de sable
	Canicule
	Froid extrême
	Foudre
Risques biologiques	Épidémies / nouvelles maladies
	Fléau / invasion d'insectes

10.1.2 Risques H

Incendie ou incendie volontaire	
Accident de transport	Accident aérien
	Accident de transport routier
	Accident ferroviaire
	Accident maritime
Effondrement	
Interruption des équipements d'utilité publique	Interruption alimentation en électricité
	Interruption alimentation en eau
	Interruption approvisionnement en gaz
	Interruption autres équipements d'utilité publique
Pénurie	Pénurie de carburants
	Pénurie de denrées alimentaires
	Pénurie d'autres ressources vitales
Propagation d'agents NBC	Propagation d'agents nucléaires
	Propagation d'agents biologiques
	Propagation d'agents chimiques
Pollution / contamination	Pollution / contamination air

Annexes

	Pollution / contamination eau
	Pollution / contamination surfaces
Rupture d'un barrage / digue / écluse	
Crise financière / dépression / inflation	
Interruption / perturbation du système de communication	
Sabotage	
Perturbation / émeute / soulèvement populaire	
Hystérie collective	
Crime	Meurtres (en série)
	Attaque armée
	Vol
	Prise d'otage

10.2 Annexe 2 – Référencement des IGH

10.2.1 Référencement des IGH de bureau bruxellois (Heynderickx, 2009)

	Nom	Hauteur (m)	Année	Architecte	Commune
1	Midi Tower	150	1967	Yvan Blomme & Jean-Francois Petit	Saint Gilles
2	Finance Tower	145	1983	Groupe Alpha, Hugo van Kuyck, Marcel Lambrichs, Léon Stynen	Bruxelles Ville
3	Dexia Tower	137	2006	Samyn & Partners, Jaspers, Eyers & Partners	Saint-Josse-ten-Noode
4	Madou Plaza	113	1965	Robert Goffaux	Saint-Josse-ten-Noode
5	Astro Tower	107	1976	Albert De Doncker	Saint-Josse-ten-Noode
6	North Galaxy Tower A	107	2005	Art & Build, Jaspers & Eyers, Montois Partners	Schaerbeek
6	North Galaxy Tower B	107	2005	Art & Build, Jaspers & Eyers, Montois Partners	Schaerbeek
7	World Trade Center 3	105	1983	Groupe Structures S.A.	Bruxelles Ville
8	World Trade Center 2	105	1976	C. Emery	Bruxelles Ville
8	World Trade Center 1	105	1972	C. Emery	Bruxelles Ville
9	Manhattan Center	102	1972	Groupe Structures S.A.	Saint-Josse-ten-Noode
10	Belgacom Towers	102	1994	Jaspers & Partners	Saint-Josse-ten-Noode
11	Covent Garden	100	2007	Art & Build et Montois	Saint-Josse-ten-Noode
12	Zenith Building	95	2009	CERAU sprl, SCAU	Schaerbeek
13	Bastion Tower (Tour AG)	90	1970	Robert Goffaux	Ixelles
14	Bleu Tower	88	1976	Montois Partners	Bruxelles Ville
15	Sablon Tower	86	1968	A. Vanderauwera	Bruxelles Ville
16	Ellipse Building	85	2006	Art & Build et Montois	Schaerbeek
17	Louise Tower	84	1966	André & Jean Polak	Bruxelles Ville
18	TBR-Brussels Tower	84	1974	Henri Gurhez	Bruxelles Ville
19	IT Tower	80	1973	ELD partnership, Walter Gropius	Bruxelles Ville
20	Euroclear Operation Centre	80	1997	ELD partnership	Saint-Josse-ten-Noode
21	Victoria Regina Tower	76	1978	Willy Bressellers, ELD partnership	Saint-Josse-ten-Noode
22	Botanic Building	75	1965	Montois Partners	Bruxelles Ville
23	Proximus	66	2000	ELD partnership & M. Jaspers & Partners	Saint-Josse-ten-Noode
24	P&V Assurances	65	1957	Hugo van Kuyck	Saint-Josse-ten-Noode
25	Brouckere Tower	63	1969	Groupe Structures S.A.	Bruxelles Ville
26	Centre Monnaie	63	1971	Groupe Structures S.A, Jean Gilson, André & Jean Polak, Robert Schuiten, Jacques Cuisinier	Bruxelles Ville
27	Charlemagne Building	60	1967	Jacques Cuisinier	Bruxelles Ville
28	Central Plaza	57	2006	Art & Build et Montois Partners	
29	View Building	56	1963	J. Cuisinier	Bruxelles Ville
29	Berlaymont	55	1967	Lucien de Vestel	Bruxelles Ville
30	Saint Jean Tower	55	???	???	Bruxelles Ville
31	Dexia Bank	56	1969	???	Bruxelles Ville
32	AXA Belgium	51	1971	???	Watermael-Boitsfort
33	Office Européen de Lutte Anti Fraude	50	???	???	Bruxelles Ville
34	Galilee Building	50	1971	???	Saint-Josse-ten-Noode
35	Phoenix Building	50	1998	Jaspers & Partners	Bruxelles Ville
36	Cité Administrative de l'Etat	50	1968	Groupe Alpha, Hugo van Kuyck, Marcel Lambrichs, Georges Ricquier	Bruxelles Ville
37	LEX 2000	15 ét	2006	Jaspers & Eyers	Bruxelles Ville
38	Royal Louise	14 ét	1986		Bruxelles Ville
39	Altiero Spinelli Building	17 ét	1997	CVR, Atelier Vanden Bossche, CERAU, Atelier d'Architecture de Genval	Ixelles
40	Fortis Tower	118	2012	Accarain-Bouillot	Saint-Josse-ten-Noode

Annexes

10.2.2 Référencement des IGH de logement bruxellois (Heynderickx, 2009)

1	Brusilia	100	1970	Jacques Cuisinier	Schaerbeek
2	Hilton Hotel	99	1967	Henri Montois	Bruxelles Ville
3	Avenue Marius Renard 27	85	1971	???	Anderlecht
4	Mistral	80	1973	???	Jette
5	Magnolias	80	1973	???	Jette
6	Les mouettes	80	1973	???	Jette
7	Résidence Nord	80	1978	???	Schaerbeek
8	Résidence Aigle	78	1969	???	Saint-Josse-ten-Noode
9	Résidence La Palmeraie	76	1967	???	Molenbeek-Saint-Jean
10	Résidence Iris	76	???	???	Molenbeek-Saint-Jean
11	Résidence Orchidée	76	???	???	Molenbeek-Saint-Jean
12	Résidence Arc en Ciel	70	1968	???	Molenbeek-Saint-Jean
13	Résidence Pacific	69	1967	Michel Barbier	Saint-Josse-ten-Noode
14	Quai du Batelage 1-15	69	1971	???	Bruxelles Ville
15	Aurore 7	65	???	???	Anderlecht
16	Résidence du Soleil	65	???	???	Ganshoren
17	Royal Building	64	1963	???	Forest
18	Résidence Club 21	63	1967	???	Ganshoren
19	Résidence Porte de Paris	63	1967	???	Anderlecht
20	Acasias	63	1973	???	Anderlecht
21	Boulevard Louis Mettewie 9	62	???	???	Molenbeek-Saint-Jean
22	Parc du Peterbos Blok 16	62	???	???	Anderlecht
23	Square Jacques Frank 1	60	1970	Yvan Obozinski	Saint Gilles
24	Square Jacques Frank 2	60	1974	Yvan Obozinski	Saint Gilles
25	Crowne Plaza Brussels Europa	60	1971	???	Bruxelles Ville
26	Résidence Jupiter-Mercure	57	1969	???	Bruxelles Ville
27	Avenue des neuf Provinces 34	57	???	???	Ganshoren
28	Avenue des neuf Provinces 36	57	???	???	Ganshoren
29	Avenue Van Overbeke 245	57	???	???	Ganshoren
30	Avenue Van Overbeke 247	57	???	???	Ganshoren
31	Avenue Van Overbeke 243	57	???	???	Ganshoren
32	Résidence Orion-Sirius	57	???	???	Bruxelles Ville
33	Cité Modèle Immeuble 1	56	1959	Renaat Braem	Bruxelles Ville
34	Cité Modèle Immeuble 2	56	1959	Renaat Braem	Bruxelles Ville
35	Cité Modèle Immeuble 3	56	1959	Renaat Braem	Bruxelles Ville
36	Résidence Parc Albert I	56	1966	???	Ganshoren
37	Résidence Rue des Goujons	56	???	???	Anderlecht
38	Les Pavillons Français du Quartier Nord-Est	55	1931	Marcel Peeters	Schaerbeek
39	Résidence de la Cambre	55	1939	Marcel Peeters	Ixelles
40	Socrate-Platon	54	???	???	Bruxelles Ville
41	Les Princes de Belgique	53	???	???	Anderlecht
42	Parc du Peterbos blok 12	53	???	???	Anderlecht
43	La Magnanerie	53	???	???	Forest
44	Complexe Machtens	53	1967	???	
45	Avenue Docteur Lemoine 7-9-11	51	???	???	Anderlecht
46	Rue Fernand Brunfaut 65	50	???	???	Molenbeek-Saint-Jean
47	Résidence Parc Saint Exupery	50	???	???	Evere
	Premium Tower	142	2013	A2RC Architects sa & Ateliers Lion Architectes Urbanistes	Bruxelles Ville

10.3 Annexe 3 – Rapport de sécurité

Nous nous référerons aux « Guide pour rédiger un rapport de sécurité » (Borgonjon, 2001) pour présenter les divers points nécessaires à la rédaction d'un rapport de sécurité. Il ne sera fait qu'une brève synthèse de chacun des points, le lecteur pouvant se référer au guide pour plus d'informations ou à l'Accord de Coopération (MI, 2001).

10.3.1 Renseignements généraux

Les données générales présentent, par une brève description, l'établissement et les personnes présentes sur le site, ainsi qu'une énumération des installations et des raisons de l'élaboration d'un rapport de sécurité.

10.3.2 Politique de prévention des accidents majeurs

Il est requis que l'exploitant puisse démontrer qu'il existe une politique écrite de prévention des accidents majeurs et que cette politique a été concrétisée par la mise en place d'un système de gestion de la sécurité. La politique de prévention des accidents majeurs devra contenir les objectifs et leurs applications, par l'exploitant, pour maîtriser les risques d'accidents majeurs pour l'être humain et l'environnement. Le système de gestion de sécurité décrit ici ne correspond qu'à un système de gestion pour la prévention des accidents majeurs et ne prend pas en compte des éléments tels que l'hygiène industrielle ou la sécurité du travail classique. Ce système de gestion de la sécurité comprendra notamment la sécurité du voisinage (l'être humain et environnement) et contiendra donc aussi des éléments d'un système de gestion de l'environnement.

10.3.3 Présentation de l'environnement de l'établissement

Il est demandé à l'exploitant de démontrer que l'environnement naturel et les activités avoisinantes ont été suffisamment analysés du point de vue de l'identification des sources externes de dangers et de la sensibilité du lieu vis-à-vis de l'impact d'accidents majeurs. Ainsi les sources externes de dangers et les éléments sensibles de l'environnement, pouvant augmenter les conséquences d'un accident majeur, seront indiquées sur une ou plusieurs cartes géographiques. Ces cartes recouvreront une zone de 3 km de rayon autour des installations présentant un danger d'accident majeur et seront étayées par un plan de secteur ainsi que des plans cadastraux.

Les sources externes de dangers sont entre autres :
- Glissement de terrains (terrils, talus, remblais,...),
- Inondations (crues, ruptures de digue,...),
- Effondrements (mines, minières et carrières désaffectées,...),
- Autres installations industrielles et aires de stockage de substances dangereuses,
- Installations militaires,
- Mines, minières et carrières en exploitation,
- Transport routier, ferroviaire et maritime,
- Pipelines,
- Lignes à haute tension,
- Aéroports,

Les éléments sensibles de l'environnement pouvant augmenter les conséquences d'un accident majeur sont entre autres :
- Les zones d'habitats denses,
- Les bâtiments d'une hauteur supérieure à 25 mètres, c'est-à-dire les bâtiments élevés,
- Les institutions de soins, centres d'accueil, écoles et autres bâtiments difficilement évacuables,
- Les industries et services avec un grand nombre de personnes présentes sur les lieux,
- Les lieux visités par le public (plaines de jeux, bâtiments publics,...).

En outre, il est pris en compte les données météorologiques et les données géologiques dans la rédaction du rapport de sécurité.

10.3.4 Description de l'établissement

Il est requis d'identifier les installations présentant un danger d'accident majeur, des procédés industriels en cours, des substances dangereuses utilisées ou stockées. Une approche top-down est conseillée pour la description des procédés industriels : c'est-à-dire en commençant par une description de l'installation et du procédé, suivie des différentes sections du procédé pour finir au niveau des équipements pris individuellement.

10.3.5 Identification et évaluation des dangers d'accidents majeurs

Le présent point forme le noyau du rapport de sécurité dans lequel l'exploitant doit démontrer que les dangers d'accidents majeurs ont été identifiés et que les mesures nécessaires ont été prises pour prévenir ces accidents et en limiter les conséquences. Il est demandé, suivant l'accord de coopération (MI, 2001), de donner une description détaillée des scénarios d'accidents majeurs possibles c'est-à-dire les événements possibles, tels qu'une émission, un incendie ou une explosion d'importance majeure résultant de développements incontrôlés survenus au cours de l'exploitation de l'établissement, pouvant entraîner, lorsqu'ils se produisent, soit immédiatement, soit en différé, un danger grave pour la santé humaine à l'intérieur ou à l'extérieur de l'établissement ou pour l'environnement, et faisant intervenir une ou plusieurs substances dangereuses.

En premier lieu, l'exploitant doit expliquer comment il a procédé pour identifier ces scénarios et fixer les mesures nécessaires. En deuxième lieu, il devra donner une description concrète des scénarios d'accidents majeurs identifiés, des mesures prises par scénario et une justification de leur utilité.

Afin d'identifier les scénarios d'accidents majeurs, il est nécessaire de déterminer les scénarios de libération pour chaque équipement. La possibilité que ces scénarios puissent également donner lieu à un accident majeur, est fonction de la nature et de la quantité de substances dangereuses pouvant se libérer et de la quantité d'énergie pouvant se libérer soudainement. Un division judicieuse de l'installation en parties permettra de vérifier que l'ensemble des scénarios d'accidents majeurs ont bien été repris.

La description de ces accidents doit contenir en outre les conditions d'occurrence, comprenant le résumé des événements pouvant jouer un rôle important dans le déclenchement de chacun de ces scénarios (les causes peuvent provenir de l'intérieur ou de l'extérieur de l'installation), ainsi qu'une évaluation de l'étendue et la gravité des conséquences. Pour la réalisation pratique de ces exigences, il est possible d'utiliser le modèle du nœud papillon, illustré à l'Illustration 10.1 suivante.

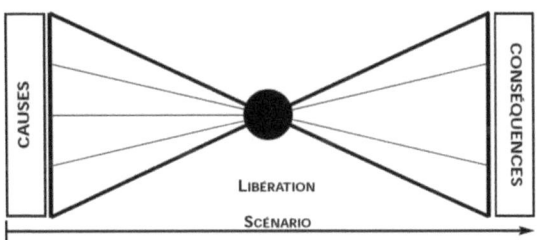

Illustration 10.1: Nœud papillon (Borgonjon, 2001)

Le centre du nœud papillon représente la libération tandis que le côté gauche est formé par les causes directes ou sous-jacentes de la libération indésirablee, et le côté droit du nœud papillon est formé de toutes les conséquences de la libération. Le côté gauche du nœud papillon correspond en fait à un arbre des causes ou des défaillances, vu au point 3.4.3.1 « Arbre de défaillance », alors que le côté gauche est la représentation d'un arbre des conséquences ou des événements, vu au point 3.4.3.1 « Arbre d'événements ». Les mesures prises, suivant le type de scénario et des conséquences étudiées, peuvent être grossièrement divisées en deux catégories : les mesures préventives et les mesures de protection. Les mesures préventives agissent sur le côté gauche du noeud papillon et essayent d'éliminer les causes ou de diminuer la probabilité de libération alors que, pour le côté droit, les mesures de limitation des effets ou les mesures de protection assurent que les conséquences de la libération soient limitées en influençant la nature et l'étendue de la libération et/ou en protégeant l'être humain.

Certaines mesures seront spécifiques pour une cause ou une conséquence déterminée (par exemple une boucle de sécurité instrumentale, une soupape de sécurité, une procédure spécifique) alors que d'autres mesures se rapporteront à plus d'une cause, conséquence ou même scénario (par exemple les moyens de lutte contre le feu).

10.3.6 Sécurité externe

10.3.6.1 Entreprises situées en Région flamande

La problématique de la protection de l'environnement d'un établissement Seveso ne peut être séparée de celle liée à celle de l'être humain travaillant dans un établissement Seveso. Une approche intégrée de l'examen des risques *internes* et *externes* doit être effectuée. Les méthodes choisies pour l'identification et l'évaluation des scénarios d'accidents, pour la sécurité interne, doivent aussi traiter les risques liés à l'environnement, pour la sécurité externe. Les scénarios d'accidents majeurs identifiés, qui doivent être analysés de plus près, peuvent cependant différer en fonction des victimes potentielles : le voisinage d'un établissement Seveso ou le travailleur d'un établissement Seveso. Ainsi pour chaque libération indésirable, les conséquences pour les différentes victimes externes potentielles doivent être étudiées : l'être humain à l'extérieur de l'établissement, l'environnement à l'intérieur et l'extérieur de l'établissement.

Les risques pour le voisinage, en Région flamande, sont analysés dans le cadre de l'attribution du permis d'environnement. Ainsi les conséquences létales pour l'être humain dans le voisinage sont calculées à l'aide de l'analyse quantitative des risques (QRA). Cette méthode a été vue au point 3.4.3.2, le lecteur pourra y retourner pour plus d'informations à ce sujet. Dans l'analyse des risques pour l'environnement, ce sont les conséquences d'une libération sur la faune et la flore qui sont examinées.

Par le choix du modèle QRA, pour les établissements situés en Région flamande, l'exploitant n'a pas besoin de faire de distinction entre sécurité *interne* et *externe*. Le modèle utilisé et la systématique sont en fin de compte identiques.

10.3.6.2 Entreprises situées en Région wallonne

Une activité réputée dangereuse sera étudiée pour qu'il n'y ait pas lieu de redouter une catastrophe pour l'environnement et la population autour de l'établissement. L'objectif est d'identifier tous les événements à redouter quels que soient leur vraisemblance ou leur gravité et d'expliquer, pour chaque événement, les raison de croire que l'activité ne peut pas engendrer une catastrophe. Un événement redouté est défini comme un événement incontrôlable susceptible d'engendrer un accident majeur associé, à tort ou à raison, à l'établissement considéré.

Quatre façons différentes existent de démontrer que le risque engendré par l'événement redouté est acceptable :
1) l'événement redouté est rendu physiquement impossible par l'utilisation de techniques intrinsèquement sûres,
2) la portée des effets dangereux de l'événement redouté n'atteint aucune zone fréquentée,
3) l'événement redouté est assez lent pour garantir de soustraire la population au danger,
4) l'événement redouté à une probabilité suffisamment basse de se réaliser pour croire qu'il ne sera jamais observé : la démonstration est basée sur le calcul de la probabilité d'apparition d'effets dangereux engendrés par l'événement redouté dans des endroits fréquentés (utilisation d'arbres de défaillance reprenant les événements initiateurs et les moyens de prévention et d'arbres des événements).

10.3.6.3 Entreprises situées dans la Région de Bruxelles-Capitale

Aucune exigence spécifique n'est imposée en ce qui concerne la méthode à suivre pour l'évaluation des risques d'accidents majeurs pour les riverains et pour l'environnement.

10.3.7 Plan d'urgence interne

Un plan d'urgence interne doit être établi pour démontrer comment :
- Les incidents sont contenus et maîtrisés de façon à minimiser les effets et à limiter les dommages,
- Les mesures ont été mises en œuvre à l'intérieur de l'établissement afin de protéger l'être humain et l'environnement contre les effets d'accidents majeurs.

10.4 Annexe 4 – Captures d'images du programme

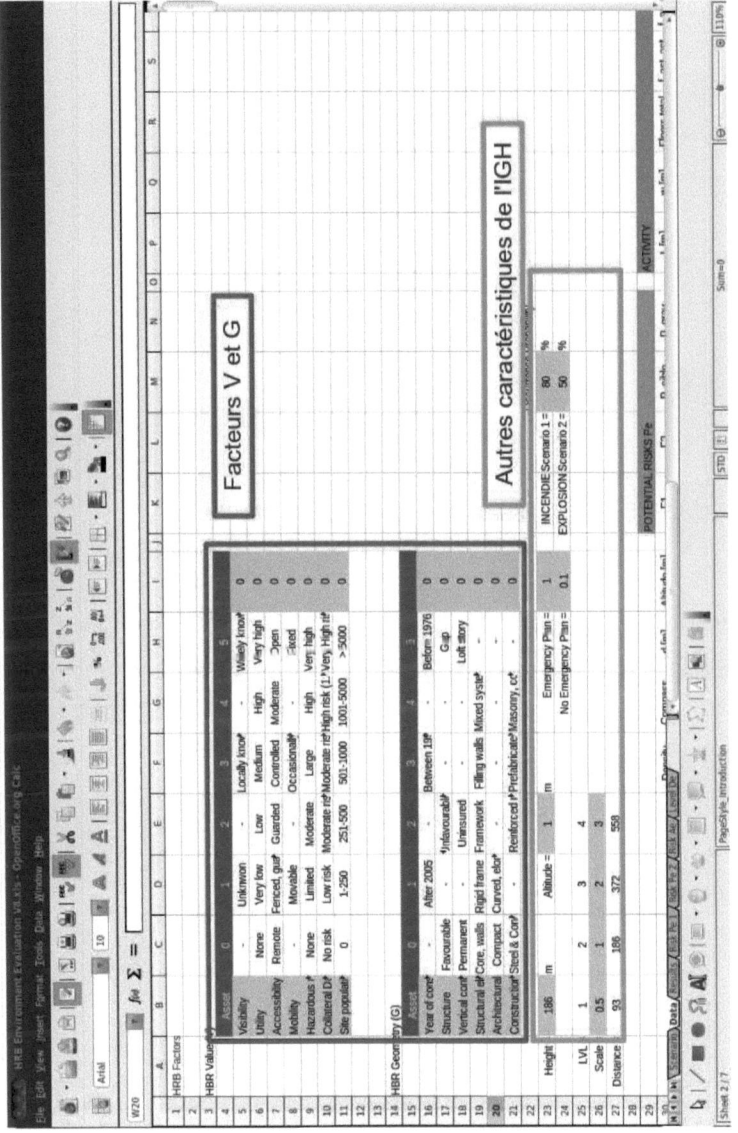

Illustration 10.2: Introduction des données sur l'IGH

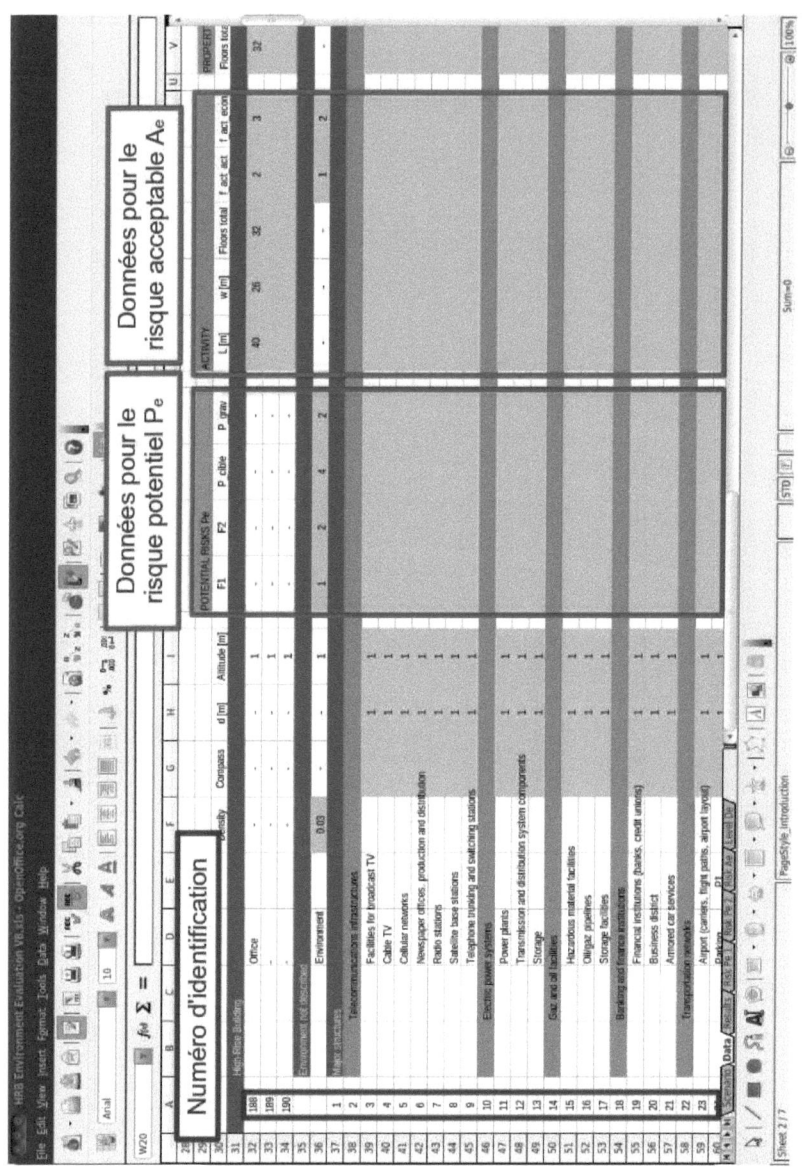

Illustration 10.3: Introduction des données sur l'Environnement pour P_e et A_e

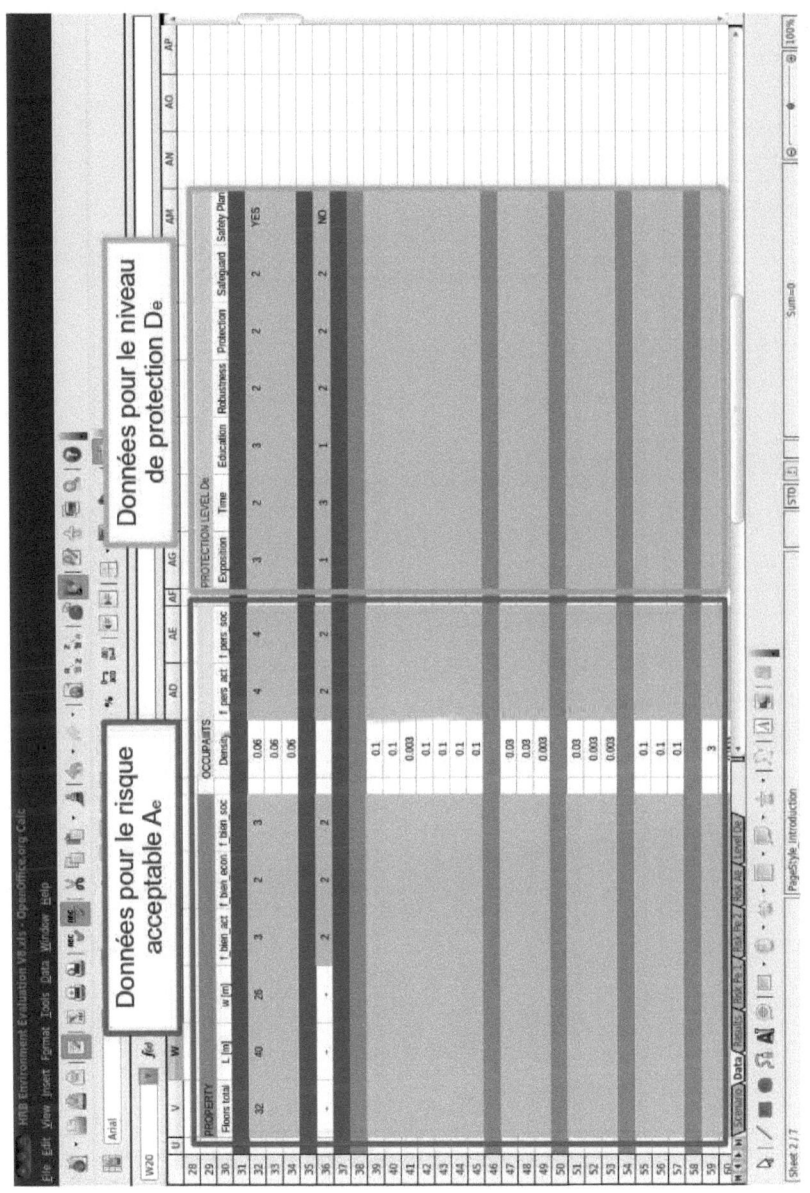

Illustration 10.4: Introduction des données sur l'Environnement pour A_e et D_e

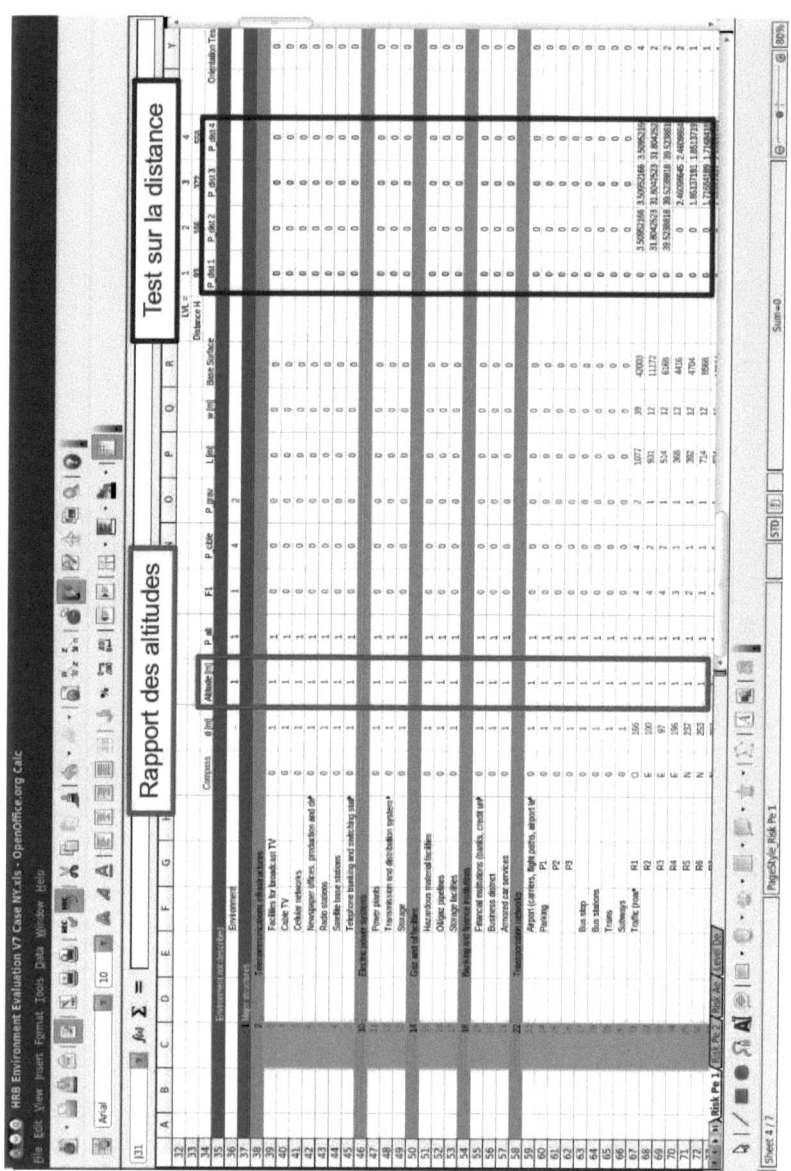

Illustration 10.5: Données reprises de la feuille Introduction sur la feuille Risk P_e

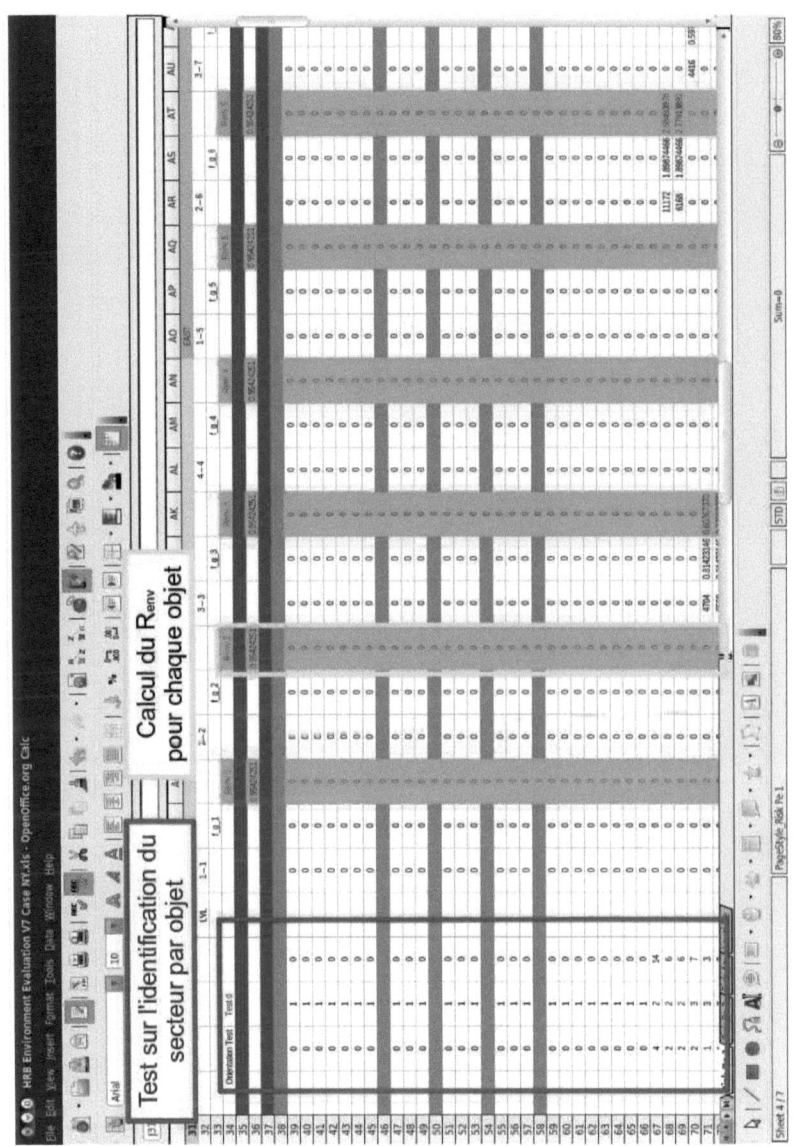

Illustration 10.6: Détermination de R_{env} pour chaque objet

Annexes

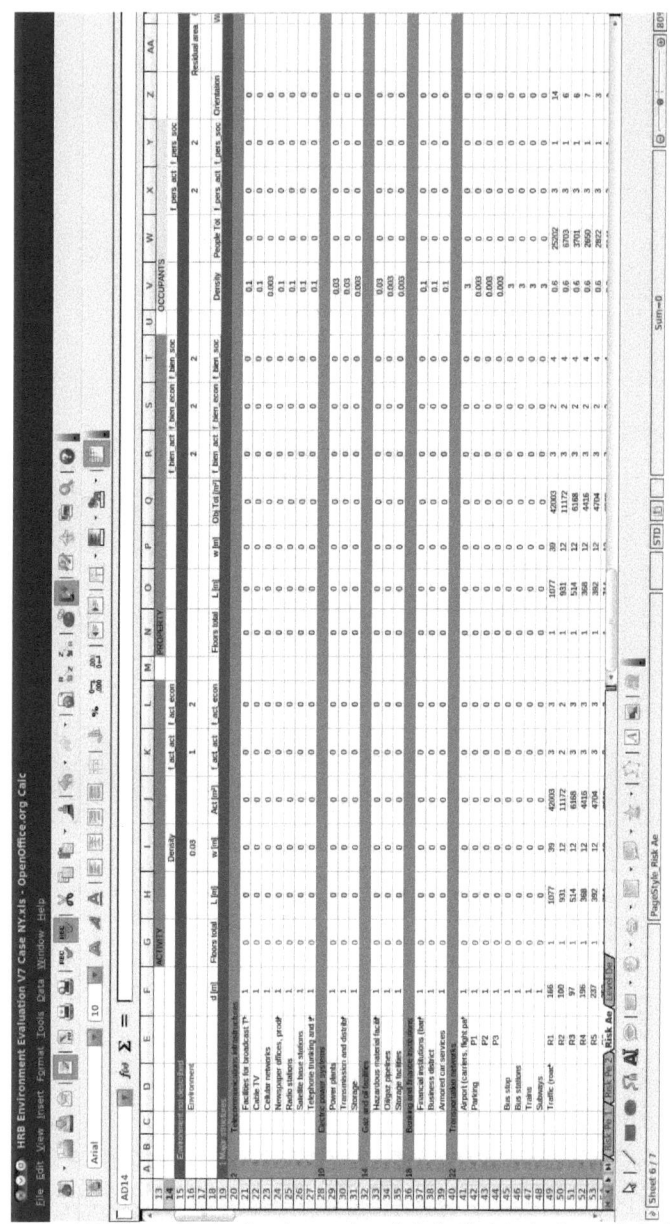

Illustration 10.7: Ensemble des données reprises de la feuille Introduction sur la feuille Risk A_e

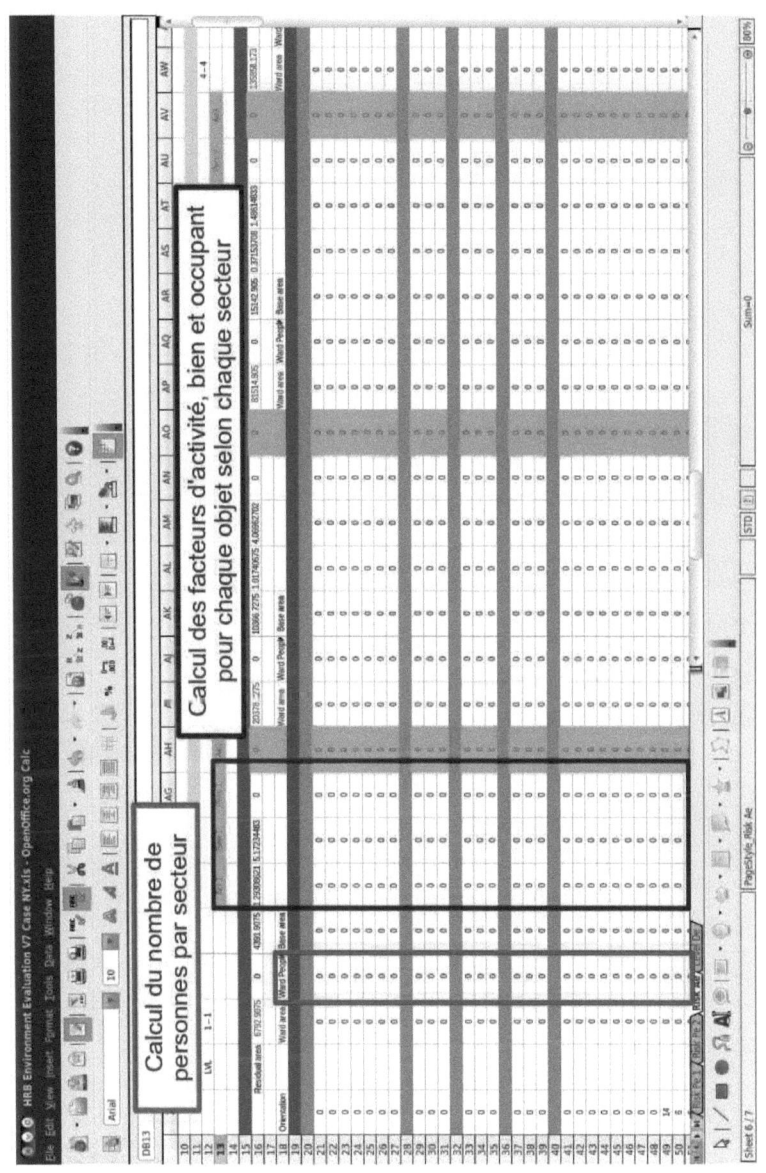

Illustration 10.8: Détermination de A_e pour chaque objet

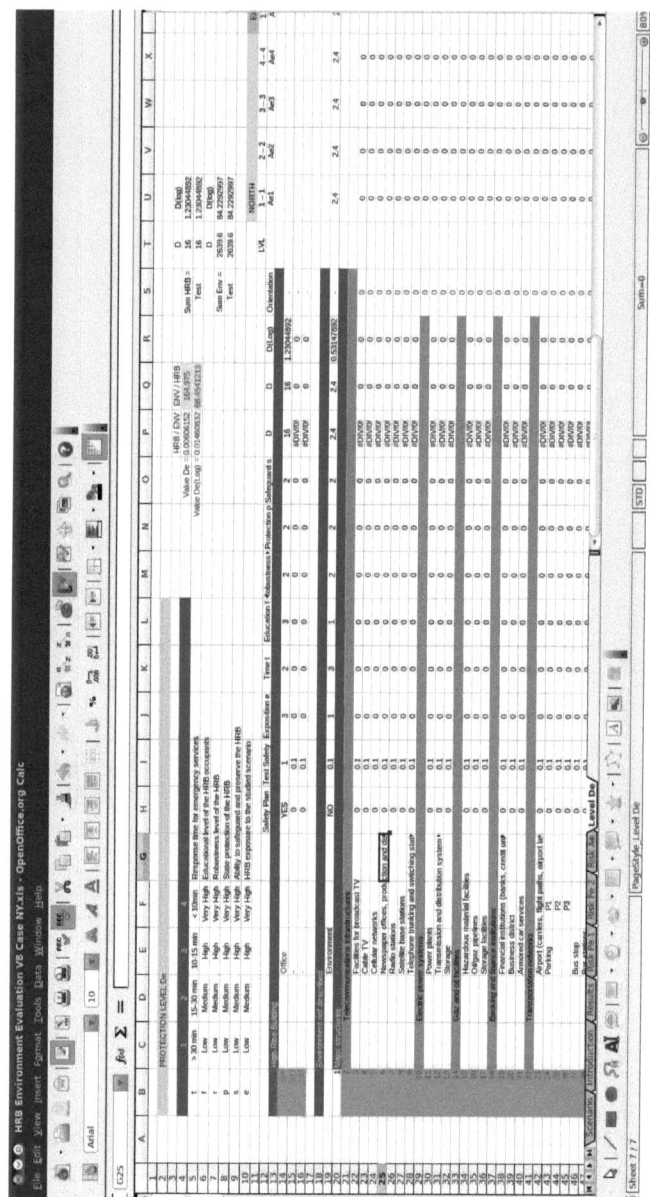

Illustration 10.9: Ensemble des données reprises de la feuille Date sur la feuille Level D_e

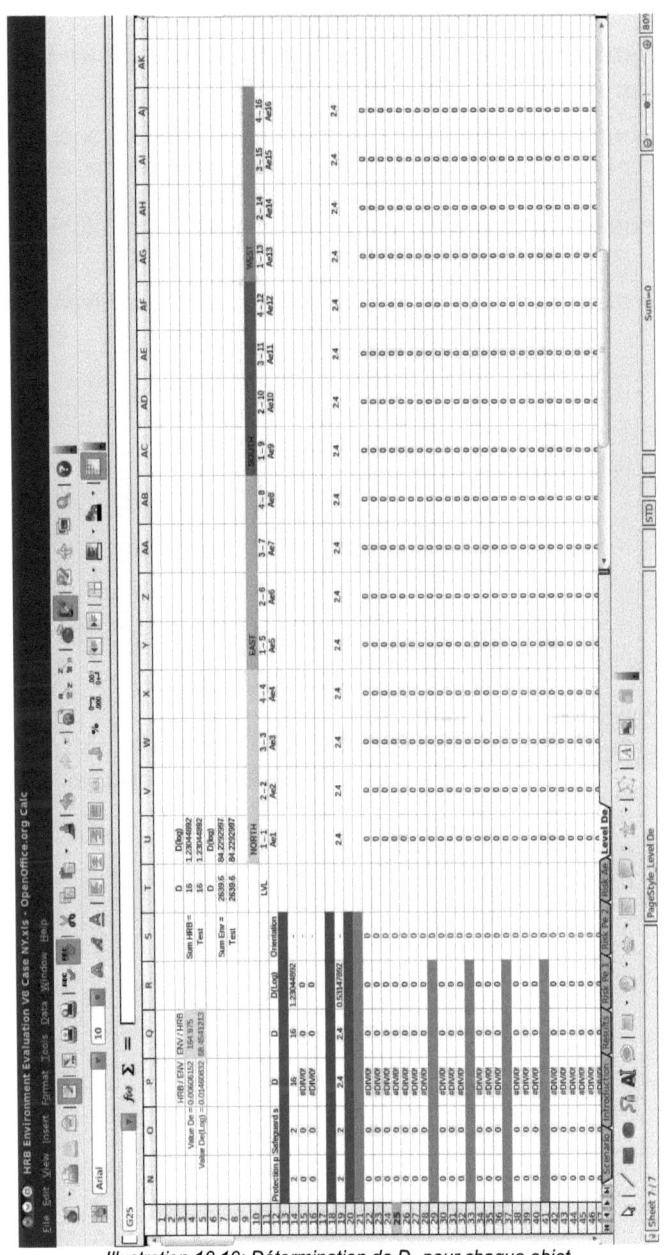

Illustration 10.10: Détermination de D_e pour chaque objet

10.5 Annexe 5 – Liste des immeubles pour les études de cas réels

Nous donnerons ici l'ensemble des objets décrits et encodés dans le programme qui ont permis la validation dudit programme et d'obtenir les valeurs R_e. Les deux principaux cas d'études sont l'IGH Windsor à Madrid, étudié au chapitre 6.3, et le WTC7 à New York étudié au chapitre 6.4.

Les principales dénominations utilisées pour les listes suivantes sont :

A	Services publics et Administrations
B	Immeuble de bureaux
C	Immeuble de commerce, service
E	Enseignement
Eg	Eglise
L	Immeuble de logement, résidentiel
M	Métro
P	Parking
R	Route
T	Tunnel

Tableau 10.1: Dénomination des objets

10.5.1 IGH Windsor à Madrid

Code	Longueur [m]	Largeur [m]	Nombre d'étages	Orientation	Distance [m]
C1	51	26	3	E	27
C2	68	57	8	E	72
C3	47	49	5	E	87
C4	47	39	3	N	34
C5	46	33	3	N	161
C6	46	33	3	N	217
C7	46	33	3	N	275
B1	145	19	9	O	80
B2	42	28	14	N	93
B3	57	22	7	N	95
B4	35	27	16	N	134
B5	47	27	9	E	175
B6	38	27	30	E	224

Annexes

B7	105	30	13	E	274
B8	41	20	17	N	220
B9	38	23	22	N	177
L1	95	35	8	S	240
L2	105	33	8	S	146
L3	46	26	13	N	134
L4	46	26	13	N	189
L5	46	26	13	N	246
L6	46	26	13	N	304
R1	629	25	1	S	60
R2	244	26	1	S	200
R3	232	11	1	S	213
R4	355	16	1	N	161
R5	198	14	1	O	229
R6	115	12	1	O	284
R7	118	16	1	S	272
R8	149	16	1	O	226
R9	159	16	1	O	272
R10	227	34	1	E	286
R11	114	34	1	E	304
A1	101	28	6	S	272
A2	126	24	6	S	201
A3	82	26	6	S	149
A4	87	13	6	S	99
A5	101	57	2	S	264
A6	157	12	1	E	163
A7	56	12	1	E	245
A8	56	12	1	E	298
T1	388	25	1	N	131
M1	77	13	1	E	192
P1	131	96	1	E	170
P2	211	76	1	S	176
P3	126	113	1	S	290

Tableau 10.2: Liste des objets pour l'environnement de l'IGH Windsor

10.5.2 WTC 7 à New York

Code	Longueur [m]	Largeur [m]	Nombre d'étages	Orientation	Distance [m]
B1	81	63	21	O	102
B2	116	64	16	E	133
B3	129	65	45	E	274
B4	129	48	27	E	286
B5	116	49	18	E	154
B6	49	49	11	N	86
B7	84	74	22	N	134
B8	73	52	1	N	152
B9	114	52	21	N	201
B10	78	46	42	O	245
B11	84	83	14	O	321
B12	86	82	16	O	444
B13	86	82	32	O	340
B14	86	82	46	O	222
B15	96	96	41	O	286
B16	61	53	9	S	308
B17	138	114	15	S	497
B18	126	57	39	S	459
B19	49	49	21	S	425
B20	38	38	37	S	485
B21	95	57	20	S	412
B22	54	39	51	S	495
B23	57	37	12	S	544
B24	75	35	10	S	404
B25	67	32	10	S	449
B26	82	51	12	S	512
B27	78	59	21	S	516
B28	70	49	52	S	414
B29	102	59	30	E	355
Eg1	51	27	2	S	374
L1	106	47	26	E	316
L2	129	52	20	E	313
L3	264	81	15	E	448
L4	149	59	15	E	483
L5	92	65	20	E	505

WTC1	64	64	110	S	174
WTC2	64	64	110	S	276
WTC3	105	20	22	S	275
WTC4	103	56	9	S	313
WTC5	133	62	9	E	144
WTC6	130	57	8	S	103
E1	121	62	15	N	246
E2	53	56	12	N	349
E3	66	53	5	N	317
E4	144	45	10	O	385
E5	180	108	6	N	500
R1	1077	39	1	O	166
R2	931	12	1	E	100
R3	514	12	1	E	97
R4	368	12	1	E	196
R5	392	12	1	N	237
R6	714	12	1	N	253
R7	834	12	1	N	327
R8	531	12	1	N	414
R9	468	12	1	N	473
R10	584	12	1	N	306
R11	591	12	1	N	268
R12	560	12	1	N	315
R13	884	12	1	E	349
R14	556	12	1	O	404
R15	336	12	1	O	249
R16	275	20	1	E	448
R17	457	20	1	S	358
R18	203	12	1	S	468
R19	270	12	1	S	473
R20	652	12	1	S	362
R21	268	12	1	E	445
R22	305	12	1	E	415
R23	328	12	1	E	400

Tableau 10.3: Liste des objets pour l'environnement du WTC7

10.6 Annexe 6 – Analyse de cas d'études

Nous fournissons pour ce point-ci l'ensemble des poids accordés qui ont permis de déterminer les scénarios critiques pour les cas d'études réels.

10.6.1 IGH Windsor – Phase préliminaire

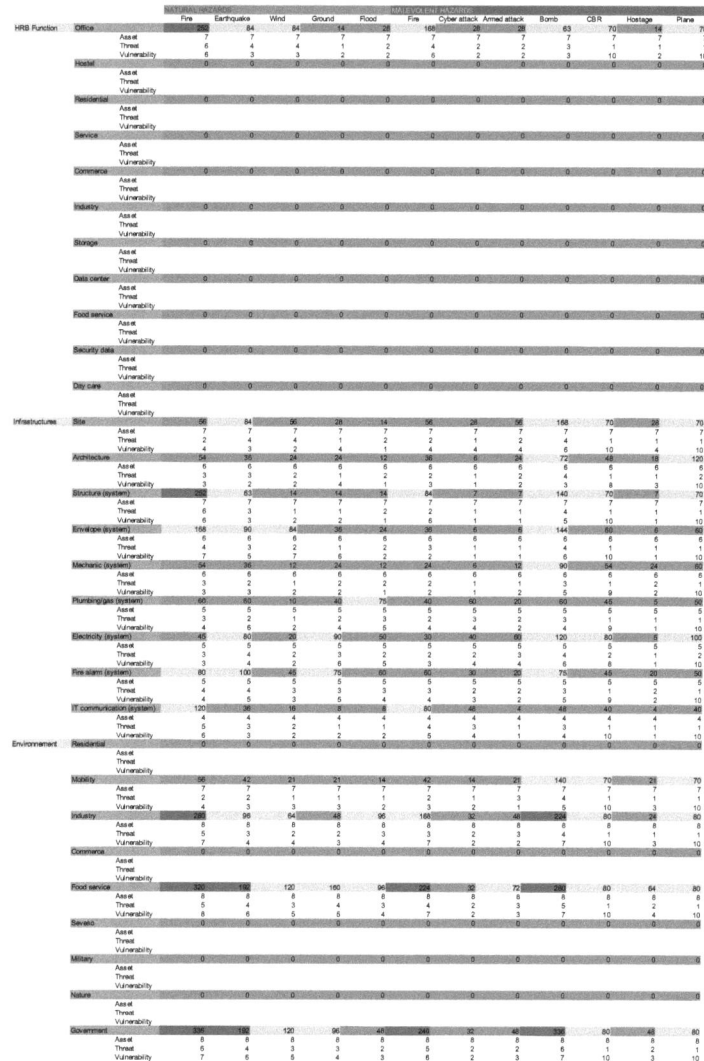

10.6.2 IGH Windsor – Poids accordés aux objets

	Risque potentiel				Activité		Bien			Occupants		Protection						
	F1	F2	P_{cible}	P_{grav}	f_{act}	f_{econ}	f_{act}	f_{econ}	f_{soc}	f_{econ}	f_{soc}	e	t	f	r	p	s	Plan
Env	1	1	2	1	2	2	2	2	2	2	2	2	3	2	2	2	2	No
C1	3	3	3	3	3	3	3	3	4	4	3	3	3	2	3	4	3	Yes
C2	3	3	3	3	3	3	3	3	4	4	3	3	3	2	3	4	3	Yes
C3	1	1	2	2	3	3	3	3	4	4	3	3	3	2	3	4	3	Yes
C4	3	3	3	3	3	3	3	3	4	4	3	3	3	2	3	4	3	Yes
C5	1	1	2	2	3	3	3	3	4	4	3	3	3	2	3	4	3	Yes
C6	1	1	2	2	3	3	3	3	4	4	3	3	3	2	3	4	3	Yes
C7	1	1	2	2	3	3	3	3	4	4	3	3	3	2	3	4	3	Yes
B1	3	2	3	1	3	3	3	3	3	4	4	2	3	3	3	3	3	Yes
B2	3	2	3	1	3	3	3	3	3	4	4	2	3	3	3	3	3	Yes
B3	3	2	4	2	3	3	3	3	3	4	4	2	3	3	3	3	3	Yes
B4	1	1	3	1	3	3	3	3	3	4	4	2	3	3	3	3	3	Yes
B5	1	1	3	1	3	3	3	3	3	4	4	2	3	3	3	3	3	Yes
B6	1	1	3	1	3	3	3	3	3	4	4	2	3	3	3	3	3	Yes
B7	1	1	3	1	3	3	3	3	3	4	4	2	3	3	3	3	3	Yes
B8	1	1	3	1	3	3	3	3	3	4	4	2	3	3	3	3	3	Yes
B9	1	1	3	1	3	3	3	3	3	4	4	2	3	3	3	3	3	Yes
L1	1	1	3	2	2	2	2	3	4	3	2	3	3	3	3	3	3	Yes
L2	1	1	3	2	2	2	2	3	4	3	2	3	3	3	3	3	3	Yes
L3	1	1	3	2	2	2	2	3	4	3	2	3	3	3	3	3	3	Yes
L4	1	1	3	2	2	2	2	3	4	3	2	3	3	3	3	3	3	Yes
L5	1	1	3	2	2	2	2	3	4	3	2	3	3	3	3	3	3	Yes
L6	1	1	3	2	2	2	2	3	4	3	2	3	3	3	3	3	3	Yes
R1	4	3	3	2	4	4	4	3	4	4	2	4	3	1	2	2	3	No
R2	2	2	2	2	3	3	4	3	4	4	2	4	3	1	2	2	3	No
R3	1	1	2	1	4	4	4	3	4	4	2	4	3	1	2	2	3	No
R4	1	1	2	1	4	4	4	3	4	4	2	4	3	1	2	2	3	No
R5	1	1	2	1	4	4	4	3	4	4	2	4	3	1	2	2	3	No
R6	1	1	2	1	4	4	4	3	4	4	2	4	3	1	2	2	3	No
R7	1	1	2	1	4	4	4	3	4	4	2	4	3	1	2	2	3	No
R8	1	1	2	1	4	4	4	3	4	4	2	4	3	1	2	2	3	No
R9	1	1	2	1	4	4	4	3	4	4	2	4	3	1	2	2	3	No
R10	1	1	2	2	4	4	4	3	4	4	2	4	3	1	2	2	3	No

Annexes

R11	1	1	2	2	4	4	4	3	4	4	2	4	3	1	2	2	3	No
A1	2	2	4	3	3	3	3	3	3	4	2	2	3	3	3	3	3	Yes
A2	2	2	4	3	3	3	3	3	3	4	2	3	3	3	3	3	3	Yes
A3	2	2	4	3	3	3	3	3	3	4	2	3	3	3	3	3	3	Yes
A4	2	4	4	3	3	3	3	3	3	4	2	4	3	3	3	3	3	Yes
A5	2	2	4	3	3	3	3	3	3	4	2	2	3	3	3	3	3	Yes
A6	2	4	2	1	3	3	3	3	3	4	2	4	3	3	3	3	3	Yes
A7	2	2	2	1	3	3	3	3	3	4	2	2	3	3	3	3	3	Yes
A8	2	2	2	1	3	3	3	3	3	4	2	2	3	3	3	3	3	Yes
T1	2	3	4	2	4	4	4	4	4	4	2	4	4	3	4	4	3	Yes
M1	1	2	4	2	4	4	4	3	4	4	2	4	3	2	4	4	3	Yes
P1	1	1	2	3	3	3	3	3	2	4	2	2	3	3	3	2	3	Yes
P2	1	1	2	3	3	3	3	3	2	4	2	2	3	3	3	2	3	Yes
P3	1	1	2	3	3	3	3	3	2	4	2	2	3	3	3	2	3	Yes

Tableau 10.4: Assignation des différents paramètres pour l'étude du Windsor

10.6.3 IGH WTC7 – Phase préliminaire

		NATURAL HAZARDS					MALEVIOLENT HAZARDS						
		Fire	Earthquake	Wind	Ground	Flood	Fire	Cyber attack	Armed attack	Bomb	CBR	Hostage	Plane
HRB Function	Office	252	84	84	14	28	168	28	28	63	70	14	70
	Asset	7	7	7	7	7	7	7	7	7	7	7	7
	Threat	6	4	4	1	2	4	2	2	3	1	1	1
	Vulnerability	6	3	3	2	2	6	2	2	3	10	2	10
	Hostel	0	0	0	0	0	0	0	0	0	0	0	0
	Asset												
	Threat												
	Vulnerability												
	Residential	0	0	0	0	0	0	0	0	0	0	0	0
	Asset												
	Threat												
	Vulnerability												
	Service	0	0	0	0	0	0	0	0	0	0	0	0
	Asset												
	Threat												
	Vulnerability												
	Commerce	0	0	0	0	0	0	0	0	0	0	0	0
	Asset												
	Threat												
	Vulnerability												
	Industry	0	0	0	0	0	0	0	0	0	0	0	0
	Asset												
	Threat												
	Vulnerability												
	Storage	0	0	0	0	0	0	0	0	0	0	0	0
	Asset												
	Threat												
	Vulnerability												
	Data center	0	0	0	0	0	0	0	0	0	0	0	0
	Asset												
	Threat												
	Vulnerability												
	Food service	0	0	0	0	0	0	0	0	0	0	0	0
	Asset												
	Threat												
	Vulnerability												
	Security data	0	0	0	0	0	0	0	0	0	0	0	0
	Asset												
	Threat												
	Vulnerability												
	Day care	0	0	0	0	0	0	0	0	0	0	0	0
	Asset												
	Threat												
	Vulnerability												
Infrastructures	Site	56	84	56	28	14	56	28	56	168	70	28	70
	Asset	7	7	7	7	7	7	7	7	7	7	7	7
	Threat	2	4	4	1	2	2	1	2	4	1	1	1
	Vulnerability	4	3	2	4	1	4	4	4	6	10	4	10
	Architecture	54	36	24	24	12	36	6	24	72	48	18	120
	Asset	6	6	6	6	6	6	6	6	6	6	6	6
	Threat	3	3	2	1	2	2	1	2	4	1	1	2
	Vulnerability	3	2	2	4	1	3	1	2	3	8	3	10
	Structure (system)	252	63	14	14	14	84	7	7	140	70	7	70
	Asset	7	7	7	7	7	7	7	7	7	7	7	7
	Threat	6	3	1	1	2	2	1	1	4	1	1	1
	Vulnerability	6	3	2	2	1	6	1	1	5	10	1	10
	Envelope (system)	168	90	84	36	24	36	6	6	144	60	6	60
	Asset	6	6	6	6	6	6	6	6	6	6	6	6
	Threat	4	3	2	1	2	3	1	1	4	1	1	1
	Vulnerability	7	5	7	6	2	2	1	1	6	10	1	10
	Mechanic (system)	54	36	12	24	24	6	12	6	90	54	24	60
	Asset	6	6	6	6	6	6	6	6	6	6	6	6
	Threat	3	2	1	2	2	2	1	1	3	1	2	1
	Vulnerability	3	3	2	2	1	2	2	1	5	9	2	10
	Plumbing/gas (system)	60	60	10	40	75	40	60	20	60	45	5	50
	Asset	5	5	5	5	5	5	5	5	5	5	5	5
	Threat	3	2	1	2	3	2	3	7	2	1	1	1
	Vulnerability	4	6	2	4	5	4	4	2	4	9	1	10
	Electricity (system)	100	80	20	90	60	30	40	60	120	80	5	100
	Asset	5	5	5	5	5	5	5	5	5	5	5	5
	Threat	3	4	2	3	2	2	2	3	4	2	1	2
	Vulnerability	4	4	2	6	6	3	4	4	6	8	1	10
	Fire alarm (system)	80	100	45	75	60	60	30	20	75	45	20	50
	Asset	5	5	5	5	5	5	5	5	5	5	5	5
	Threat	4	4	3	3	3	3	2	2	3	1	2	1
	Vulnerability	4	5	3	5	4	4	3	2	5	9	2	10
	IT communication (system)	120	36	16	8	8	80	48	4	48	40	4	40
	Asset	4	4	4	4	4	4	4	4	4	4	4	4
	Threat	5	3	2	1	1	4	3	1	3	1	1	1
	Vulnerability	6	3	2	2	2	5	4	1	4	10	1	10
Environnement	Residential	0	0	0	0	0	0	0	0	0	0	0	0
	Asset												
	Threat												
	Vulnerability												
	Mobility	56	42	21	21	14	42	7	21	140	70	21	70
	Asset	7	7	7	7	7	7	7	7	7	7	7	7
	Threat	2	2	1	1	1	2	1	3	4	1	1	1
	Vulnerability	4	3	3	3	2	3	1	1	5	10	3	10
	Industry	280	96	64	48	96	168	32	48	224	80	24	80
	Asset	8	8	8	8	8	8	8	8	8	8	8	8
	Threat	5	3	2	2	3	3	2	3	4	1	1	1
	Vulnerability	7	4	4	3	4	7	2	2	7	10	3	10
	Commerce	0	0	0	0	0	0	0	0	0	0	0	0
	Asset												
	Threat												
	Vulnerability												
	Food service	320	192	120	160	96	224	32	72	280	80	64	80
	Asset	8	8	8	8	8	8	8	8	8	8	8	8
	Threat	5	4	3	4	3	4	2	3	5	1	2	1
	Vulnerability	8	6	5	5	4	7	2	3	7	10	4	10
	Seveso	0	0	0	0	0	0	0	0	0	0	0	0
	Asset												
	Threat												
	Vulnerability												
	Military	0	0	0	0	0	0	0	0	0	0	0	0
	Asset												
	Threat												
	Vulnerability												
	Nature	0	0	0	0	0	0	0	0	0	0	0	0
	Asset												
	Threat												
	Vulnerability												
	Government	336	192	120	96	48	240	32	48	336	80	48	80
	Asset	8	8	8	8	8	8	8	8	8	8	8	8
	Threat	6	4	3	3	2	5	2	2	6	1	2	1
	Vulnerability	7	6	5	4	3	6	2	3	7	10	3	10

10.6.4 IGH WTC7 – Poids accordés aux objets

	Risque potentiel				Activité		Bien			Occupants		Protection						
	F1	F2	P_{cible}	P_{grav}	f_{act}	f_{econ}	f_{act}	f_{econ}	f_{soc}	f_{econ}	f_{soc}	e	t	f	r	p	s	Plan
Env	1	2	4	2	1	2	2	2	2	2	2	1	3	1	2	2	2	No
B1	4	5	3	2	2	2	2	2	2	4	4	2	3	3	2	3	2	Yes
B2	4	5	3	2	2	2	2	2	2	4	4	2	3	3	2	3	2	Yes
B3	2	3	3	2	2	2	2	2	2	4	4	2	3	3	2	3	2	Yes
B4	3	4	3	2	2	2	2	2	2	4	4	2	3	3	2	3	2	Yes
B5	4	5	3	2	2	2	2	2	2	4	4	2	3	3	2	3	2	Yes
B6	3	4	4	2	2	2	2	2	2	4	4	2	3	3	2	3	2	Yes
B7	2	3	3	2	2	2	2	2	2	4	4	2	3	3	2	3	2	Yes
B8	2	3	3	2	2	2	2	2	2	4	4	2	3	3	2	3	2	Yes
B9	1	2	3	2	2	2	2	2	2	4	4	2	3	3	2	3	2	Yes
B10	1	2	3	2	2	2	2	2	2	4	4	2	3	3	2	3	2	Yes
B11	1	1	4	2	2	2	2	2	2	4	4	2	3	3	2	3	2	Yes
B12	1	2	4	2	2	2	2	2	2	4	4	2	3	3	2	3	2	Yes
B13	1	2	4	2	2	2	2	2	2	4	4	2	3	3	2	3	2	Yes
B14	1	2	4	2	2	2	2	2	2	4	4	2	3	3	2	3	2	Yes
B15	1	2	4	2	2	2	2	2	2	4	4	2	3	3	2	3	2	Yes
B16	1	1	3	2	2	2	2	2	2	4	4	2	3	3	2	3	2	Yes
B17	1	1	3	2	2	2	2	2	2	4	4	2	3	3	2	3	2	Yes
B18	1	1	2	2	2	2	2	2	2	4	4	2	3	3	2	3	2	Yes
B19	1	1	2	2	2	2	2	2	2	4	4	2	3	3	2	3	2	Yes
B20	1	1	2	2	2	2	2	2	2	4	4	2	3	3	2	3	2	Yes
B21	1	1	2	2	2	2	2	2	2	4	4	2	3	3	2	3	2	Yes
B22	1	1	2	2	2	2	2	2	2	4	4	2	3	3	2	3	2	Yes
B23	1	1	2	2	2	2	2	2	2	4	4	2	3	3	2	3	2	Yes
B24	1	1	2	2	2	2	2	2	2	4	4	2	3	3	2	3	2	Yes
B25	1	1	2	2	2	2	2	2	2	4	4	2	3	3	2	3	2	Yes
B26	1	1	2	2	2	2	2	2	2	4	4	2	3	3	2	3	2	Yes
B27	1	1	2	2	2	2	2	2	2	4	4	2	3	3	2	3	2	Yes
B28	1	1	2	2	2	2	2	2	2	4	4	2	3	3	2	3	2	Yes
B29	1	1	2	2	2	2	2	2	2	4	4	2	3	3	2	3	2	Yes
Eg1	1	2	2	1	2	2	2	2	2	2	2	1	3	1	2	3	2	Yes
L1	1	2	3	1	2	2	2	2	3	2	1	1	3	2	3	3	2	Yes
L2	1	2	3	1	2	2	2	2	3	2	1	1	3	2	3	3	2	Yes

Annexes

L3	1	1	3	1	2	2	2	2	3	2	1	1	3	2	3	3	2	Yes
L4	1	1	3	1	2	2	2	2	3	2	1	1	3	2	3	3	2	Yes
L5	1	1	3	1	2	2	2	2	3	2	1	1	3	2	3	3	2	Yes
WTC1	3	4	5	2	3	3	2	2	2	4	4	3	3	3	2	3	2	Yes
WTC2	2	3	5	2	3	3	2	2	2	4	4	3	3	3	2	3	2	Yes
WTC3	2	3	3	2	3	3	2	2	2	4	4	3	3	3	2	3	2	Yes
WTC4	2	3	3	2	3	3	2	2	2	4	4	3	3	3	2	3	2	Yes
WTC5	4	5	4	2	3	3	2	2	2	4	4	3	3	3	2	3	2	Yes
WTC6	4	5	4	2	3	3	2	2	2	4	4	3	3	3	2	3	2	Yes
E1	1	2	4	2	2	2	2	2	2	3	3	2	3	2	3	3	2	Yes
E2	1	2	4	2	2	2	2	2	2	3	3	2	3	2	3	3	2	Yes
E3	1	2	4	2	2	2	2	2	2	3	3	2	3	2	3	3	2	Yes
E4	1	1	4	2	2	2	2	2	2	3	3	2	3	2	3	3	2	Yes
E5	1	1	4	2	2	2	2	2	2	3	3	2	3	2	3	3	2	Yes
R1	4	5	4	2	3	3	3	2	4	3	1	2	1	1	2	2	2	No
R2	4	5	2	1	2	2	3	2	4	3	1	2	1	1	2	2	2	No
R3	4	5	2	1	3	3	3	2	4	3	1	2	1	1	2	2	2	No
R4	3	4	1	1	3	3	3	2	4	3	1	2	1	1	2	2	2	No
R5	2	3	1	1	3	3	3	2	4	3	1	2	1	1	2	2	2	No
R6	1	1	1	1	3	3	3	2	4	3	1	2	1	1	2	2	2	No
R7	1	1	1	1	3	3	3	2	4	3	1	2	1	1	2	2	2	No
R8	1	1	1	1	3	3	3	2	4	3	1	2	1	1	2	2	2	No
R9	1	1	1	1	3	3	3	2	4	3	1	2	1	1	2	2	2	No
R10	1	1	1	1	3	3	3	2	4	3	1	2	1	1	2	2	2	No
R11	1	2	1	1	3	3	3	2	4	3	1	2	1	1	2	2	2	No
R12	1	1	1	1	3	3	3	2	4	3	1	2	1	1	2	2	2	No
R13	1	1	1	1	3	3	3	2	4	3	1	2	1	1	2	2	2	No
R14	1	1	1	1	3	3	3	2	4	3	1	2	1	1	2	2	2	No
R15	1	1	1	1	3	3	3	2	4	3	1	2	1	1	2	2	2	No
R16	1	1	2	1	3	3	3	2	4	3	1	2	1	1	2	2	2	No
R17	1	1	1	1	3	3	3	2	4	3	1	2	1	1	2	2	2	No
R18	1	1	1	1	3	3	3	2	4	3	1	2	1	1	2	2	2	No
R19	1	1	1	1	3	3	3	2	4	3	1	2	1	1	2	2	2	No
R20	1	1	1	1	3	3	3	2	4	3	1	2	1	1	2	2	2	No
R21	1	1	1	1	3	3	3	2	4	3	1	2	1	1	2	2	2	No
R22	1	1	1	1	3	3	3	2	4	3	1	2	1	1	2	2	2	No
R23	1	1	1	1	3	3	3	2	4	3	1	2	1	1	2	2	2	No

Tableau 10.5: Assignation des différents paramètres pour l'étude du WTC 7

I want morebooks!

Buy your books fast and straightforward online - at one of the world's fastest growing online book stores! Environmentally sound due to Print-on-Demand technologies.

Buy your books online at
www.get-morebooks.com

Achetez vos livres en ligne, vite et bien, sur l'une des librairies en ligne les plus performantes au monde !
En protégeant nos ressources et notre environnement grâce à l'impression à la demande.

La librairie en ligne pour acheter plus vite
www.morebooks.fr

OmniScriptum Marketing DEU GmbH
Heinrich-Böcking-Str. 6-8
D - 66121 Saarbrücken

Telefax: +49 681 93 81 567-9

info@omniscriptum.de
www.omniscriptum.de

Printed by Books on Demand GmbH, Norderstedt / Germany